Mechanical Engineering Experiment

기계공학실험

김동권 박진일 송봉섭 이문구
이병옥 이정일 이진우 전용호 공저

한티미디어

기계공학실험

발행일 2016년 2월 29일 초판 1쇄
2017년 3월 1일 초판 2쇄
지은이 김동권 · 박진일 · 송봉섭 · 이문구 · 이병옥 · 이정일 · 이진우 · 전용호
펴낸이 김준호
펴낸곳 한티미디어 | **주 소** 서울시 마포구 연남로 1길 67 1층
등 록 제15-571호 2006년 5월 15일
전 화 02)332-7993~4 | **팩 스** 02)332-7995
마케팅 박재인 최상욱 김원국 | **관 리** 김지영
편 집 이소영 박새롬 김현경 | **표 지** 박새롬
ISBN 978-89-6421-256-1 (93550)
정 가 19,000원

홈페이지 www.hanteemedia.co.kr | **이메일** hantee@empal.com

PREFACE

기계공학에서 실험이 차지하는 중요함은 매우 높으나, 이론적으로 배운 기계 시스템의 작동 확인에 그치는 선에서 수동적으로 진행하는 경우가 많았고, 이로 인하여 매우 초보적인 측정 능력도 갖추지 못 한 상태로 졸업하게 되는 문제가 발생하고 있다. 이와 같은 문제점을 개선하기 위해 기계공학실험 교과서 초판을 발간하였고 그에 기초한 실험을 진행하였다. 그러나 약 10여년에 걸친 기계공학 실험 진행에서 나타난 문제점을 보완할 필요가 있어 지적된 문제점을 보완하기 위해 2판을 발간한다.

요즈음 기계공학 전공자의 교육환경은 과거와 많이 달라진 점이 많다. 그 중에서도 실험교육 면에서의 특징으로서, 대단히 다양하고 폭넓은 기계 시스템을 모두 경험하고 실험을 통해 교육할 수 없게 되었으며 기계공학 전공자가 졸업 후 진출하는 분야에 대해 모든 경험을 깊이 있게 할 수도 없게 되었다. 오히려 이런 환경에서 최적의 교육은 기초적인 내용을 보다 심도 있게 숙지하고 변화무쌍한 기술 발전에 대처할 수 있도록 하는 것이라고 생각한다. 기계공학을 전공한 학생이 가장 초보적인 기계공학적 물리량도 측정하지 못 한다면 대단히 수준 높은 이론과 해석의 활용이 큰 의미가 없어질 것이다. 따라서 본 교과서는 학생들이 직접 초보적인 측정을 진행하도록 하고 측정에서 중요하게 다루어지는 오차에 대한 개념을 이해하도록 하였다. 초판에서 다루고 있었던 기본적인 시스템에 대한 실험과 보정 작업에 조금 더 복잡한 시스템을 도입하여 실험의 심도를 높인 점이 초판과 다른 점이다.

본 교과서는 기계공학 실험을 크게 2 단계로 구분하여 기본실험과 응용실험이라는 틀로 구성하였다. 초판에 비해 보다 복잡한 응용실험을 추가하였으며,단위 시간당 보다 많은 경험과 이해를 습득 할 수 있도록 구성하였다. 초판과 같이 컴퓨터를 이용한 측정시스템에 대한 이해와 숙련도 증가는 변함이 없으며, 실험1 과정에 과거 실험2의 일부 내용이 편입되도록 하였다. 측정에 필수적으로 사용하는 전기적인 신호처리장치에 대한 이해와 실험은 여전히 중요한 주제이며 온도의 측정과 진동시스템의 가속도 측정이 실험1로 편입되었다. 교과서 개정을 위해 초판과 달리 각 장을 여러 명의 교수가 공동으로 개발하였으며 이로 인하여 각 장의 실험 내용의 전문도가 향상되었을 것으로 믿는다. 끝으로 개정 작업에 수고를 아끼지 않으신 모든 저자 분들께 진심으로 감사의 말씀을 드리고 싶다. 그리고 바쁜 일정에도 모든 지원을 하여 주신 한티미디어 출판사의 모든 관계자에게 진심으로 감사함을 전한다.

2016년 2월

대표저자 이병옥

CONTENTS

기계공학 실험의 개요

CHAPTER 1

1. 실험의 목적과 중요성
2. 연구 윤리
3. 실험결과 보고서 작성
4. 추가 참고문헌

1 실험의 목적과 중요성

기계 기술의 발전은 실험을 기반으로 이루어졌다고 해도 과언이 아니다. 이론은 과학적인 발견을 근거로 실제 현상을 보다 빠르고 쉽게 이해하고 조절 가능한 상태로 만드는데 큰 도움을 준다. 그러나 새로운 발견과 근본적인 변화는 실험에서 이루어져 왔으며 이런 현상은 앞으로도 상당한 시간 동안 변하지 않을 것이다. 실험의 목적은 대략 2가지로 구분하여 볼 수 있다. 이전에는 경험하지도 않았고 상세하게 알지 못하던 현상에 대해 보다 깊은 이해를 가지기 위해 하는 실험이 첫 번째라고 한다면, 이미 대상 현상에 대해 이미 알고 있지만 재료와 형상 그리고 환경의 변화에 대해 달라진 점을 측정하여 확인하려는 목적에서 행해지는 실험이 두 번째라고 할 수 있고 대부분의 실험이 두 번째의 경우에 해당된다고 볼 수 있다.

(1) 측정과 표준

실용적으로 기계공학 실험에서 가장 중요하게 다루는 것이 측정이다. 측정은 대상의 크기를 정량화 하는 일이다. 정량화는 기계공학에서 매우 중요한 개념으로서 모든 예측과 비교 그리고 궁극적으로 설계에 활용될 목적을 가진다. 측정은 미리 정해진 표준과 피측정물 사이의 양적인 관계를 비교함으로써 이루어진다. 여기에서 가장 중요한 개념은 표준과 비교 행위이다. 과학이 발전하고 공학의 필요성이 대두되면서 가장 중요하게 된 것이 표준이다. 산업혁명 이후에 가장 두드러지게 변하는 것 중 하나가 표준이며 시간의 표준이 그 중 가장 대표적인 것이라 할 수 있다.

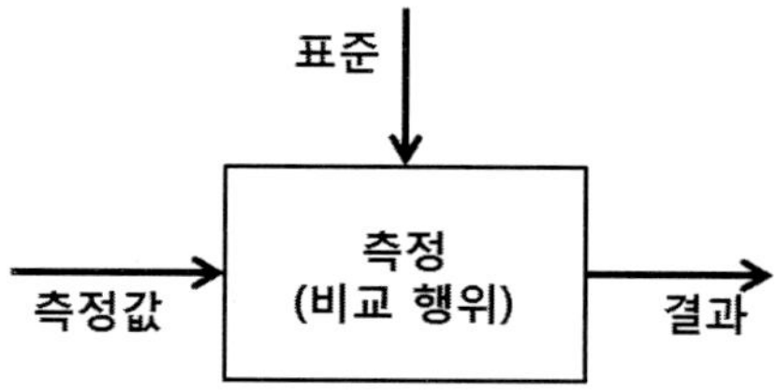

[기본적인 측정 과정]

모든 물리량은 기본 단위계를 기반으로 구성된다. 기본 단위계는 각 국가마다 표준을 가지고 있는데, 미터법을 기반으로 세계적으로 가장 널리 사용되는 표준인 ISO 표준과 미국을 비롯한 몇몇 국가에서 사용하는 상용단위계가 가장 널리 사용되고 있다. 기본 단위계는 길이, 질량, 시간을 그 기본 요소로 하고 있다. 이에 열적 상태를 나타내는 온도가 더해지면 기계공학에서 널리 사용하고 있는 물리량을 모두 구성할 수 있다. 이들 기본 단위는 모두 표준을 가지고 있으며 이를 규정하는 방법이 표준에 제정되어 있다.

(2) 측정의 기본 방법

측정은 측정 대상의 양을 표준값과 비교함으로써 정량화하는 과정이라고 설명하였다. 비교하는 과정은 다시 직접 비교 방법과 간접 비교 방법이 있다.

직접 비교는 이미 양을 알고 있는 기준을 측정 대상과 직접 비교함으로써 측정을 하는 방법이다. 예를 들어 자를 이용하여 측정 대상의 길이를 측정하는 것은 직접 비교에 해당된다. 직접 비교 방법은 측정 방법에서 가장 본질적인 면을 가지고 있으나 실제로 비교에 대한 판단은 인간의 감각을 이용하고 있음으로써 정확도 면에서 그리 높은 편이 아니다.

간접 비교는 측정계라고 불리는 변환장치의 형태를 이용한다. 일종의 센서라고 하는 물리량의 변화를 전기적인 신호나 기계적인 변화로 나타내는 장치를 사용하여 측정 대상을 정량화한다. 이 경우 신호는 아날로그와 디지털 신호로 구분된다. 신호의 종류에 따라 적용하는 신호처리 장치가 달라지는데, 직접 비교에 비해 센서의 민감도에 따라 매우 정확한 차이까지 감지할 수 있는 장점이 있다.

(3) 측정계의 교정(Calibration)

측정계를 통한 간접 비교 측정 방법은 측정계의 신뢰도에 의해 측정 결과의 신뢰도가 크게 영향을 받는다. 따라서 측정 행위 이전에 모든 측정계는 결과의 신뢰도가 보장되어야 한다. 그렇지 않으면 측정계를 이용한 측정 결과의 신뢰도 또한 보장 받지 못할 것이다. 측정계의 신뢰도를 보장하는 행위를 교정이라 한다. 일반적으로 교정 작업은 측정 범위의 최소값과 최대값 사이에서 측정계가 나타내는 선형성과 반복성을 찾아내는 작업이다. 교정 작업에서도 결국 측정계의 출력을 이미 값을 알고 있는 표준값과 비교하는 행위가 이루어진다. 다음 그림에서 측정계의 선형성이 우수한 경우와 나쁜 경우를 구별하여 볼 수 있다.

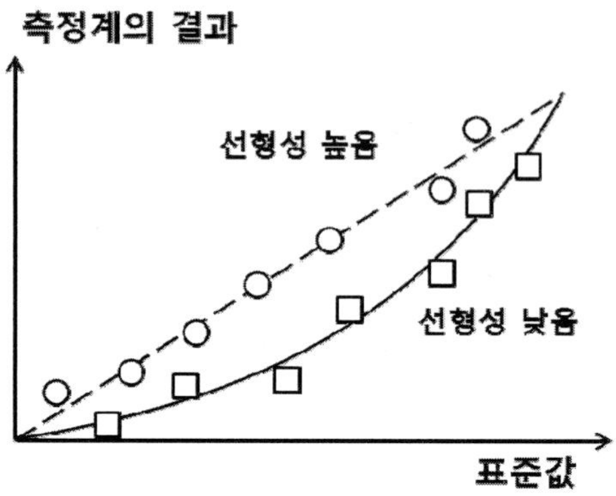

[측정계의 선형성 차이]

측정계를 사용한 측정을 시작하기 전에는 반드시 측정계의 교정 작업을 실시하거나 교정 작업 인증을 확인하여 측정계의 신뢰도를 검사하여야 한다.

(4) 측정 자료의 불확실성

비교 행위를 통해 측정 대상의 양을 정량화하는 과정에는 필연적으로 오차가 발생할 수 있다. 오차는 참값과 측정 결과의 차이로 정의된다. 측정을 하고 있는 우리는 측정 대상의 참값을 모르는 상태에 있으며, 측정을 통해 참값을 알아 내려 하고 있는 것이다. 오차는 크게 계통 오차와 무작위 오차로 구분된다.

계통 오차는 측정계가 가지고 있는 근본적인 오차로 인해 발생하는 오차이다. 예를 들어 저울로 무게를 잴 때 사용하는 저울이 항상 실제 무게의 2% 만큼 적게 나타내고 있다면 측정 결과는 항상 2% 만큼의 오차를 가지고 있을 것이다. 이와 같은 오차는 통계적인 방법으로 감지될 수 없으며 반드시 엄밀한 교정 작업을 통해 바로 잡아야 한다.

무작위 오차는 측정하는 사람, 주변 환경의 변화 등 정확하게 인지할 수 없는 종류의 영향을 받아 나타나는 오차이다. 무작위 오차는 측정을 반복적으로 행하여 통계적인 방법으로 분석하면 최소화할 수 있다.

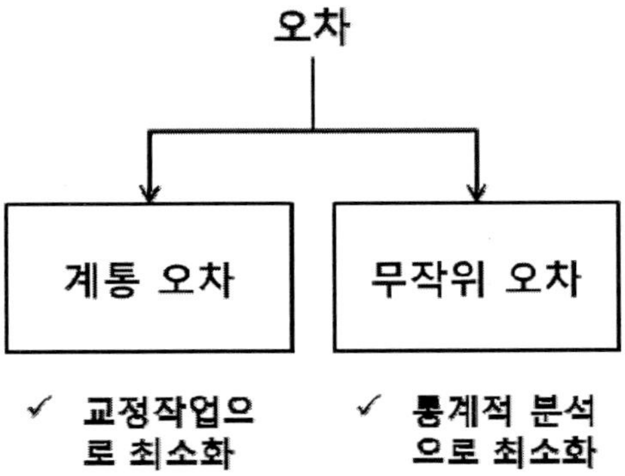

[계통 오차와 무작위 오차]

2 연구 윤리

(1) 표절

실험을 통해 연구를 하는 경우 다양한 이유에서 자신의 연구 결과에 정직하지 못한 상황이 발생할 수 있다. 그 중에서 가장 경계할 것 중 하나가 표절이다. 표절은 일반적으로 '다른 사람이 쓴 문학작품이나 학술논문, 또는 기타 각종 글의 일부 또는 전부를 직접 베끼거나 아니면 관념을 모방하면서, 마치 자신의 독창적인 산물인 것처럼 공표하는 행위'로 규정한다. 또한 표절은 '다른 사람의 저작으로부터 전거를 충분히 밝히지 않고 내용을 인용하거나 차용하는 행위' 이다.

특히 학생들의 실험 결과 보고서에 다양한 종류의 사실과 자료들이 아무런 인용 없이 실리는 경우가 많다. 적절한 인용이 없이 이러한 자료와 사실을 싣는 경우 모두 표절에 해당되는 행위이다. 또한 다른 학생들의 보고서 내용을 베끼거나 무단으로 따다 쓴 경우도 표절에 해당된다. 표절 행위의 해악은 이미 사회에 널리 인식되어 가고 있는 상황이며, 연구자의 창의적인 노력을 장려하고 독창적인 연구를 진흥하여 그 이익이 사회적으로 널리 퍼지도록 하는 구조를 침해한다는 점을 충분히 인식하고 표절을 근절하려는 노력을 해야 한다.

(2) 자료 조작

표절 다음으로 경계할 것은 자료 조작이다. 실험을 행하는 연구자가 결과에 대한 압박을 받고 있는 경우나 세심한 교정작업과 통계적 분석 작업에 대한 이해가 부족한 경우 등에서 나타난 결과를 조작하거나 임의로 삭제하여 결과가 보기 좋게 나타나도록 하는 일이 발생하기도 한다. 만약 다음 그림에 나타나듯이 여러 개의 실험 자료 중에서 몇몇 자료가 특이한 상태를 보이는 경우 연구자에 따라 해당 자료를 빼고 나머지 자료들로서 결과를 분석하기도 한다.

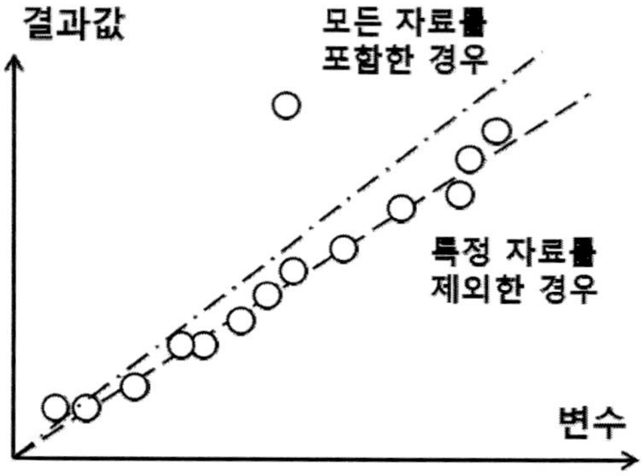

[특정 자료를 제외한 경우의 분석 결과]

위의 그림에서 볼 수 있듯이 특이한 상태를 보이는 자료를 제외할 때 명백한 오차의 원인을 찾아낼 수 있다면 제외하는 것이 문제가 없으나, 명확한 원인을 찾아내어 제시할 수 없는 경우에 임의로 특정 자료를 제외한 분석 결과는 매우 중요한 오류를 발생한다. 그러나 종종 몇몇 특이한 상태의 자료를 삭제함으로써 자료가 깔끔하게 정리되고 결과의 설명이 손쉬운 점에 대한 유혹을 떨쳐 버리기가 어려운 것이 사실이다.

실험 결과에 대한 분석에서 연구자가 알고 있는 영향인자의 영향으로 결과가 깔끔하게 설명되지 않는 경우 종종 실험의 오차로 여기기가 쉽다. 그러나 대개는 그런 경우는 오차에 의한 것이나 제대로 오차 원인을 찾아내지 못하는 경우이거나 연구자가 파악하지 못한 영향인자의 영향이 있는 경우 등이다. 따라서 실험 과정에 대한 면밀한 조사가 필요하거나, 실험에 영향을 줄 수 있는 영향인자에 대한 이해도를 높이고자 하는 노력이 반드시 필요하다.

3 실험결과 보고서 작성

(1) 보고서 작성 기준

공학자들은 현장에서 필연적으로 자기가 수행한 임무를 타인에게 알리기 위해 보고서를 작성하게 된다. 이 때 그 임무를 아무리 훌륭하게 완수하였다 할지라도 이것이 정확하고 올바르게 전달되지 못한다면 그의 노력은 제대로 인정받지 못하리라는 것은 명백한 일이다. 보고서의 목적은 자기가 한 일의 결과를 다른 사람에게 알리는데 있다. 그러기 위해서는 보고서는 다른 사람이 보기 좋게 그리고 이해하기 쉽게 작성되어야 한다. 즉, 깨끗하고 조리가 있어야 하며 이 둘은 어느 것이 더 중요하다고 말하기가 어려운 것이다. 흔히 수식이나 도표 등은 공학자의 언어라고 일컬어진다. 그러나 이 언어는 마치 아무리 좋은 단어들을 많이 알고 있더라도 이들을 적절하게 사용하지 않으면 훌륭한 글을 만들 수 없는 것과 같은 것이다.

보고서의 중요성은 새삼 강조할 필요가 없으며 학생들은 기계공학 실험들을 통하여 훌륭한 보고서를 작성할 수 있는 능력을 기를 수 있기를 바란다. 그렇게 함으로서 졸업 후 현장에서 자기의 능력을 인정 받을 수 있기 때문이다. 실험 보고서는 여러 가지 형식이 있으나 기계공학 실험에서는 다음의 형식을 사용한다.

1. 표지 (Cover)
2. 제목 페이지 (Title page)
3. 목적 (Object)
4. 이론 (Theory)
5. 실험 장치 (Description of Apparatus)
6. 실험 방법 (Procedure)
7. 결과 (Results)
8. 고찰 (Discussion of Results)
9. 결론 (Conclusion)
10. 부록 (Appendix)
    a. 계산 실례 (Sample Calculation)

b. 관련 Data (Supporting Data)

c. 실험 결과 기록표 (Original Data Sheet)

■ 목적

이것은 간단 명료하게 가능하면 한 문장으로 끝내는 것이 좋다. 보고서의 내용은 언제나 이 목적에 관련되는 것이어야 하며 무관한 것은 보고서에 포함되어서는 안 된다.

■ 이론

실험과 이론을 기술하며 너무 장황한 것이 되지 않는 것이 좋다. 이론은 강의 시간에 배운 것이거나 또는 다른 참고 서적으로부터 얻어지며 이 때 책을 그대로 옮겨 쓰는 것은 절대로 금물이다. 이론을 잘 소화하고 이를 정리하여 자신의 방식대로 써야 한다.

■ 실험장치

실험장치는 그림을 그려 설명하는 것이 좋은 방법이다. 사용된 기자재의 제작회사, Model Number 등도 기록하는 것이 좋다.

■ 결과

실험 측정치로부터 계산하여 궁극적으로 제시코자 하는 값들을 도표 또는 Graph의 방식으로 나타낸다.

■ 고찰

보고서에서 가장 중요한 부분이라고 해도 과언은 아닐 것이다. 실험을 전반적으로 고찰하고 실험 결과를 분석 평가한다. 실험 결과가 예상 밖의 것이면 그 원인을 분석하고 개선 방법을 논한다.

■ 결론

실험이 목적에 부합되는 것이었는가에 대한 결론을 내린다.

■ 계산실례

실험 측정치로부터 결과란에 제시한 값들을 계산할 때는 일반적으로 같은 계산을 반복하게 된다. 이때에는 그 중 대표적인 것을 하나 골라 부록에 제시하며 이 때 측정치중 몇 번째의 것을 사용하였으며 결과란의 몇 번째 값을 얻게 되었는가를 명시해야 한다.

(2) 채점 기준

각 실험 종목당 총점 100점으로 채점한다. 채점 항목과 배율은 다음과 같다.

항목	출석	예비보고서	결과보고서
배율	30점	10점	60점

■ 출석 및 실험 태도 기준

1. 수업시작 후, 10분 이내 출석 시 5점 감점.
2. 10분 이상 지각 시 결석으로 간주.
3. 사전에 승인 없이 실험에 결석하면 해당 종목은 영점처리 되며, 해당 주간 실험 보고서 역시 영점 처리.

■ 예비 보고서 기준 (실험 한 종목당 예비 보고서 한번 제출함)

1. 형식 (2점) : 정해진 목차에 따라 보고서 작성
2. 이론 설명 (3점)
   원리 설명 (3) - 실험에 관련된 제반 원리, 실험내용
3. 실험장치 및 실험방법 (5점)
   - 장치에 대한 설명 (2) : 장치의 기능, 주요 요소의 기능, 주요 사양, 제작 회사의 모델명 등 방법 설명의 명료성
   - 실험 방법 (3) : 실험에 대한 전반적인 내용파악 유무 판단
4. 유의 사항
   - 다음 실험 시작하기 전날까지 e-class를 통해 제출.
   - 과제 제출 시간은 e-class 서버의 시간을 기준.
   - 실험이 시작된 후에 제출된 보고서는 0%로 처리됨.

- 매수는 표지를 제외하고 최대 3장으로 규정 (많은 내용을 2장 이내에 넣기 위해 글자크기를 과하게 줄이거나, 줄 간격이 좁거나, 상하좌우 여백이 너무 좁아 미관상 좋지 않을 경우, 감점요인이 될 수 있음)
- 항목별로 A, B, C로 분류
- 두 개 이상의 보고서가 복사한 경우로 판단되는 경우 해당자에게 소명 기회를 준 후 진위여부를 판명하여 복사로 판명되면 모두 0 점 처리
- 이론 설명과 실험장치 및 실험방법 설명에서 실험매뉴얼을 그대로 복사하여 보고서 매수를 늘린 경우 해당 항목에 대한 점수는 모두 0 점 처리

■ 결과 보고서 기준 (실험 한 종목당 결과 보고서 한번 제출함)

1. 형식 (10점)
   - 체제 (5) : 장(章)의 순서, 장 및 절의 numbering, 표 또는 그림의 제목
   - 미관 (3) : 깨끗하고 보기 좋은가?
   - 문법 및 철자 (2)
2. 이론 설명 (10점)
   - 원리 설명 (3) : 실험에 관련된 제반 원리, 실험내용.
   - 공식 유도 (2) : 공식이 올바르게 유도되었는가? 유도된 공식이 실험과 관련된 것인가?
   - 추가적인 자료 조사 (5) : 책에 있는 것 외에 다른 조사가 이루어 졌는가?
3. 실험장치 및 실험방법 (5점)
   - 그림 또는 사진 이용의 적절성 (2)
   - 장치에 대한 설명 (3) : 장치의 기능, 주요 요소의 기능, 주요 사양, 제작 회사의 모델명 등 방법 설명의 명료성
4. 결과 및 토의 (25점)
   - 표 또는 그래프 작성 (5) : 결과를 설명하기에 적절한 표 또는 그래프인가?

  - 이해하기 쉽게 그렸는가?
  - 보기 좋게 그렸는가?
  - 필요한 정보를 모두 포함하고 있는가? (예 : 단위)
  - 표 또는 그래프 설명 (5) - 표(그래프)는 무엇에 관한 것인가?
  - 표(그래프) 작성과정 설명
  - 표(그래프)로부터 알 수 있는 현상 설명
- 결과의 고찰 (10) - 왜 그러한 결과가 나왔는가를 분석
- 오차에 대한 고찰 (5) - 오차의 원인, 오차의 크기, 등

5. 결론 (10점)
   - 주요 결과 및 결론 요약 (10)
   - 실험에 관한 제안 (5)

6. 유의사항
   - 다음 실험이 시작하기 전 시간까지 e-class 과제제출 게시판을 이용하여 제출.
   - 과제 제출 시간은 e-class 서버의 시간을 기준.
   - 제출 마감시간을 넘기고 24시간 이내에 제출된 보고서는 50% 감점 처리되며, 그 이후에 제출된 보고서는 0%로 처리됨.
   - 항목별로 A, B, C 로 분류
   - 두 개 이상의 보고서가 복사한 경우로 판단되는 경우 해당자에게 소명 기회를 준 후 진위여부를 판명하여 복사로 판명되면 모두 0 점 처리
   - 이론 설명과 실험장치 및 실험방법 설명에서 실험매뉴얼을 그대로 복사하여 보고서 매수를 늘린 경우 해당 항목에 대한 점수는 모두 0 점 처리

(3) 보고서 양식

예비보고서와 결과보고서는 첨부된 양식을 따른다.

4 추가 참고문헌

- '최신계측공학', 4판, Beckwith and Marangoni, 한응교, 이명호, 김재열 공역, 반도출판사, 1993

[첨부 1]

\- 예비 보고서 -

실험 제목: 기계공학실험

과 목 명 : 기계 공학 실험 (2)

제 출 일 : 2014년 00월 00일

실험일자 : 2014년 00월 00일

실 험 조 명 :	
책임 수행자 :	학번, 이름
공동 수행자 :	○ ○ ○
	○ ○ ○

형 식	/ 2
이 론	/ 3
장 치 및 방 법	/ 5
합 계	/ 10
비 고	

아주대학교 기계공학과

- 목 차 -

[첨부 2]

- 결과 보고서 -

실험 제목: 기계공학실험

과 목 명 : 기계 공학 실험 (2)
제 출 일 : 2014년 00월 00일
실험일자 : 2014년 00월 00일

실 험 조 명 :	반조
책임 수행자 :	학번, 이름
공동 수행자 :	이름
	이름
	이름

형 식	/ 2
이 론	/ 3
장 치 및 방 법	/ 5
결 과 및 토 의	
결 론	
합 계	/ 10
비 고	

아주대학교 기계공학과

- 목 차 -

CHAPTER 2 통계 처리와 측정 오차 보정

1. 통계학의 기초
2. 엑셀을 이용한 연속형 자료 정리
3. 측정 오차와 보정
4. 엑셀을 이용한 보정
5. 참고문헌

1 통계학의 기초

(1) 모집단과 표본

통계학은 취득할 수 있는 데이터나 선별된 데이터로부터 정보를 얻어내는 하나의 방법론이다. 예를 들어, 어느 공장에서 생산되는 부품의 불량을 조사하기 위하기 위해, 모든 부품을 조사한다면, 많은 시간과 노력이 요구된다. 따라서, 그 중 일부를 선정하여 조사한 후 전체의 불량률을 추정할 수 있는 방법을 고려해 볼 수 있다. 이런 경우 생산되는 전체 부품을 **모집단**이라고 하고 일부 선정되는 부품을 **표본**이라고 할 수 있다. 실제 대부분의 상황에서 모든 경우에 대해 측정하고 결과를 낼 수 없으므로 표본을 선정하고 표본에 대해 측정을 한 후 모집단의 상태를 추정한다. **통계 기법**은 확률적인 이론을 근거로 하여 표본에 대해 조사한 결과로부터 모집단의 상태를 추정할 수 있는 이론적인 근거를 제시하여 주고 필요한 정보를 제공하여 준다.

(2) 연속형 자료와 이산형 자료

조사나 실험을 통해 수집된 통계 자료는 측정 방법에 따라 분류하면 연속형과 이산형으로 나눈다. **연속형 자료**는 길이, 무게, 온도, 시간 등 연속적인 형태로 얻어지는 자료를 의미하고 계량형 자료라고 한다. 대부분의 공학 실험에서 얻어지는 자료는 이 종류에 속한다. **이산형 자료**는 불량품의 수, 결점수, 혹은 선호도 등과 같이 셀 수 있는 형태로 얻어지는 자료로서 계수형 자료라고도 한다. 자료를 이와 같이 분류하는 이유는 자료의 성격에 따라 사용되는 통계적 방법이 다르기 때문이다. 통계가 오용되는 것 중 많은 부분의 일부는 계수형 자료를 계량형 자료 분석 방법으로 처리하는 경우이다. 일반적으로 계량형 자료는 계수형 자료에 비해 선호 받고 있다. 계량형 자료는 언제든지 계수형 자료로 변환되지만 그 반대의 경우는 불가능하다.

(3) 중심 위치의 측도(測度)

연속형 자료를 정리하는 방법으로는 자료의 중심위치나 산포 등을 나타내는 척도를 계산하거나 표나 그래프를 만들어 이용하는 방법이 있다. 수집된 자료를 $x_1, \cdots, x_n$이라 하자. 자료의 특성을 잘 알려주는 가장 일반적인 대표값은 자료들이 어떤 값을 중심으로 퍼져 있는가를 알아내는 것이다. 이러한 대표값을 중심측도(location measure)라고 하고 대표적인 값으로는 산술평균(arithmetic mean), 중앙값(median), 최빈값(mode)이 있다. 또한 비율이나 속도 등과 같은 값들의 평균이 가지는 특성을 보조하는 기하평균(geometric mean)과 조화평균(harmonic mean)이 있다.

산술평균은 중심측도를 나타내는 대표값 중에서 가장 많이 사용되는 것으로 식 (1-1)과 같이 정의된다.

$$\bar{x} = \frac{x_1 + x_2 + \cdots + x_n}{n} = \frac{\sum_{i=1}^{n} x_i}{n} \tag{1-1}$$

수집된 n 개의 자료를 순서대로 나열($x_{(1)}, x_{(2)}, \cdots, x_{(n)}$)한 수의 열에서 가운데 위치한 값을 **중앙값**이라고 한다. 수식 (1-2)와 같이, n 이 홀수이면 $\frac{n+1}{2}$번째 값이 중앙값이 되고, n 이 짝수이면 $\frac{n}{2}$번째 값과 $\frac{n}{2}+1$번째 값을 다시 평균한 값이다.

$$\begin{aligned} \tilde{x} &= x_{(\frac{n+1}{2})} \quad n = \text{홀수} \\ \tilde{x} &= \frac{x_{(\frac{n}{2})} + x_{(\frac{n}{2}+1)}}{2} \quad n = \text{짝수} \end{aligned} \tag{1-2}$$

또한, n 개의 자료 중 가장 많이 출현한 자료를 **최빈값**이라 하며, 일반적으로 이산형 자료의 대표값으로 많이 활용한다.

기하평균은 산술평균과 조금 다른 개념으로 물가, 주가 혹은 인구증가율 등과 같이 시간에 따라 변화하는 비율의 평균을 계산하는데 이용된다. 식 (1-1)에 사용된 자료를 이용하여 기하 평균값을 계산 할 때는 식 (1-3)을 이용하면 된다.

$$\overline{x_g} = \exp\left(\frac{\log x_1 + \log x_2 + \cdots + \log x_n}{n}\right) = \exp\left(\frac{\sum_{i=1}^{n} \log x_i}{n}\right) \tag{1-3}$$

양팔저울의 한쪽 접시 위에 물건을 올려 놓고 다른 쪽 접시 위에는 적당히 추를 올려 평형이 되도록 한다. 그러나, 이 때 양쪽 저울대의 길이에 약간이라도 차이가 난다면 물건의 무게는 정확하게 재어지지 않을 것이다. 이런 오차를 방지하기 위해서 한번은 왼쪽 접시에, 또 한번은 오른쪽 접시에 물건을 올려 놓고 두 차례에 걸쳐 무게를 재어보자. 두 번 잰 결과가 a, b 라면 산술평균 $\frac{a+b}{2}$보다 정확한 값을 구할 수 있을지 생각해 보자. 저울에서 왼쪽, 오른쪽 저울대의 길이를 각각 L , L' 이라고 하자. 만약 m이 진짜 무게라면 첫 번째 측정에서 $mL = aL'$, 두 번째 측정에서 $mL' = bL$이다. 첫 번째 식으로부터 $L' = \frac{mL}{a}$이고 이 식을 두 번째 식에 대입하면 $m^2 = ab$를 얻을 수 있다. 즉, 실제의 무게는 기하평균 $\sqrt{ab}$로 얻을 수 있다.

조화평균은 기하평균과 같이 시간에 따라 변하는 가격이나 속도 등과 같은 자료의 평균을 계산하는데 이용되는데, 식 (1-1)에 사용된 자료를 이용하여 기하 평균값을 계산 할 때는 식 (1-4)을 이용하면 된다.

$$\overline{x_h} = \frac{1}{\frac{1}{x_1} + \frac{1}{x_2} + \cdots + \frac{1}{x_n}} = \frac{1}{\sum_{i=1}^{n} \frac{1}{x_i}} \tag{1-4}$$

조화평균의 의미를 살펴보자. 선분 AC의 중점 B를 잡고 그 길이를 $2s$ 라고 하자. 어떤 사람이 A를 출발하여 B를 거쳐 C에 도착한다고 하자. 이 사람은 A에서 B까지는 a의 속도로 가고 나머지 부분은 b의 속도로 달렸다고 하였을 때 평균속력을 산술평균보다 정확하게 계산하고 싶다. B까지 걸린 시간은 $t_1 = \frac{s}{a}$, C까지 걸린 시간은 $t_2 = \frac{s}{b}$이고 평균 속도는 총거리에서 걸린 시간을 나누면 식 (1-5)와 같이 정리된다.

$$\frac{2s}{t_1 + t_2} = \frac{2s}{\frac{s}{a} + \frac{s}{b}} = \frac{2ab}{a+b} \tag{1-5}$$

산술평균과 기하평균과 조화평균 간의 대소관계는 다음과 같다.

산술평균 ≥ 기하평균 ≥ 조화평균

(4) 산포의 측도

중심 위치의 측도와 함께 자료의 특성을 파악하는데 중요한 척도가 자료들이 중심으로부터 얼마만큼 퍼져 있는가를 나타내는 산포(dispersion)에 대한 측도이다. 대표적인 산포 측도로는 분산(variance), 표준편차(standard deviation), 범위(range), 사분위수범위(interquartile range) 등이 있다.

분산(s^2)은 산포를 나타내는 가장 대표적인 측도로서 식 (1-6)과 같이 정의된다.

$$s^2 = \frac{1}{n-1}\sum_{i=1}^{n}(x_i - \bar{x})^2 = \frac{1}{n-1}\left(\sum_{i=1}^{n}x_i^2 - n\bar{x}^2\right) \tag{1-6}$$

표준편차(s)는 분산의 제곱근을 의미한다. 분산과 의미는 같지만 자료를 비교할 때 분산보다는 식 (1-7)과 같이 표현되는 표준편차를 가지고 비교하게 된다. 표준편차가 크다는 의미는 중심으로부터 자료들이 많이 떨어져 있다는 것을 의미한다.

$$s = \sqrt{\frac{1}{n-1}\sum_{i=1}^{n}(x_i - \bar{x})^2} \tag{1-7}$$

(5) 도수분포표

연속형 자료를 도수분포표로 만들기 위해서는 이산화 시켜야 한다. 즉, 어떤 일정한 기준에 의하여 전체 자료가 포함되는 구간을 여러 개의 급구간으로 분할하고, 자료를 급구간에 따라 분류하여 이산형 자료의 도수분포표처럼 만든다. 예를 들어 부품의 치수에 관한 자료가 있다고 하자. 해당 부품의 치수가 어떤 분포를 하고 있는가 하는 질문과 해당 부품의 치수는 규격을 만족하고 있는가 하는 질문에 대한 답은 도수분포표를 그려 알 수 있다.

도수분포표를 작성하는 방법은 일정하고 통일된 기준이 있는 것은 아니지만 일반적으로 다음과 같은 순서에 의해 작성된다.

① 자료의 수를 센다. 이 수를 n 이라 한다.

② 자료의 최대값과 최소값을 구하고 범위(R)를 구한다.

$$R = x_{\max} - x_{\min} \tag{1-8}$$

③ 자료의 최소단위(d)를 구한다. 여기서 최소단위란 자료가 표현되는 마지막 자리수를 의미한다. 만약 자료가 199 라면 최소단위는 1 이고, 99.1 이라면 0.1 이다.

④ 급의 수(m)를 정한다. 일반적으로 급의 수는 $\sqrt{n}$에 가까운 정수로 한다.

⑤ 급의 구간 폭(w)을 정한다. 일반적으로 구간 폭은 범위를 급의 수로 나누어진 수에 가까운 정수로 한다.

$$w = \text{int}\left(\frac{R}{m}\right) \tag{1-9}$$

⑥ 계급의 경계치를 정한다. 최소단위의 1/2 로 정한다.

$$\text{첫 구간의 하한치} = x_{\min} - \frac{d}{2} \tag{1-10}$$

$$\text{첫 구간의 상한치} = x_{\min} - \frac{d}{2} + w = x_{\min} - \frac{d}{2} + w \tag{1-11}$$

⑦ 첫 구간이 만들어졌으므로 나머지 구간도 비슷한 방식으로 만든 후 각 구간에 해당되는 도수를 기입하고 도수분포율을 계산한다.

위에서 제시한 방법대로 계산하였을 때, m 과 최종적인 급의 수가 일치하지 않을 때도 발생할 수 있다. 그런 때에는 직관적으로 적절히 나누어진 구간을 정하고 급의 수를 조정할 수 있다.

(6) 히스토그램

히스토그램(histogram)이란 연속형 자료가 어떤 분포를 하고 있는지를 알아 보기 위해 작성하는 그림으로 도수분포표를 만든 후에 이를 막대 그래프의 형태로 만든 것이다. 히스토그램을 작성하면 산포의 크기를 한꺼번에 파악할 수 있으며, 자료가 얻어진 모집단의 특성을 어느 정도 파악할 수 있다. 가장 일반적인 자료는 종을 뒤집어 놓은 것과 같은 형상을 하고 있다. 이는 뒤에 소개할 정규분포를 하고 있는 경우에 해당한다.

(7) 확률분포와 정규분포

무수히 많은 실험을 통해 매우 많은 실험값을 얻었다고 하자. 이 값들의 분포를 살펴보면 대부분의 경우 일정한 패턴을 가지게 된다. 이러한 패턴을 **확률분포**라고 한다. 여러 가지 현상에 대한 이런 패턴은 다양하기 때문에 어떤 특정한 현상에 대해 일반적인 패턴을 적용할 수는 없지만, 현재까지 알려진 여러 가지 확률분포 중에서 중요하게 다루어지는 확률분포로서 정규분포가 있다. 정규분포는 수학자 가우스(Gauss 1777-1855)가 각종의 물리학 실험을 할 때 수반되는 계측 오차에 대한 확률분포로서 제시하였다. 가우스가 정규분포(normal distribution)를 제시한 이래 많은 학문 분야에서 이 분포를 기본 확률모형 또는 근사적인 확률모형으로 채택하였다.

정규분포는 중심을 나타내는 μ와 산포를 의미하는 σ에 의해 결정되는 분포로서 한 확률변수 X가 정규분포를 따른다고 할 때, 식 (1-12)와 같은 종모양의 확률밀도 함수를 가진다.

$$f(x) = \frac{1}{\sqrt{2\pi}\sigma}\exp\left(-\frac{(x-\mu)^2}{2\sigma^2}\right), \quad -\infty < x < \infty \tag{1-12}$$

이 때 중심을 나타내는 μ는 평균을 의미하고 산포를 나타내는 σ는 표준편차를 의미한다.

확률변수 X가 평균이 μ이고 표준편차가 σ인 정규분포를 따른다고 할 때, 변수 X의 확률적인 특성은 μ와 σ에 의해서 식 (1-13)과 같이 표현된다.

$$\begin{aligned} P(\mu-\sigma < X < \mu+\sigma) &= 0.6826 \\ P(\mu-2\sigma < X < \mu+2\sigma) &= 0.9544 \\ P(\mu-3\sigma < X < \mu+3\sigma) &= 0.9973 \end{aligned} \tag{1-13}$$

즉, 평균에서 표준편차의 3 배 범위를 벗어날 확률은 매우 작다는 것을 알 수 있다.

정규분포는 중심을 사이에 두고 좌우대칭형을 이루고 있으며, 그래프의 형상은 종을 엎어 놓은 형상과 비슷하다. 모든 경우에 대해 위의 식을 이용하여 확률을 계산한다는 것은 매우 비효율적이다. 그래서 평균이 0 이고 표준편차가 1 인 가장 간단한 형태의 정규분포를 표준정규분포(standard normal distribution)라 하는데 컴퓨터를 통해 이 분포의 확률을 계산할 수 있다. 즉, 확률변수 X의 평균이 μ 표준편차가 σ인 정규분포를 따르고 있을 때 $P(X \leq a)$의 확률은 식 (1-14)와 같이 계산할 수 있다.

$$P(X \leq a) = P(\frac{X-\mu}{\sigma} \leq \frac{a-\mu}{\sigma}) = P(Z \leq \frac{a-\mu}{\sigma}) \quad (1\text{-}14)$$

여기서 Z는 표준정규분포를 따르는 확률변수로서 많은 참고서적에 자세한 값이 나와 있고 엑셀을 이용하여 계산할 수도 있다.

(8) 표본의 신뢰성

실험을 통해 얻어진 값들을 통계적인 방법을 이용하여 처리할 때, 주의하여야 하는 점은 실험을 통해 얻어진 값들의 평균값이 우리가 알고자 하는 참값인지 아닌지 모른다는 점이다. 우리가 알고자 하는 값은 모집단의 평균값이다. 그러나, 모집단을 대상으로 모든 측정을 할 수 없기 때문에 표본 집단에 대한 측정을 실시한 자료를 이용하여 모집단의 평균값을 알아내려 하는 것이다. 이 때 표본을 어떻게 선택하는가에 따라 표본 평균값은 계속 변할 것인데, 그 변화는 무작정 변하는 것이 아니고 모집단이 가진 확률분포에 따라 변하게 될 것이다.

표본에서 얻은 값을 가지고 모집단의 상태를 추측하려고 할 때에는 반드시 고려하여야 하는 것이 표본에서 얻은 값이 어떤 패턴을 가지고 변화하는 가이다. 표본에서 얻은 값의 패턴을 알기 위해서는 충분한 양의 자료가 필요하다. 자료의 양이 많으면 많을수록 모집단의 상태를 더욱 신뢰성이 높은 상태에서 추측할 수 있으나, 자료의 양이 적어지면 그로부터 추측하는 모집단의 상태에 대한 신뢰성은 저하될 수 밖에 없다.

2 엑셀을 이용한 연속형 자료 정리

(1) 예제

엑셀은 여러 가지 자료를 처리하는데 매우 유용한 도구를 제공하고 있다. 우선 사용자의 [도구] 메뉴에서 [데이터분석]이란 항목이 있는지 확인하여 보자. 만약 있다면 바로 설치 작업을 생략하고, 없다면 추가 설치를 통해서 [데이터분석] 항목을 설치한 후 다음 작업을 한다.

step 1 [도구] 메뉴에서 [추가기능]을 선택하면, 다음과 같은 대화 상자가 나타난다.

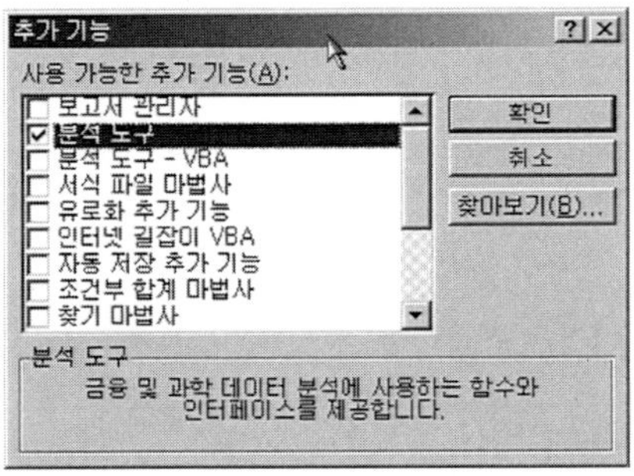

step 2 추가기능 대화상자에서 분석도구를 선택한 후 확인 버튼을 누르면 설치된다. 만약 이 때 그대로 설치가 되지 않으면 조교에게 문의하여 해결한다.

step 3 설치가 완료되면 [도구] 메뉴에 [데이터분석]이라는 항목이 생긴다.

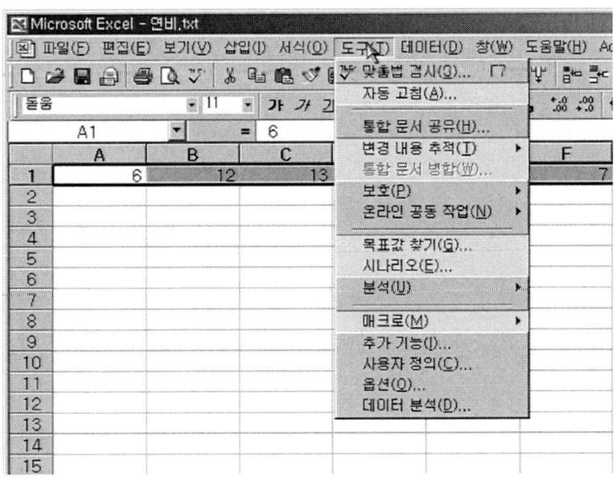

다음은 한 자동차 개발에서부터 개발한 새로운 엔진에 대한 연비 자료이다. 50 대의 차량으로 실험을 실시하여 1 리터당 평균 주행거리(km)를 기록한 자료이다.

6, 12, 13, 11, 11, 7, 8, 8, 10, 10, 11, 8, 8, 6, 9, 8, 6, 14, 11, 8, 8, 8, 10, 7, 12, 8, 10, 8, 10, 11, 7, 10, 8, 9, 13, 9, 14, 14, 13, 9, 10, 8, 10, 12, 8, 11, 14, 6, 10, 7

step 4 새로운 워크시트에 50 개의 자료를 입력하고 [도구] 메뉴에서 [데이터분석]을 선택하면 다음과 같은 대화상자가 나타난다.

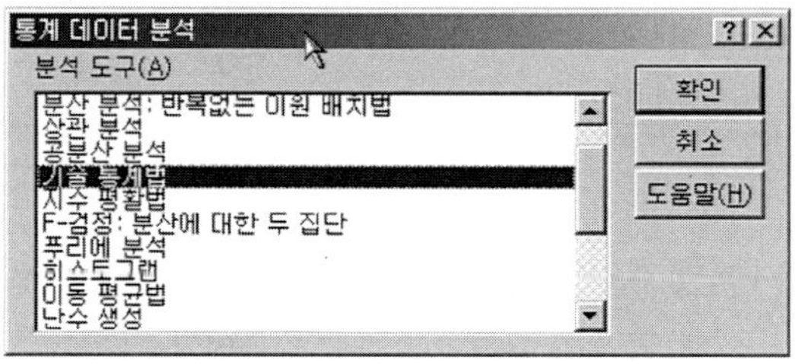

기술통계법을 선택하고 확인 버튼을 누르면 다음과 같은 대화상자가 나타난다. 입력범위에 연비 자료가 입력된 범위를 지정하여 주고 출력범위도 같은 워크시트 내의 적당한 셀(C1)로 지정하여 준 후 요약통계량을 선택하고 확인 버튼을 누른다.

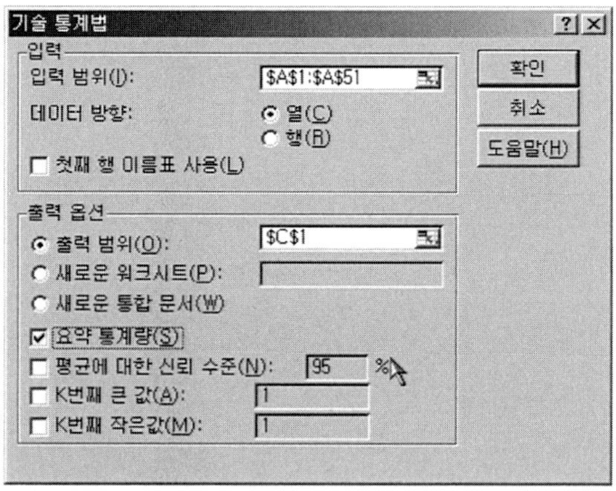

다음과 같은 출력물이 얻어진 것을 알 수 있다. 연비 자료의 평균은 9.6 km/l 이고 중앙값은 9.5 km/l 이며 최빈값은 8 km/l 로 얻어진다. 표준편차는 2.28 km/l 가 된다.

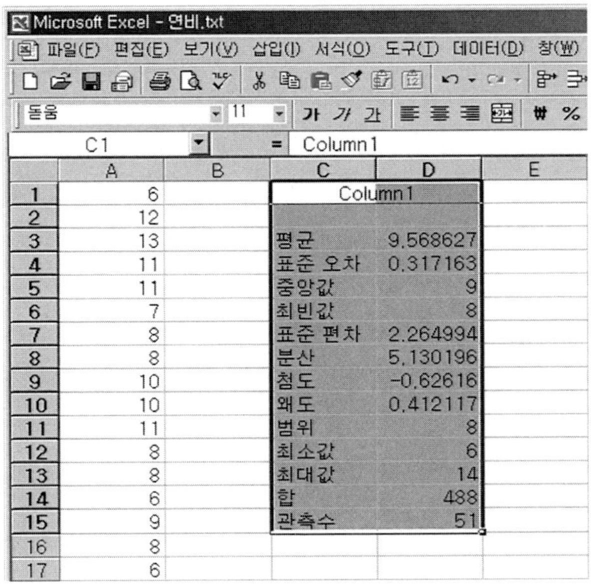

이상과 같은 방법 이외에 별도로 평균값과 표준편차를 얻는 방법은 다음과 같다. 동일한 워크시트 내에 적절한 위치에 계산할 값의 이름을 적어 넣는다. 예를 들어 산술평균과 표준편차를 얻기 위해 C2와 C3에 각각 이름을 적어 넣은 후, D2와 D3 에 해당하는 값을 계산하여 넣으려고 한다. D2를 선택한 후 [삽입] 메뉴에서 함수를 선택하면 다음과 같은 대화창이 나타난다. 여러 항목 중에서 통계 항목을 선택한 후 average 항목을 선택하여 확인을 누른다.

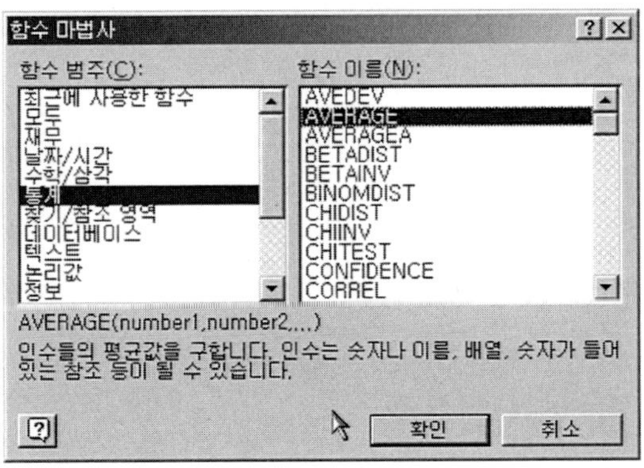

확인을 누르면 다음과 같은 함수 입력창이 나타나고 입력 자료의 범위에 입력된 연비 자료가 있는 셀들의 범위를 넣어준 다음 확인 버튼을 누른다.

그러면 D2에 계산된 결과가 나타난다. 표준편차도 이와 같이 실행하는데 해당 함수의 이름이 STDEV 를 선택하면 된다. 두 가지 계산을 모두 마친 결과는 다음과 같이 나오게 된다.

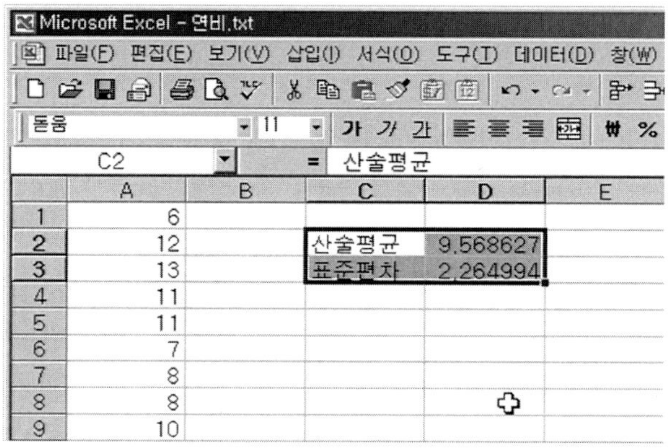

다음으로는 위 자료의 분포를 조사하기 위해 히스토그램을 그리는 방법을 연습하여 보겠다. 입력된 자료가 있는 바로 옆 열에 구간을 입력한다. 구간값은 도수분포표에서 나타난 각 구간의 상한값을 넣어준다. 다음으로 [도구] 메뉴에 [데이터 분석] 항목을 선택하면 다음과 같은 대화창이 나타난다.

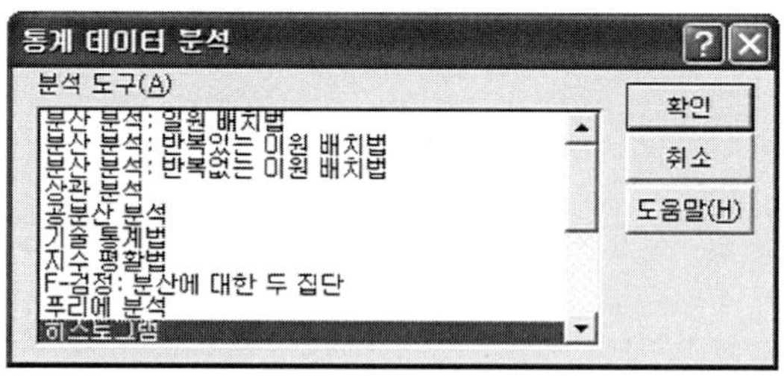

통계 데이터분석 대화창에서 [히스토그램]을 선택한 후 확인을 누르면 다음과 같은 히스토그램 대화창이 나타난다.

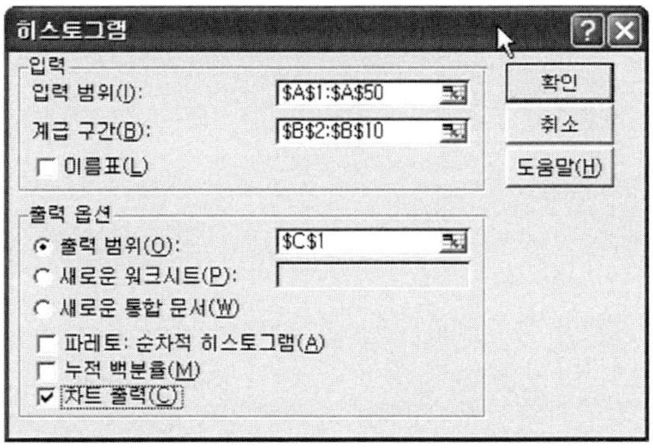

입력 범위와 계급구간이 들어있는 열을 지정해주고 출력옵션을 지정한다. 히스토그램 출력 시에 도수분포표를 같이 원하므로 [차트출력]에 체크를 한 후 확인 버튼을 누른다.

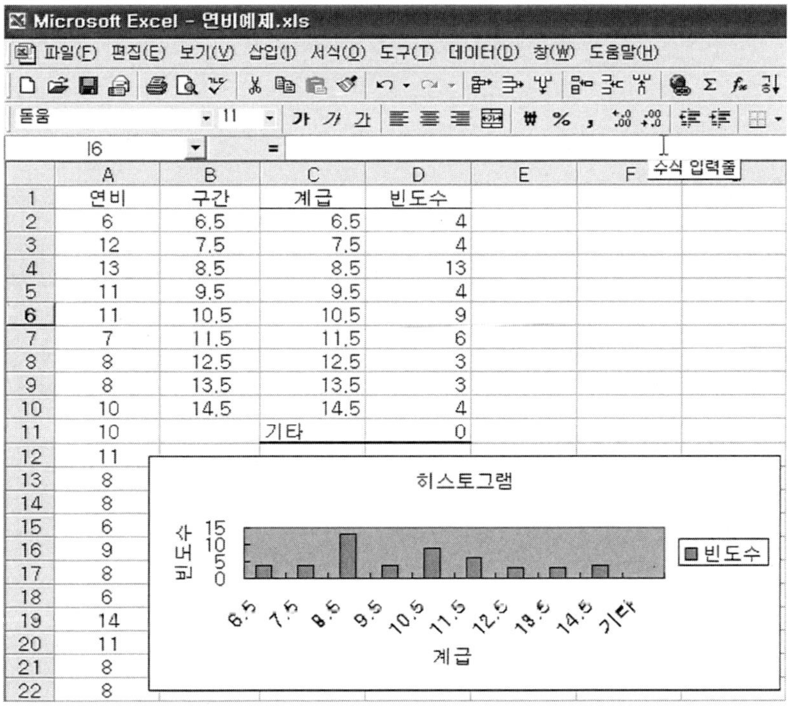

히스토그램을 만들 때 주의할 점은 구간 경계를 어떻게 설정하느냐에 따라 히스토그램의 모양이 바뀔 수 있다는 것이다. 히스토그램의 모양이 달라지게 되면 해석이 달라질 수 있으므로 구간 경계를 정할 때 어떤 값에서 구간을 설정하는 것이 좋은지 주의 깊게 선택해야 한다.

(2) 실습

이상의 통계법에 관한 내용은 앞으로 실험을 실시한 후 실험 자료를 처리하는데 매우 중요한 내용이므로 이론을 충분히 숙지하고 계산 방법에 대한 연습을 할 필요가 있다. 다음 자료에 대하여 분포를 알아 보기 위해 도수분포표를 작성하고 히스토그램을 그린 후 산술평균, 기하평균, 조화평균, 중앙값, 최빈값, 최대값, 최소값, 그리고 표준편차를 계산하시오. 그리고 모집단이 어떤 분포를 하고 있는지 판단하시오.

(1) 다음은 한 자동차 공장의 한 부품 공정에서 얻어진 양품률(불량률의 반대)의 자료이다. 다음 자료에 대해 위의 값들을 구하시오.

92.6	91.3	90.1	87.1	90.2	84.9	97.3	93.2	95.2
95.3	90.5	94.4	94.1	93.2	93.5	91.1	91.3	95.0
90.3	91.1	93.8	94.9	90.2	90.0	94.3	82.3	87.1
87.3	85.6	90.7	89.1	91.3	89.0	88.5	84.9	83.4
92.1	94.0	90.2	87.4	88.4	94.6	97.4	91.2	96.5
89.8	91.4	87.1	90.2	88.9	89.1	90.0	96.4	86.9
97.2	92.6	93.6	94.5	92.4	96.3	91.0	89.6	90.3
90.6	94.7	89.3	96.4	94.7	91.2	86.6	97.6	88.8

(2) 다음은 전구의 수명을 날 수로 측정하여 얻은 자료이다. 다음 자료에 대해 위의 값들을 구하시오.

161	156	153	140	141	154	150	141
124	164	123	135	162	148	105	170
154	162	130	128	168	111	136	155
139	165	132	154	152	127	132	125
199	160	153	183	146	171	188	112
152	137	147	147	140	112	150	150
90	128	153	128	106	121	179	122
132	142	117	112	128	137	154	128
202	196	168	162	145	149	142	143
73	88	192	93	156	101	168	183

(3) 과제 1

각자는 연습 문제에서 주어진 자료와 같이 특정한 경우에 해당하는 자료를 만들어 연습 문제에서 구한 도수분포표와 히스토그램를 포함한 모든 값들을 구하고 그 과정을 기록하여 보고서로 작성하여 제출하시오. 될 수 있는 대로 정규분포를 가진 50 개 이상의 자료를 찾아서 적용하여 보기 바랍니다.

3 측정 오차와 보정

(1) 측정오차

어떤 물리적인 양을 측정하여 그에 해당하는 수치값을 구하였을 때 오차란 식 (1-15)와 같이 정의 된다.

오차 = 측정된 값 - 정확한 값 (1-15)

그러나 대부분 정확한 값을 모르고 있거나 정의할 수 없기 때문에 실험에서 구한 수치값으로부터 정확한 값을 추정하게 되며 오차값 역시 이로부터 추정하게 된다. 오차를 분류하면 ① 체계적 오차(systematic error)와 ② 불규칙 오차(random error)로 구분할 수 있다. 체계적 오차는 측정할 때마다 반복되는 오차이며, 측정기기에 의한 부하오차, 보정 잘못으로 인한 오차, 측정기기를 잘못 조작함으로써 발생된 오차, 측정결과에 큰 영향을 미치는 환경 조건(예, 스트레인 게이지의 온도)들을 조절하지 않음으로써 발생되는 오차 등이 해당된다. 불규칙 오차는 측정기기, 측정방법 등에 큰 잘못이 없이 최선의 측정을 하였더라도 발생하는 오차이다.

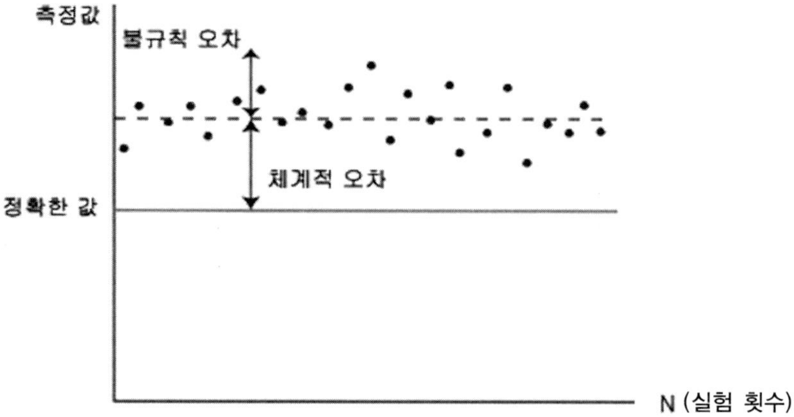

측정결과에 큰 영향을 미치는 환경 조건들을 조절하고 신뢰성 있는 계측기기를 정밀하게 보정한 후 정확한 방법으로 측정을 실시한다면 체계적 오차는 제거할 수 있다. 그럼에도 불구하고, 불규칙 오차는 항상 발생할 수 있다. 이는 측정 결과에 미세한 영향을 미치는 요인들(측정장치 주변의 습도, 풍속, 진동 등)이 많이 있어 이들 영향의 전체 합이 불규칙 오차로 나타나기 때문이다. 이러할 경우 측정치(정확한 값 + 오차)는 정규분포를 가지는 불규칙 변수라고 볼 수 있다.

정규분포를 결정하는 평균값(mean, μ)와 표준편차(standard deviation, σ)의 값은 식 (1-16)에서 보이는 바와 같이, 실험 횟수를 크게 할수록 정확한 값이 가까워질 수 있다.

$$\mu = \lim_{n\to\infty}\frac{x_1 + x_2 + \cdots + x_n}{n}$$
$$\sigma = \lim_{n\to\infty}\sqrt{\frac{(x_1-\mu)^2 + (x_2-\mu)^2 + \cdots + (x_n-\mu)^2}{n-1}} \tag{1-16}$$

그러나 실험을 무한히 계속 할 수 없기 때문에 적당한 횟수의 실험을 실시한 후 식(1-17)에 의해 μ의 추정값 $\overline{x}$(sample mean)와 σ의 추정값 s를 계산한다.

$$\overline{x} = \frac{x_1 + x_2 + \cdots + x_n}{n}$$
$$s = \sqrt{\frac{(x_1-\overline{x})^2 + (x_2-\overline{x})^2 + \cdots + (x_n-\overline{x})^2}{n-1}} \tag{1-17}$$

위의 식에서 실험 횟수, n 을 크게 할수록 μ의 추정값 $\bar{x}$와 σ의 추정값 s의 정확도가 높아진다. 불규칙 오차의 평균값 μ는 바로 측정하고자 하는 양의 정확한 값이다. 식 (1-17)에 의해 계산되는 $\bar{x}$는 측정하고자 하는 양의 추정값이다.

한편 표준편차 σ는 측정값이 중심에서 얼마나 흩어져 있나를 나타내는 양이므로, σ가 작을수록 한 번 측정하여 얻은 값이 μ에 가까울 확률이 크고, 또 같은 실험 횟수 n 에 대하여 식 (1-17)에서 구한 $\bar{x}$값이 μ에 가까울 확률이 높다.

일반적으로, x가 정규분포를 갖는 불규칙 변수일 때 한번 실험에서 얻은 값이 $\mu-\sigma$와 $\mu+\sigma$ 사이에 있을 확률은 68.3%, $\mu-2\sigma$와 $\mu+2\sigma$ 사이에 있을 확률은 95.4%, $\mu-3\sigma$와 $\mu+3\sigma$ 사이에 있을 확률은 99.7% 이다. 실제로는 μ와 σ 값을 모르니 그 추정값 $\bar{x}$와 s를 사용하여 위와 같은 결론을 내릴 수도 있다. 또한, x가 정규분포를 하는 불규칙 변수일 때 (1-17)식에 의해 계산된 $\bar{x}$ 역시 정규분포를 하는 불규칙 변수이며 그 표준편차 σ_m은 $\sigma_m = \dfrac{\sigma}{\sqrt{2}}$ 이다. 따라서 (1-17)식에 의해 계산된 $\bar{x}$가 $\mu \pm \dfrac{\sigma}{\sqrt{2}}$ 사이에 있을 확률은 68.3%, $\mu \pm \dfrac{2\sigma}{\sqrt{2}}$ 사이에 있을 확률은 95.4% 라고 할 수 있다. 이 경우 σ 대신 그 추정값 s 를 사용하기로 한다.

체계적 오차 중 측정기기를 설치함으로써 해서 발생하는 오차를 부하오차(loading error)라고란 하고, 유체의 온도를 측정하기 위해 온도계를 삽입하면 이 때문에 발생하는 유체의 온도가 변화, 구조물의 변위를 측정하기 위해 다이얼 게이지를 부착하면 다이얼 게이지의 강성 때문에 달라지는 구조물의 변위, 전압을 측정하기 위해 전압계를 설치하면 발생하는 전압 강하가 이에 해당한다. 이러한 부하오차를 제거하려면, 유체의 열용량에 비해 아주 작은 열용량의 온도계를 사용하여야 하며, 구조물의 강성에 비해 매우 작은 강성값을 갖는 다이얼 게이지를 사용해야 한다. 기계공학도들은 앞서 언급한 전압 강하와 같은 부하오차를 간과하기 쉽다. 이는 다음과 같은 전기 공학적 지식을 이용하면 쉽게 해결될 수 있다.

예를 들어 입력신호(압력, 힘, 변위 등)을 전기신호로 변화시켜 주는 트랜스듀서가 내부저항 R_1을 가지고 있다고 하고, 트랜스듀서의 출력단에 아무 것도 연결하지 않았을 때 전압 e가 발생한다고 하자. 만약 출력단에 전압을 측정하기 위해 전압계를 연결하였을 때 전압계 내부 저항을 R_2라고 한다면 이 전압계에 걸리는 실제 전압 e_1은 다음과 같다.

$$e_1 = \frac{R_2}{R_1 + R_2} e < e \tag{1-18}$$

즉, 정확한 측정을 하려면 $R_2 \gg R_1$이 되어야 한다. 이때 R_1을 트랜스듀서의 출력저항(교류 전압이라면 출력 임피던스), R_2를 전압계의 입력저항(또는 입력 임피던스)라고 한다. 일반적으로 장치 A에서 나온 측정신호가 장치 B로 공급될 때 장치 B의 입력저항은 장치 A의 출력저항보다 훨씬 커야 한다. 그러나, 많은 경우 트랜스듀서의 출력저항(즉 내부저항)은 상당히 크기 때문에 트랜스듀서와 전압계 사이에 증폭기를 설치한다. 이 증폭기는 트랜스듀서의 출력신호를 증폭시키기도 하지만 동시에 입력저항 R_2는 R_1에 비해서 아주 크고 또 출력저항 R_3는 R_4보다 아주 작아서 $R_4 \gg R_1$ 인 조건이 만족되지 않을 경우에도 부하오차 없이 전압계로 트랜스듀서의 출력전압을 측정할 수 있게 한다.

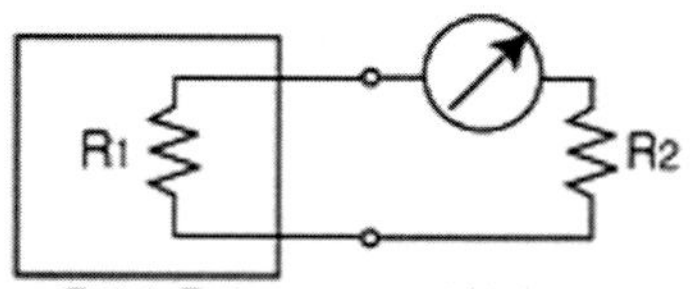

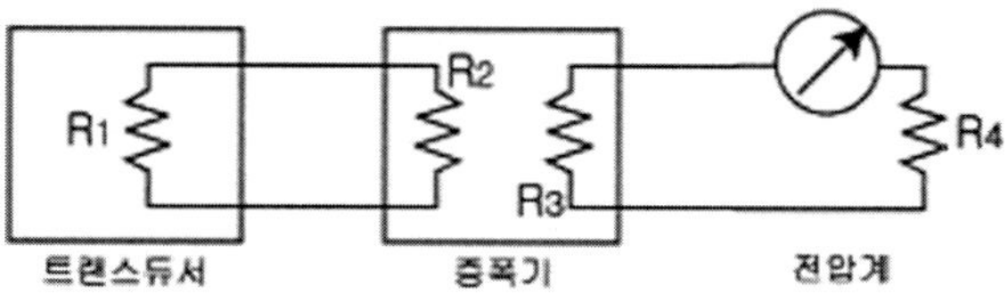

(2) 최소 자승법을 이용한 오차 보정

보정이란 계측장치에 알고 있는 입력을 가해주고 그 출력을 관측하여 입력과 출력 사이의 관계를 결정하는 것을 말한다. 입력과 출력 사이의 관계가 선형이라면 특정한 입력값 하나에 대한 출력값들을 측정할 수도 있으나 입력과 출력 사이의 관계가 비선형이라면 여러 개의 입력값들을 사용하여야 할 것이다. 입력 x와 출력 y 사이에 어떤 함수관계 $y = f(x)$가 있어 실험에 의해 이 함수관계를 구하는 문제를 생각하여 보자.

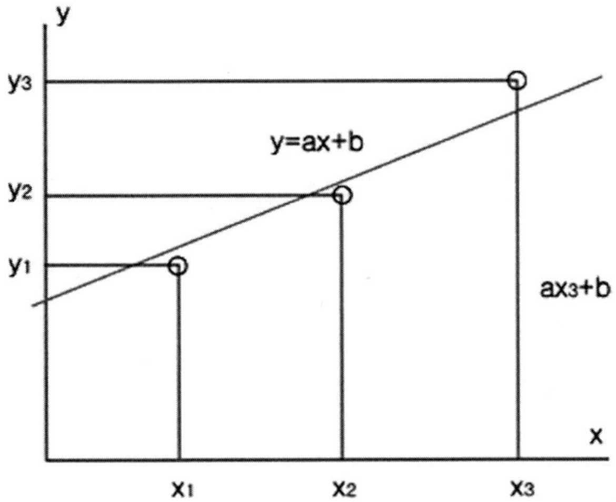

위의 그림에서 각 입력 x_i에 대한 출력의 측정치를 y_i라고 하자. 이에 x_i값은 정확한 값이며 y_i에는 정규분포를 하는 불규칙 오차가 포함되어 있다고 생각한다. 이들 실험값들로부터 함수관계를 구하는 방법 중 최소자승법(least square method 또는 regression)이 가장 많이 사용된다.

만약 입력과 출력 사이에 식 (1-19)와 같은 관계가 성립한다면,

$$y = ax + b \tag{1-19}$$

최소자승법이란 식 (1-20)의 값이 최소가 되게 하는 식 (1-21)을 구하는 것이다.

$$S^2 = \sum_{i=0}^{n}[y_i - y(x_i)]^2 \tag{1-20}$$

$$y(x_i) = ax_i + b \tag{1-21}$$

여기서 y_i와 x_i는 실험에서 얻어진 값이다. 위의 최소 조건으로부터 a와 b를 구하면 다음과 같다.

$$a = \frac{n\sum x_i y_i - \sum x_i \sum y_i}{n\sum x_i^2 - \left(\sum x_i\right)^2}$$
$$b = \frac{\sum y_i \sum x_i^2 - \sum x_i \sum x_i y_i}{n\sum x_i^2 - \left(\sum x_i\right)^2} \tag{1-22}$$

위의 방법으로 전체 자료를 가장 근사하게 표현한 직선을 얻었을 때, 해당 직선이 실험 자료와 어느 정도 가깝게 근사하고 있는지를 나타내는 계수를 상관계수(correlation coefficient), r이라고 하는데 식 (1-23)과 같이 나타내진다.

$$r^2 = \frac{\sum [y(x_i) - y_m]^2}{S^2 + \sum [y(x_i) - y_m]^2}$$
$$\text{where, } y_m = \frac{1}{n}\sum_{i=1}^{n} y_i \tag{1-23}$$

상관계수가 1 이라고 하면 S^2가 0 이 되고 이 직선은 실험 자료를 완벽히 근사 시킨 경우라고 말할 수 있다. 따라서, r^2이 1 에 가까울수록 실험 자료를 보다 잘 근사 시켰다고 말할 수 있다. 위와 같은 과정을 통하여 얻어진 직선은 표준 보정 직선이 되어 해당 계측기기에 주어진 입력값, x_i에 대한 출력값을 계산하는데 이용한다.

만약 실험값들이 2 차 곡선의 형태를 보이는 경우에는 식(1-24)로 나타내질 수 있다고 하자.

$$y = ax^2 + bx + c \tag{1-24}$$

최소자승법에 의하여 a , b , c 는 식(1-25)로 정리된 식으로부터 구할 수 있다.

$$\sum y_i = na + b\sum x_i + c\sum x_i^2$$
$$\sum x_i y_i = a\sum x_i + b\sum x_i^2 + c\sum x_i^3 \tag{1-25}$$
$$\sum x_i^2 y_i = a\sum x_i^2 + b\sum x_i^3 + c\sum x_i^4$$

4 엑셀을 이용한 보정

(1) 예제

실험에 사용될 센서를 실험에 앞서 보정하기 위해 입력값을 다음과 같이 변화시켜 가면서 출력값을 기록하였다. 다음 보정 자료를 이용하여 해당 센서를 보정한 후 해당 센서의 선형성과 표준 보정 직선을 구하려 한다. 이 작업을 엑셀을 이용하여 실시하여 보자.

[보정 실험 자료]

입력값	출력값	입력값	출력값	입력값	출력값
2.1	2.3	5.5	5.5	7.9	8.0
3.4	3.1	6.2	6.0	8.5	8.4
3.1	3.4	7.0	6.9	8.7	8.3
5.2	5.4	7.3	7.5	9.4	8.9

엑셀을 열고 위의 자료를 임의의 컬럼에 입력한다. 입력값은 x 라고 명칭하고 출력값은 y 라고 명명한다. 최소자승법에 의한 근사 직선을 얻기 위해 계산에 필요한 항들을 옆의 컬럼에 계산한다. 이들은 각각, x_i^2, y_i^2 그리고 x_iy_i 이다. 각 컬럼의 마지막 밑의 셀에 각각 컬럼의 값들을 더한 값을 계산한다. 그러면 다음 화면과 같은 상태가 된 것을 알 수 있다.

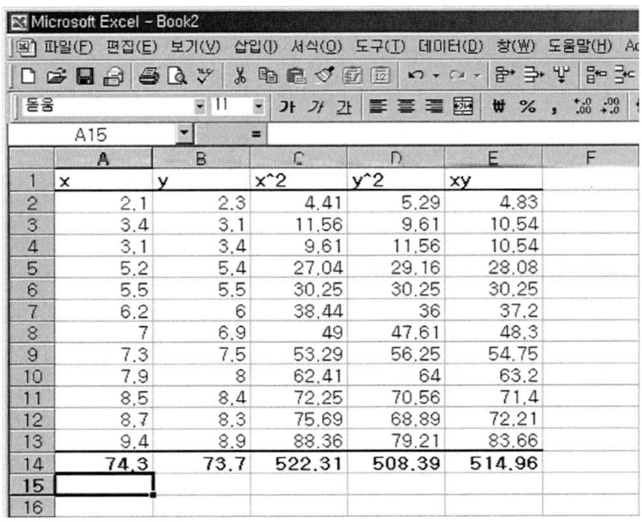

	A	B	C	D	E	F
1	x	y	x^2	y^2	xy	
2	2.1	2.3	4.41	5.29	4.83	
3	3.4	3.1	11.56	9.61	10.54	
4	3.1	3.4	9.61	11.56	10.54	
5	5.2	5.4	27.04	29.16	28.08	
6	5.5	5.5	30.25	30.25	30.25	
7	6.2	6	38.44	36	37.2	
8	7	6.9	49	47.61	48.3	
9	7.3	7.5	53.29	56.25	54.75	
10	7.9	8	62.41	64	63.2	
11	8.5	8.4	72.25	70.56	71.4	
12	8.7	8.3	75.69	68.89	72.21	
13	9.4	8.9	88.36	79.21	83.66	
14	**74.3**	**73.7**	**522.31**	**508.39**	**514.96**	
15						
16						

다음으로 위에서 계산한 값을 이용하여 최소자승법 공식에 따라 표준 근사 직선의 기울기와 y축 절점을 구한다. 여기서 총 자료수 n은 12 이다. 최소자승법을 이용한 결과는 다음과 같다.

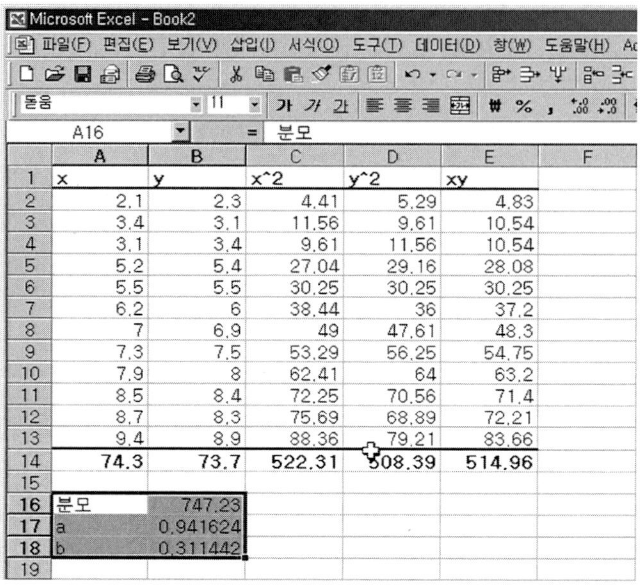

	A	B	C	D	E	F
1	x	y	x^2	y^2	xy	
2	2.1	2.3	4.41	5.29	4.83	
3	3.4	3.1	11.56	9.61	10.54	
4	3.1	3.4	9.61	11.56	10.54	
5	5.2	5.4	27.04	29.16	28.08	
6	5.5	5.5	30.25	30.25	30.25	
7	6.2	6	38.44	36	37.2	
8	7	6.9	49	47.61	48.3	
9	7.3	7.5	53.29	56.25	54.75	
10	7.9	8	62.41	64	63.2	
11	8.5	8.4	72.25	70.56	71.4	
12	8.7	8.3	75.69	68.89	72.21	
13	9.4	8.9	88.36	79.21	83.66	
14	**74.3**	**73.7**	**522.31**	**508.39**	**514.96**	
15						
16	분모	747.23				
17	a	0.941624				
18	b	0.311442				
19						

기울기 a는 0.9416 이며, y축 절점 b는 0.3114 이다. 이로부터 만들어지는 직선의 식은 다음과 같다.

$$y = 0.9416x + 0.3114$$

보정 작업을 마친 후 이 센서는 위의 식에 따라 임의의 입력값에 따른 출력값을 계산한다. 위의 결과를 그래프로 그려 보자. 엑셀 화면에 표준 근사 직선에 의해 임의의 입력값에 따라 출력값을 만든다. 옆에 비어 있는 컬럼에 임의의 입력값을 주고 그에 따른 출력값을 표준 근사 직선 공식을 이용하여 계산한다. 원래 입력값의 범위가 약 2 에서 10 정도까지 나타나 있으므로 임의의 입력값도 이 범위로 결정하고 입력값의 간격은 1 로 한다.

	A	B	C	D	E	F	G
1	x	y	x^2	y^2	xy	x*	y*
2	2.1	2.3	4.41	5.29	4.83	2	2.19469
3	3.4	3.1	11.56	9.61	10.54	3	3.136314
4	3.1	3.4	9.61	11.56	10.54	4	4.077938
5	5.2	5.4	27.04	29.16	28.08	5	5.019562
6	5.5	5.5	30.25	30.25	30.25	6	5.961186
7	6.2	6	38.44	36	37.2	7	6.90281
8	7	6.9	49	47.61	48.3	8	7.844434
9	7.3	7.5	53.29	56.25	54.75	9	8.786058
10	7.9	8	62.41	64	63.2	10	9.727682
11	8.5	8.4	72.25	70.56	71.4		
12	8.7	8.3	75.69	68.89	72.21		
13	9.4	8.9	88.36	79.21	83.66		
14	**74.3**	**73.7**	**522.31**	**508.39**	**514.96**		

다음으로는 그래프로 그려서 비교할 컬럼을 선택한다. 여기서는 그래프로 나타낼 컬럼이 서로 인접하여 있지 않으므로 먼저 [B2..B13] 컬럼을 선택한 후 Ctrl키를 누른 상태에서 다시 [G2..G10] 컬럼을 선택한다. 그러면 다음과 같은 상태가 된다.

	A	B	C	D	E	F	G
1	x	y	x^2	y^2	xy	x*	y*
2	2.1	2.3	4.41	5.29	4.83	2	2.19469
3	3.4	3.1	11.56	9.61	10.54	3	3.136314
4	3.1	3.4	9.61	11.56	10.54	4	4.077938
5	5.2	5.4	27.04	29.16	28.08	5	5.019562
6	5.5	5.5	30.25	30.25	30.25	6	5.961186
7	6.2	6	38.44	36	37.2	7	6.90281
8	7	6.9	49	47.61	48.3	8	7.844434
9	7.3	7.5	53.29	56.25	54.75	9	8.786058
10	7.9	8	62.41	64	63.2	10	9.727682
11	8.5	8.4	72.25	70.56	71.4		
12	8.7	8.3	75.69	68.89	72.21		
13	9.4	8.9	88.36	79.21	83.66		
14	**74.3**	**73.7**	**522.31**	**508.39**	**514.96**		
15							

상단의 [삽입] 메뉴에서 [차트] 항목을 선택한다.

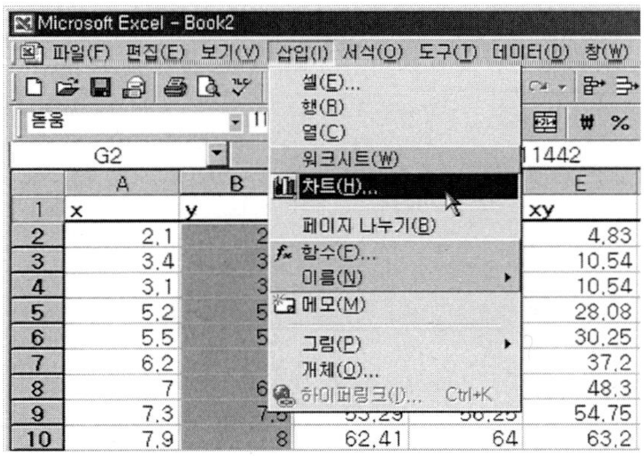

차트 항목을 선택하면 다음과 같은 대화창이 나타난다. 여러 가지 차트 중에서 분산형 차트를 선택하고 분산형 차트 중에서 다시 [꺾은선으로 연결된 분산형]을 선택한다. 그런 후 [다음] 버튼을 누른다.

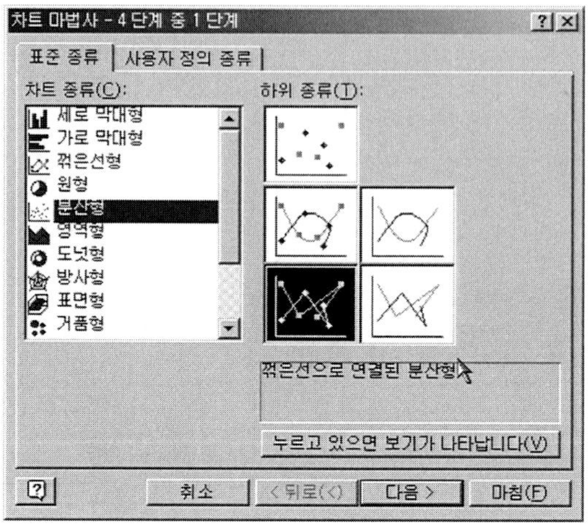

다음 버튼을 누르면 2 단계 대화창이 나타난다. 계열1의 X값은 [A2..A13] 범위를 선택하여 입력하고, 계열2의 X값은 [G2..G10] 범위를 선택하여 입력한 후 [다음] 버튼을 누른다.

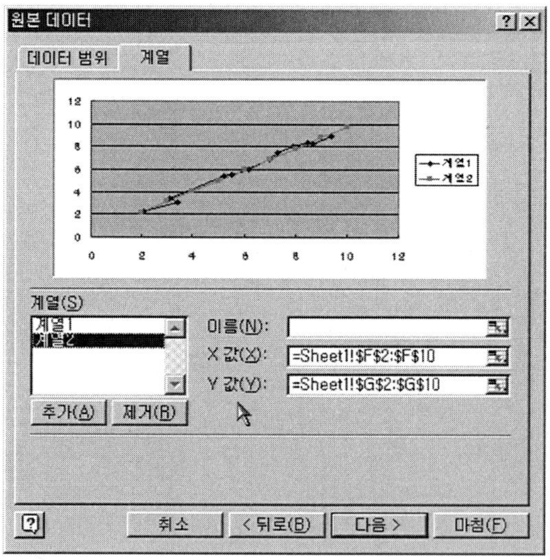

다음으로 나타나는 창에서 아무 것도 변화하지 말고 그대로 다음 버튼을 누르면 마지막 대화창이 나타나는데 새로운 워크시트에 그래프를 표시할 것인지, 현재 워크시트에 나

타낼 것인지를 묻는다. 여기서는 현재 워크시트에 나타내도록 한 후 [마침] 버튼을 누르면 워크시트에 그래프가 나온다.

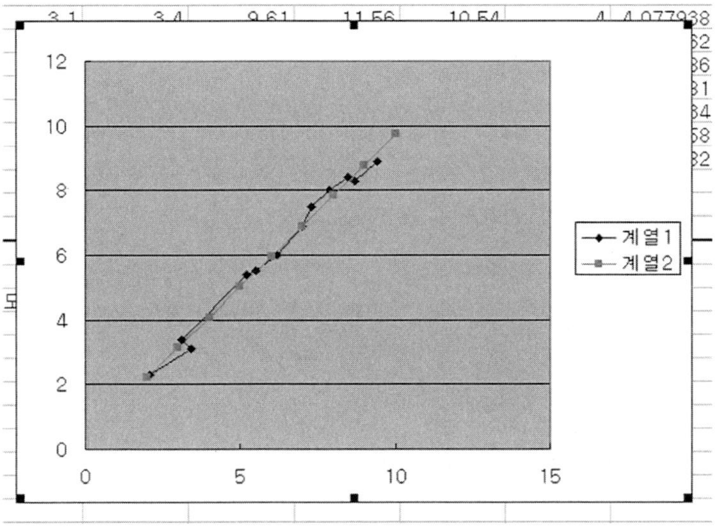

위의 그래프를 보기 좋도록 한다. 즉, 실험값은 연결되지 않은 점으로 나타내고 근사된 직선은 점이 없는 굵은 선으로 표시하여 보자. 우선 커서를 계열1의 점위에 대고 더블 클릭을 한다. 그러면 다음과 같은 대화창이 나타나는데, 선을 [없음]으로 한 후 [확인] 버튼을 눌러 닫는다.

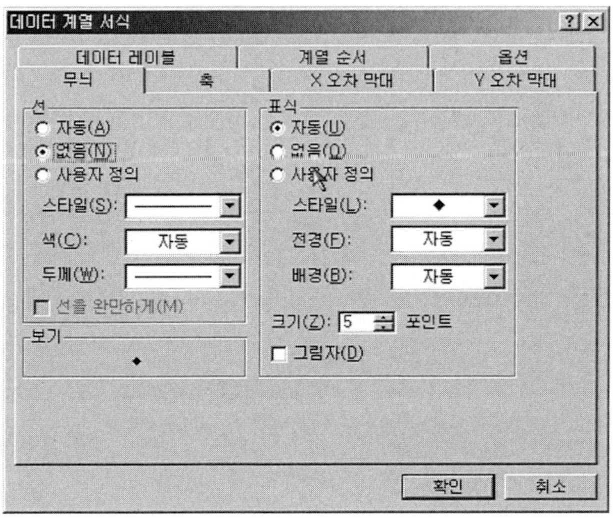

그리고, 계열2 의 그래프 위의 점에 커서를 대고 다시 더블 클릭을 하면 위와 비슷한 대화창이 나타나는데 [표식]을 [없음]으로 선택하고, 선의 두께는 굵은 선으로 선택한다. 그런 후 [확인] 버튼을 눌러 닫으면 다음과 같은 그래프가 얻어진다.

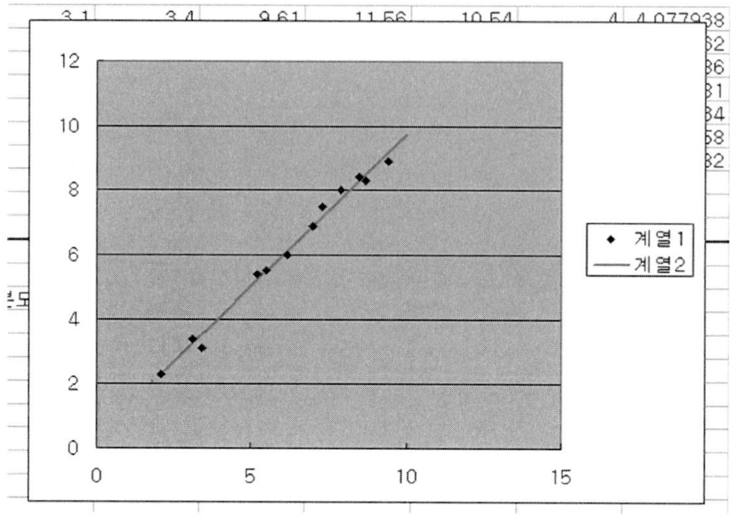

위의 그래프에서 점으로 나타난 것은 실험을 통해 얻은 자료이며, 굵은 선으로 나타난 것은 최소자승법을 이용하여 보정한 근사 직선이다. 이후 모든 입력값에 대한 출력값의 계산은 위의 그래프에서 굵은선으로 나타난 직선에 의해 만들어낸다. 각자는 엑셀을 이용하여 위 자료의 상관계수를 구하여 보기 바란다.

(2) 과제 2

각자가 임의의 입력값에 대한 출력값을 임의로 작성하여 위의 보정 실습을 그대로 다시 재현하여 표준 근사 직선을 얻은 후 그래프로 그리고 상관계수를 구하고, 전 과정을 기록하여 보고서로 작성하여 제출하시오.

5 참고문헌

- 엑셀을 활용한 통계의 이해, 박상규, 중앙대학교 출판부, 2002
- 엑셀을 활용한 통계분석, 박양규, 21세기사, 1999
- Excel2000 에 의한 통계적 조사방법, 노형진, 형설출판사, 2002
- PC통계학, 강근석, 자유아카데미, 1997
- Mechanical Measurements, 5ed, Beckwith 외 2 인, Addison Wiley 출판

CHAPTER 3 길이 및 중량 측정 실험

1. 버어니어 캘리퍼 (Vernier caliper)
2. 마이크로미터
3. 빔 밸런스 (Beam Balance)
4. 길이 측정 실습
5. 중량 측정 실습
6. 과제 내용

1 버어니어 캘리퍼 (Vernier caliper)

버어니어 캘리퍼는 길이 측정에서 매우 중요하게 사용되는 측정 도구이다. 주로 길이 범위가 0.02 – 0.05 mm 에서 200 – 300 mm 수준의 길이를 측정할 수 있으며 그 이상의 길이를 측정할 수 있는 캘리퍼도 있다. 버어니어 캘리퍼를 이용하여 측정할 수 있는 항목은 다음과 같다.

- 외부 길이 및 외경
- 내부 길이 및 내경
- 깊이
- 단차 높이

버어니어 캘리퍼의 주요 부위의 명칭은 다음과 같다.

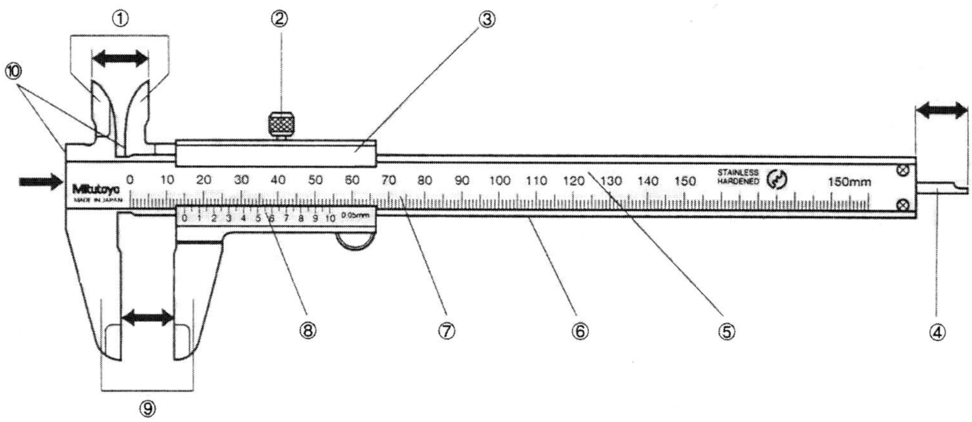

① 내측용 조우 (inside measuring jaws)
② 고정용 나사 (clamp screw)
③ 슬라이더 (slider)
④ 깊이 바 (depth bar)
⑤ 어미자 (main beam)
⑥ 기준단면 (reference surface)
⑦ 어미자 눈금 (main scale)
⑧ 아들자 눈금 (vernier scale)
⑨ 외측용 조우 (outside measuring jaws)
⑩ 단차 측정면 (step measuring face)

(1) 측정 방법

최소 측정값이 0.05 mm 인 버어니어 캘리퍼는 아들자 눈금이 새겨진 곳에 0.05 mm 라고 최소 측정값이 새겨져 있으며, 어미자 눈금은 1 mm 간격으로 새겨져 있고 아들자 눈금은 39 mm 길이를 20 등분한 눈금이 새겨져 있다. 아들자가 어미자 눈금의 1 mm 거리를 오른쪽으로 이동할 때 20 등분으로 나누어져 있는 아들자의 제일 첫째 눈금이 어미자 눈금의 0 mm 위치에서 정확하게 일치하고 난 후 아들자 두번째 눈금이 어미자 눈금과 일치하게 되는 위치는 어미자 눈금의 2 mm 위치이며, 다음으로 아들자의 세번째 눈금이 어미자 눈금의 4 mm 위치에서 일치하게 된다. 두번째 아들자 눈금이 어미자 눈금의 2 mm 위치에서 일치하게 되는 거리는 최초 위치에서 0.05 mm 를 이동하게 된 지점이다. 이렇게 차례로 오른쪽으로 이동하면서 0.05 mm 단위로 모두 20 번 아들자 눈금과 어미자 눈금이 일치하게 되는데 최종적으로 아들자 눈금의 20 번째 눈금이 어미자 눈금의 40 mm 위치에서 일치하게 된다. 이렇게 하면 모두 1 mm 거리를 이동하게 된 것이다. 이 상태를 그림으로 나타내면 다음과 같다.

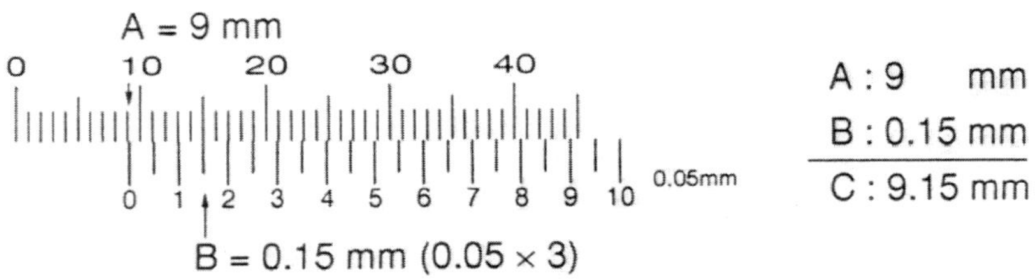

위의 그림에서 왼쪽에서 시작하여 오른쪽으로 어미자의 눈금과 최초로 일치하고 있는 아들자의 눈금은 네번째 눈금이다. 이는 아들자 눈금 간격으로 3 간격에 해당하고 한 간격 당 0.05 mm 에 해당하므로 총 0.15 mm 를 이동한 것이다. 아들자 최초 눈금이 왼쪽으로 가장 가까이 있는 어미자 눈금이 9 mm 이므로 현재 위치는 9 mm 와 10 mm 사이에 있는 것을 알 수 있다. 따라서, 현재 위치는 어미자 눈금의 9 mm 에 아들자 눈금이 가리키는 0.15 mm 를 더하여 9.15 mm 임을 알 수 있다. 이상의 눈금 읽는 법을 정리하면 다음과 같다.

• 아들자의 최초 눈금 위치보다 작으면서 가장 가까운 어미자의 눈금값(A)을 읽는다.

• 어미자의 눈금과 일치하고 있는 아들자의 눈금값(B)을 읽는다.

• 측정값은 [A + 최소 측정값 x B] 이다.

(2) 사용상의 주의사항

■ 측정압

필요 이상의 측정압이 가해지지 않도록 한다. 측정압이 너무 세면 조우가 벌어져 측정 오차가 발생한다.

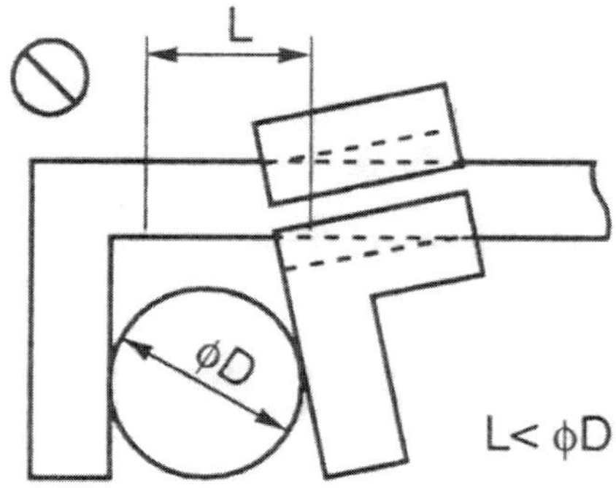

■ 시차

어미자와 아들자의 눈금을 읽는 경우 눈금의 정면에서 읽어야 한다. 경사방향에서 읽으면 시차가 발생하여 측정오차를 만들어 낼 수 있다.

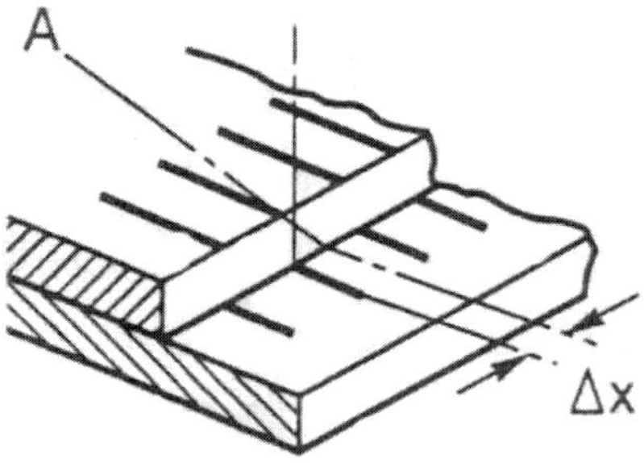

■ 외측 측정

측정물을 가급적 어미자 가까운 안쪽에 측정면 전체를 측정물에 밀착하여 측정한다. 두께를 측정할 경우에는 측정물의 최소값을 읽는다.

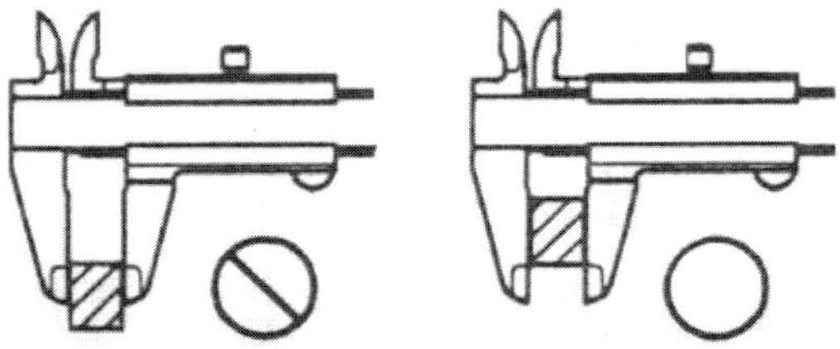

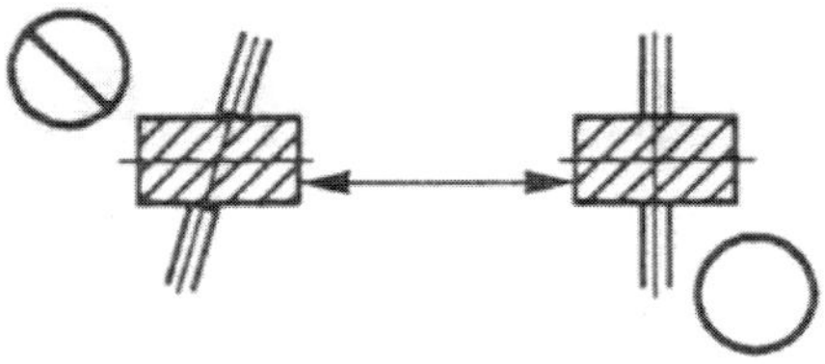

■ 내측 측정

내측용 조우를 가급적 측정면 내부로 깊이 넣어 측정면 전체를 측정물에 밀착하여 측정한다. 내측 측정의 경우 측정물의 최대값을 읽는다.

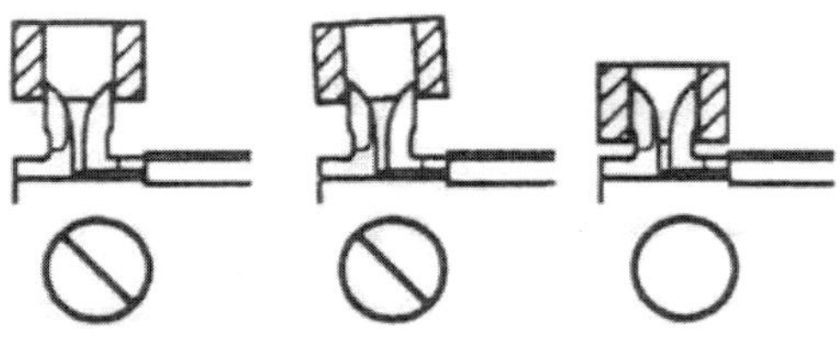

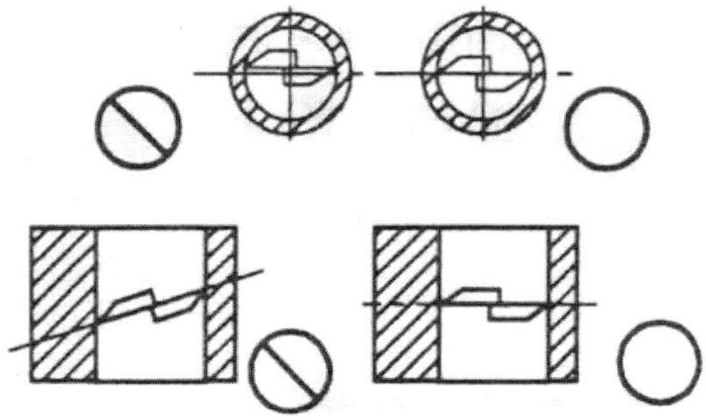

■ 깊이 측정

캘리퍼를 측정할 면에 대하여 직각으로 놓고 측정한다.

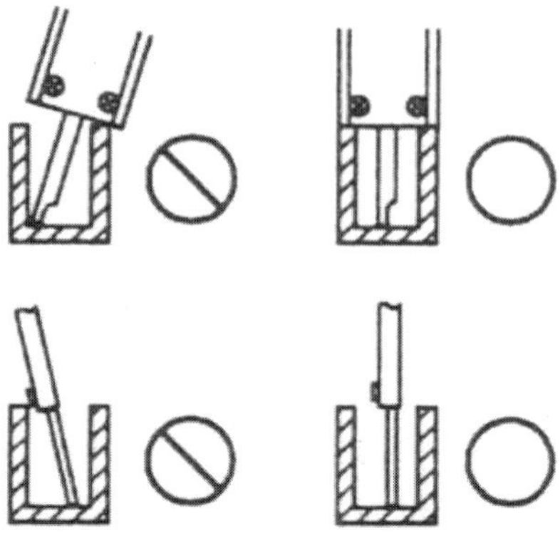

■ 단차 측정

단차 측정면을 측정물에 밀착하여 측정한다.

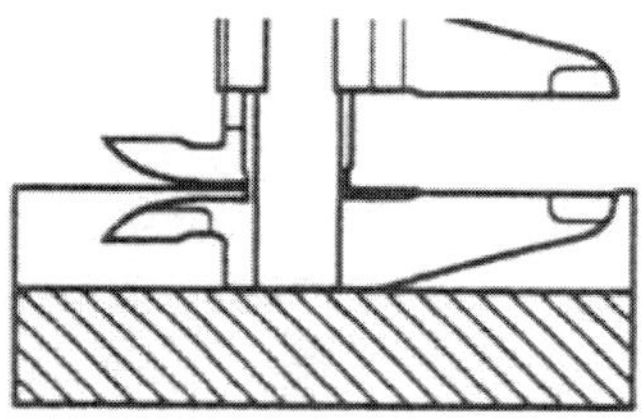

2 마이크로미터

마이크로미터는 버어니어 캘리퍼보다 작은 길이를 정밀하게 측정하기 위한 측정 도구이다. 측정 가능한 길이 범위는 0.001 mm 에서 25 mm 까지 이며 이보다 더 큰 길이를 측정하기 위해서는 보조봉과 특별한 프레임을 사용하여 측정하지만, 눈금을 움직여 측정할 수 있는 범위는 최대 25 mm 까지 이다. 마이크로미터는 버어니어 캘리퍼와 달리 내측과 깊이를 측정하는 경우 내측 또는 깊이 측정용 프레임을 사용하여야 한다. 일반적인 마이크로미터는 외측 측정용 프레임이 장착되어 있다. 아래 그림에서 보는 마이크로미터도 외측 측정용 프레임을 장착한 것이다.

마이크로미터의 각 부분의 명칭은 다음과 같다.

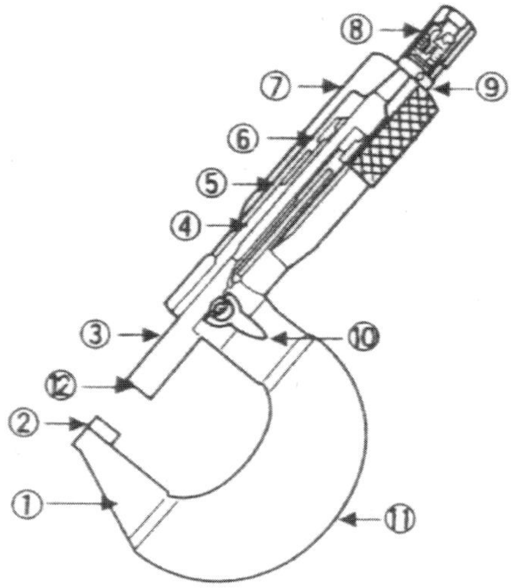

① 프레임 (Frame)	② 앤빌 (Anvil) - 초경재료
③ 스핀들 (Spindle)	④ 내측 슬리브 (Inner sleeve)
⑤ 외측 슬리브 (Outer sleeve)	⑥ 조절 나사 (Adjustment nut)
⑦ 씸블 (Thimble)	⑧ 래첫 스톱 (Ratchet stop)
⑨ 래첫 스크류 (Ratchet screw)	⑩ 클램프 (Clamp)
⑪ 프레임 커버 (Frame cover)	⑫ 초경 팁 (Carbide tip) - 초경재료

(1) 측정 방법

아래 그림에 나타나 있듯이 마이크로미터의 눈금은 내측 슬리브 표면과 외측 슬리브 표면에 각각 2 가지의 눈금과 1 가지의 눈금이 있다.

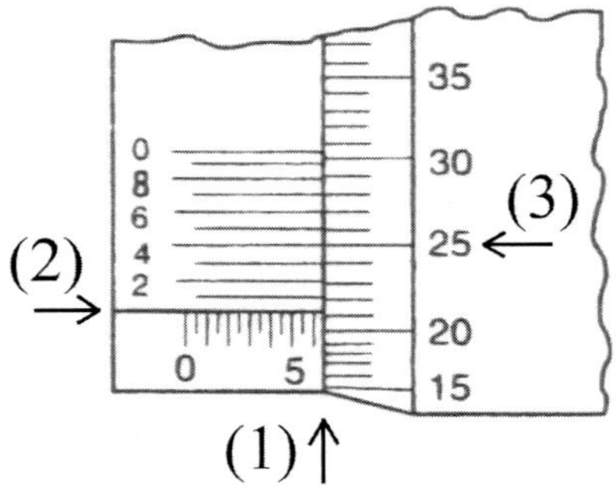

내측 슬리브에 수평으로 있는 눈금은 0.5 mm 단위의 눈금이고 외측 슬리브에 수직으로 있는 눈금은 0.01mm 단위의 눈금이며, 다시 내측 슬리브에 수직으로 있는 눈금은 0.001 mm 단위의 눈금이며 버어니어라고 부른다. 이 세가지 눈금을 읽어 더하면 측정값을 알 수 있다.

우선, 0.5 mm 단위의 눈금은 내측 슬리브 수평 눈금을 외측 슬리브 경계가 위치한 지점 (1)에서 읽는다. 위의 그림에서 보면 6 mm 이다. 다음으로 0.01 mm 단위의 눈금은 외측 슬리브의 눈금을 내측 슬리브의 수직 눈금이 시작하는 지점(2)에서 읽는다. 현재의 눈금은 0.21 mm 이다. 마지막으로 버어니어의 눈금이 외측 슬리브 눈금과 정확히 일치하는 지점(3)에서 버어니어의 눈금을 읽는다. 위의 그림에서는 0.004 mm 이다. 이렇게 읽은 값들을 모두 더하면 최종 측정값이 되며, 현재 예제에서는 6.214 mm 가 된다.

(2) 사용상의 주의 사항

마이크로미터를 사용하여 측정하는 경우 항상 앤빌과 초경 팁 표면의 먼지 혹은 기름을 깨끗이 닦아낸 뒤 측정한다. 0.001 mm 단위까지 측정할 수 있는 측정 도구이기 때문에 표면에 있는 먼지나 기름은 측정 오차를 발생할 수 있다. 측정하기 위해 씸블을 회전할 때는 측정물에 과다한 힘이 가해지지 않도록 래칫을 이용하여 회전시키며 래칫이 클릭거리는 음을 낼 때까지 회전하면 항상 동일한 힘을 측정물에 가할 수 있으며 과다한 힘이 가해지는 것을 피할 수 있다.

측정하기 전 씸블을 회전하여 앤빌과 초경 팁이 닿도록 하고 눈금이 정확히 0 을 가리키고 있는지 확인한다. 만약 0 을 가리키고 있지 않은 경우 0 점 조정을 실시한다. 0 점 조정은 특별 공구를 이용하여 실시하는 것이므로 이곳에서는 다루지 않는다. 씸블을 회전시키기 위해 래칫을 회전할 때 과다한 회전 속도로 회전시켜 측정물에 앤빌과 초경 팁이 닿도록 하여서는 안된다. 측정물 표면에 가까워지면 회전속도를 낮추어 천천히 회전하여 측정물 표면에 앤빌과 초경 팁이 닿도록 하여 측정을 실시한다.

측정물 표면에 앤빌과 초경 팁이 닿을 때 전면이 충분히 닿도록 주의하여 측정하며, 측정물 표면이 곡면인 경우 가급적 앤빌과 초경 팁의 중앙에 닿도록 하여 측정을 실시한다.

3 빔 밸런스 (Beam Balance)

현재 빔 밸런스는 최소 측정값이 0.1 g 이며 최대 측정값이 2,610 g 이다. 최대 측정값은 대용량 추를 이용하였을 때 얻어지며, 대용량 추를 사용하지 않을 경우 610 g 까지 측정할 수 있다. 빔 밸런스를 사용하여 다음과 같은 것을 측정할 수 있다. 대용량 추는 1,000 g 짜리 2 개와 500 g 짜리 1 개가 주어진다.

빔 밸런스의 주요 부위의 명칭은 다음과 같다.

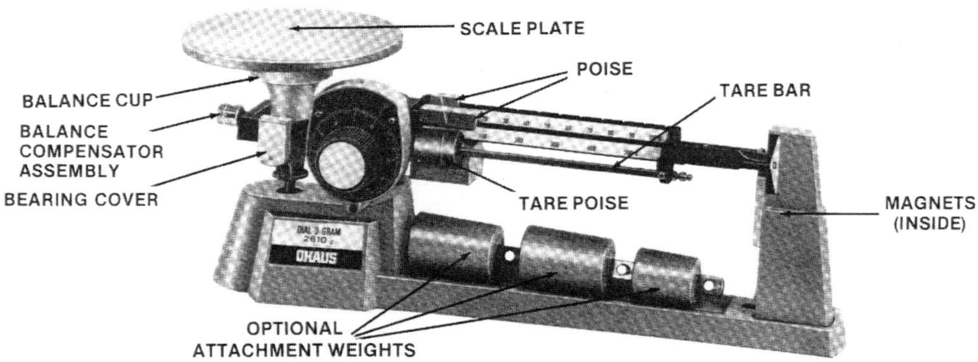

① 측정용 접시(Scale plate)
② 측정용 컵(Balance cup)
③ 평형 조절기(Balance compensator assembly)
④ 베어링 덮개(Bearing cover)
⑤ 측정 추(Poise)
⑥ 영점 조절 추(Tare poise)
⑦ 영점 조절 막대(Tare bar)
⑧ 대용량 보조추(Optional attachment weights)
⑨ 자석(Magnets(inside))

(3) 영점 조절

측정용 접시 위에 아무 것도 올려놓지 않았을 때 측정 눈금이 정확히 0 점을 가리키도록 평형 조절기를 이용하여 조절한다. 위의 그림에서 보면 가장 왼쪽에 회전할 수 있도록 되어 있는 평형 조절기가 있다. 이것을 이용하여 초기 균형을 잡으려면 다음과 같은 순서를 따른다.

step 1 다이얼의 눈금을 0 에 맞춘다.

step 2 측정 추를 모두 왼쪽 끝에 위치한다.

step 3 영점 조절 추를 돌려서 추의 중심에 있는 ㄷ자형 막대의 왼쪽 끝에 닿도록 한다. (아래 그림 참조)

step 4 영점 조절 추 가운데 달린 막대를 왼쪽에서 밀어 오른쪽으로 붙여 영점 조절 막대 위를 미끄러질 수 있도록 한다. (아래 그림 참조)

step 5 영점 조절 추를 왼쪽 끝으로 밀어서 닿도록 위치한다.

step 6 밸런스 오른쪽 끝에 있는 바늘이 0 의 위치에 와서 멈출 수 있도록 평형 조절기를 돌려서 조절한다.

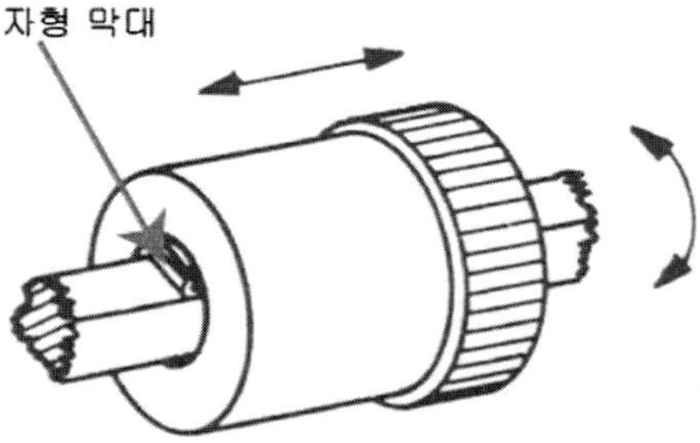

(4) 측정 방법

영점 조절이 끝나면 다음 순서에 따라 측정한다. 추를 정지하는 위치는 빔에 만들어져 있는 각각의 홈에 완전히 일치하도록 위치한다.

step 1 측정 대상을 측정용 접시의 가운데에 일치하도록 올려 놓는다.

step 2 중앙 빔에 있는 500 그램 짜리 추를 오른쪽으로 이동하여 빔의 오른쪽 끝에 달린 바늘이 0 이하로 처음으로 떨어지게 하는 홈의 위치보다 한 단계 왼쪽의 홈에 위치하도록 한다. 그러면, 바늘이 0 점 위로 이동할 것이다.

step 3 다음에는 뒤쪽 빔에 놓여 있는 100 그램 짜리 추를 오른쪽으로 움직여 2 번과 동일한 방법에 의해 적절한 위치의 홈에 위치하도록 한다.

step 4 마지막으로 다이얼을 돌려 바늘이 0 점에 오도록 천천히 조절한다.

step 5 측정값은 중앙 빔에 있는 눈금을 읽은 후 뒤편 빔의 눈금을 읽어 더하고 다시 이에 다이얼 눈금을 읽어 더하면 된다. 다이얼의 눈금은 0.1 그램 단위로 최대 10 그램까지 측정할 수 있도록 되어 있다. (아래 그림 참조)

현재 눈금 260 그램

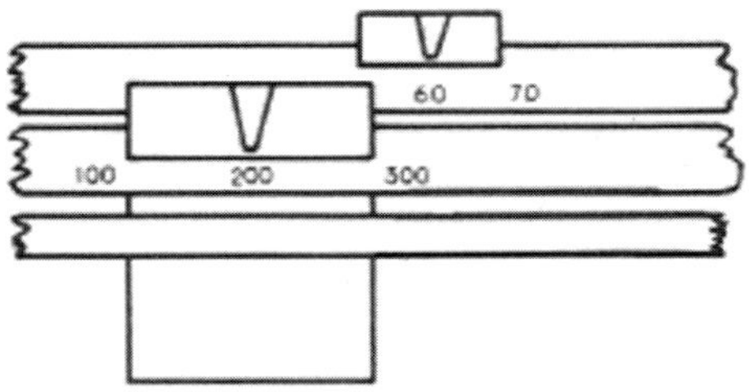

(5) 측정 대상물이 용기에 담긴 경우의 측정법

측징 대상물이 유체이거나 형상이 불안정한 경우 측정용 접시 위에 그대로 올려 놓지 못한다. 그런 경우에는 적절한 용기 혹은 보조물을 이용하여 측정용 접시 위에 놓아야 하는데, 이 경우 영점 조절 추를 이용하여 용기나 보조물의 중량을 상쇄시켜야 한다. 용기나 보조물의 중량을 상쇄하는 방법은 다음 순서를 따른다. 용기나 보조물의 중량이 상쇄된 상태에서는 위에서 설명한 측정법에 따라 중량을 측정한다.

step 1 용기나 보조물을 측정용 접시 중앙에 올려 놓는다.

step 2 영점 조절 막대 위에 놓인 영점 조절 추의 중앙에 있는 ㄷ자형 막대를 왼쪽에서 오른쪽을 밀어 영점 조절 추가 자유롭게 움직일 수 있도록 한다.

step 3 영점 조절 추를 오른쪽으로 이동하며 바늘이 영점 아래로 떨어지기 바로 직전에 위치하도록 한다.

step 4 영점 조절 추를 서서히 돌리며 바늘이 영점에서 멈출 수 있도록 조절한다. 이 상태가 용기나 보조물의 중량이 상쇄된 상태이다. 최대 상쇄할 수 있는 중량은 225 그램이다. 이 중량보다 큰 중량의 보조물은 사용할 수 없다.

(6) 대용량 측정 방법

중량이 610 그램을 초과하여 2,610 그램까지는 주어진 대용량 보조추를 이용하여 측정할 수 있다. 보조 대용량 보조추는 빔의 오른쪽에 설치된 추걸이에 걸도록 되어 있다. 대용량 추를 이용하여 측정하는 방법은 다음과 같다. 보조추를 거는 방법은 그림을 참조한다.

step 1 추를 거는 순서는 가벼운 추부터 걸어서 바늘이 영점 아래로 최초로 떨어지는 중량보다 한 단계 가벼운 추를 건다.

step 2 처음에는 500 그램 짜리를 하나 걸어 보고 바늘이 아직 영점 아래로 떨어지지 않으면, 500 그램 추를 내려 놓고 1000 그램 추를 하나를 건다. 만약 바늘이 영점 아래로 아직도 떨어지지 않으면 남은 추걸이에 500 그램 추를 건다. 이런 방법으로 한 단계씩 무거운 추를 건다.

step 3 알맞은 추를 찾았으면 다음은 정상적인 방법으로 중량 측정을 하는 방법을 따라 측정 한다.

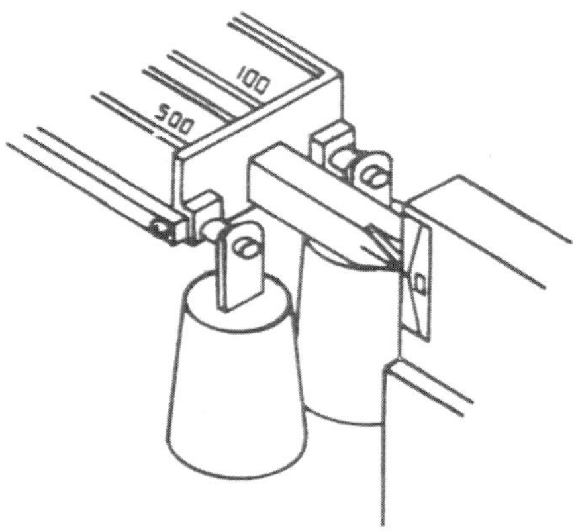

(7) 사용상의 주의사항

■ 영점 조절

항상 측정하기 전에 바늘이 영점을 가리키고 있는지 확인한 후 측정을 한다. 영점이 맞지 않은 경우 위에서 설명한 방법으로 영점 조절을 반드시 한다.

■ 시차

바늘이 영점에 근접하였는지를 판단할 때 바늘의 높이와 눈의 높이를 맞추어야 한다. 바늘의 높이와 눈의 높이가 다른 경우 시차가 발생하여 정확한 측정이 이루어지지 않는다.

■ 측정용 접시 위의 위치

가급적이면 측정 대상물이 측정용 접시의 중앙 부분에 위치하도록 한다. 본 저울은 측정 대상물이 접시의 중앙에서 어느 정도 벗어나도 오차를 최소로 하기 위한 방식이나 특히 중량이 큰 물건을 접시 중앙에서 멀리 떨어뜨려 위치할 때 측정 오차가 발생할 수 있다.

■ 측정 시점

바늘이 영점 주위를 움직이는 경우 충분히 기다려 움직임이 멈춘 상태에서 눈금을 읽어야 한다. 본 저울은 영점을 가리키는 곳 안쪽에 자석이 붙어 있어 바늘의 움직임을 최소화하도록 되어 있으나 움직임이 큰 경우 빔을 손으로 살짝 대어 큰 움직임을 없애 준 후 바늘의 움직임이 정지되기를 기다린다.

4 길이 측정 실습

일상 생활에서 흔히 보는 몇 가지 물품에 관해 측정을 실시하여 보겠다. 실습에서 측정할 대상은 다음 2 가지이다. 아래 물품에 대해 다음과 같이 측정을 실시하고 결과를 통계처리한다.

- CD (CD-ROM, CD-R, CD-RW)
- 볼 베어링

(1) CD

광기록 장치로서 각광을 받고 있는 Compact Disc의 형상은 아래와 같다.

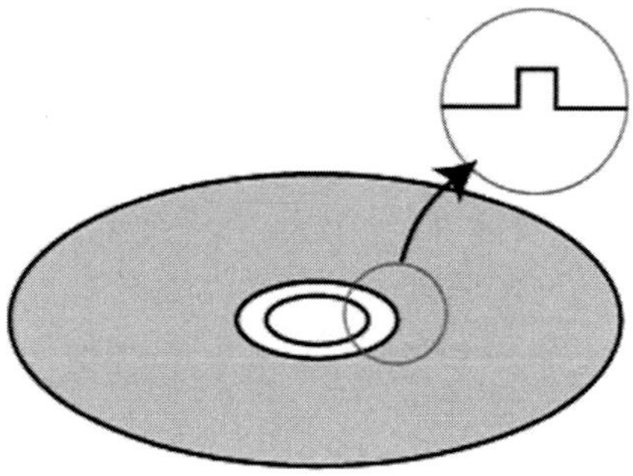

CD의 두께는 약 1.2 mm 이며 외경은 약 120 mm, 내경은 약 15 mm 정도이다. 그림에서 보는 바와 같이 밑면 중앙부에 동심원상으로 돌출부가 만들어져 있으며 이것은 바닥에 놓여 있을 때 바닥과 일정한 거리를 두어 아랫면이 평편한 바닥에 쉽게 달라붙지 않도록 한 것이다. CD의 각부 치수를 버어니어 캘리퍼를 가지고 측정한다. 측정할 CD 각 부의 치수는 다음과 같으며 이들을 측정할 때 사용하는 버어니어 캘리퍼의 각부는 다음과 같다.

- 두께와 외경: 외측용 조우
- 내경: 내측용 조우
- 중앙 돌출부 높이: 단차측정면 (어미자의 단차측정면을 바닥에 대고 슬라이더의 단차측정면을 돌출부 높이 맞추어 측정한다.)

준비된 CD-ROM은 각 조당 10 매이다. 각 조는 주어진 CD를 구별하여 두께, 외경, 내경, 단차의 치수를 측정하여 표를 만들고 각 부분의 치수에 대한 측정 오차에 대한 통계 처리를 하는데 측정 순서와 실습 내용은 다음과 같은 순서와 내용을 따른다.

step 1 각 실습조는 3 - 4 명으로 구성되어 있으므로 조원 모두는 각각 CD 10 매에 대하여 위의 4 가지 부분에 대한 측정을 최소 1 회 이상 실시하여 측정 결과를 표로 구성한다. 결과를 기록할 때 CD의 고유한 번호를 매겨 구별될 수 있도록 하며 측정 결과가 어떤 특정한 CD의 결과인지를 구별하여 기록한다.

step 2 실습 조원 각각이 측정한 결과는 주어진 CD 10 매에 대하여 4 가지 부분에 대한 치수 각각 10 개로 구성되어 있다. 각 조원이 측정한 각각의 10 개의 측정 결과를 측정 부위별로 모두 모아 최소 30 개의 결과를 부위별로 통계 처리하여 각부 치수의 평균값과 표준편차를 구한다. 이 결과는 CD 가 가진 각부 치수의 평균값과 산포도이다.

step 3 전체 실습 조원이 측정한 결과를 동일한 CD에 대해 측정한 사람별로 부위별 치수를 통계 처리하여 4 가지 부위별로 평균값과 표준편차를 계산한다. 이렇게 하면 치수의 측정오차를 구할 수 있다. 이렇게 하면 특정한 CD에 대하여 각 부위별 측정오차를 구할 수 있다.

(2) 볼 베어링

측정에 이용할 볼 베어링은 깊은 홈 볼 베어링으로서 규격 번호는 608 형 베어링이다. 규격 번호는 본 베어링이 내측 축 직경이 8 mm 인 깊은 홈 볼 베어링을 의미한다. 베어링의 구조는 다음 그림과 같다.

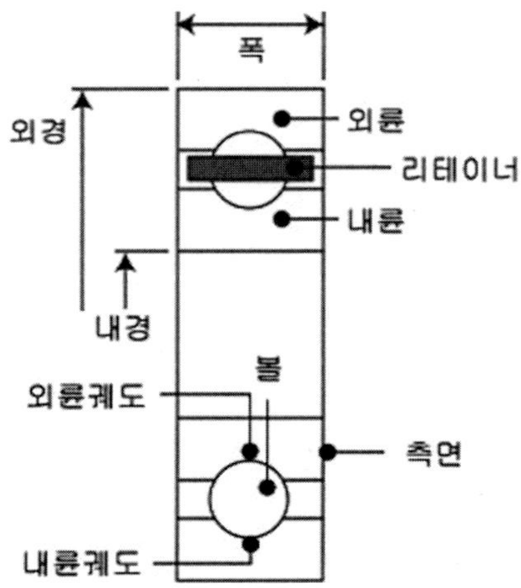

608 베어링의 외경은 약 22 mm, 두께는 약 7 mm, 내경은 약 8 mm 이다. 베어링에서 측정할 각부는 다음과 같으며 각각을 측정하기 위한 측정 도구는 다음과 같다.

- 외경 (마이크로미터)
- 외륜 폭 (마이크로미터)
- 내륜 폭 (마이크로미터)
- 내경 (버어니어 캘리퍼)

베어링은 각 조 마다 10 개씩 주어지는데 각 베어링을 구분하여 위에서 열거한 부위의 치수를 측정하여 표를 만들고 각 부분의 치수에 대한 측정 오차에 대한 통계 처리를 하는데 측정 순서와 실습 내용은 다음과 같은 순서와 내용을 따른다.

step 1 각 실습조는 3 - 4 명으로 구성되어 있으므로 조원 모두는 각각 베어링 10 개에 대하여 위의 4 가지 부분에 대한 측정을 최소 1 회 이상 실시하여 측정 결과를 표로 구성한다. 결과를 기록할 때 베어링의 고유한 번호를 매겨 구별될 수 있도록 하며 측정 결과가 어떤 특정한 베어링의 결과인지를 구별하여 기록한다.

step 2 실습 조원 각각이 측정한 결과는 주어진 베어링 10 개에 대하여 4 가지 부분에 대한 치수 각각 10 개로 구성되어 있다. 각 조원이 측정한 각각의 10 개의 측정 결과를 측정 부위별로 모두 모아 최소 30 개의 결과를 부위별로 통계 처리하여 각부 치수의 평균값과 표준편차를 구한다. 이 결과는 베어링이 가진 각부 치수의 평균값과 산포도이다.

step 3 전체 실습 조원이 측정한 결과를 동일한 베어링에 대해 측정한 사람별로 부위별 치수를 통계 처리하여 4 가지 부위별로 평균값과 표준편차를 계산한다. 이렇게 하면 치수의 측정 오차를 구할 수 있다. 이렇게 하면 특정한 베어링에 대하여 각 부위별 측정오차를 구할 수 있다.

5 중량 측정 실습

아래의 몇 가지 물품에 관해 중량 측정을 실시하여 보겠다. 실습에서 측정할 대상은 다음 2 가지이다. 아래 물품에 대해 다음과 같이 측정을 실시하고 결과를 통계 처리한다.

- 볼 베어링
- 골프공

(1) 볼 베어링

측정에 이용할 볼 베어링은 깊은 홈 볼 베어링으로서 규격 번호는 608 형 베어링이다. 규격 번호는 본 베어링이 내측 축 직경이 8 mm 인 깊은 홈 볼 베어링을 의미한다. 608 베어링의 외경은 약 22 mm, 두께는 약 7 mm, 내경은 약 8 mm 이다.

베어링은 각 조 마다 10 개씩 주어지는데 각 베어링을 구분하여 각각의 중량을 측정하여 표를 만들고 중량에 대한 측정 오차에 대한 통계 처리를 하는데 측정 순서와 실습 내용은 다음과 같은 순서와 내용을 따른다.

step 1 각 실습조는 3 - 4 명으로 구성되어 있으므로 조원 모두는 각각 베어링 10 개에 대하여 중량 측정을 최소 1 회 이상 실시하여 측정 결과를 표로 구성한다. 결과를 기록할 때 베어링의 고유한 번호를 매겨 구별될 수 있도록 하며 측정 결과가 어떤 특정한 베어링의 결과인지를 구별하여 기록한다.

step 2 실습 조원 각각이 측정한 결과는 주어진 베어링 10 개에 대한 중량 10 개로 구성되어 있다. 각 조원이 측정한 10 개의 측정 결과의 평균값과 표준편차를 구한다. 이 결과는 베어링이 가진 중량의 평균값과 산포도이다.

step 3 전체 실습 조원이 측정한 결과를 동일한 베어링에 대해 측정한 사람 별로 중량을 통계 처리하여 평균값과 표준편차를 계산한다. 이렇게 하면 중량의 측정오차를 구할 수 있다. 이렇게 하면 특정한 베어링에 대하여 중량의 측정오차를 구할 수 있다.

(2) 골프공

실습에 사용할 골프공은 사용하여 낡은 골프공이다. 각 조에 10 개의 골프공이 지급될 것이다. 골프공은 측정용 접시 위에 그대로는 놓여지지 않을 것이므로 각 조는 골프공을 안정되게 접시 위에 놓을 방법을 마련하여야 한다. 예를 들어 종이로 임시 그릇을 만들던지, 아니면 플라스틱 용기를 사용하여야 한다. 보조물을 사용하였을 때 영점 조절을 하는 방법은 위에서 설명한 방법에 따라 한다. 영점 조절을 끝낸 후 다음 순서에 따라 실습을 진행한다.

step 1 각 실습조의 조원 모두는 각각 골프공 10 개에 대하여 중량 측정을 최소 1 회 이상 실시하여 측정 결과를 표로 구성한다. 결과를 기록할 때 골프공의 고유한 번호를 매겨 구별될 수 있도록 하며 측정 결과가 어떤 특정한 골프공의 결과인지를 구별하여 기록한다.

step 2 실습 조원 각각이 측정한 결과는 주어진 골프공 10 개에 대한 중량 10 개로 구성되어 있다. 각 조원이 측정한 10 개의 측정 결과의 평균값과 표준편차를 구한다. 이 결과는 골프공이 가진 중량의 평균값과 산포도이다.

step 3 전체 실습 조원이 측정한 결과를 동일한 골프공에 대해 측정한 사람별로 중량을 통계 처리하여 평균값과 표준편차를 계산한다. 이렇게 하면 중량의 측정오차를 구할 수 있다. 이렇게 하면 특정한 골프공에 대하여 중량의 측정오차를 구할 수 있다.

6 과제 내용

각자가 속한 실습조에서 측정한 결과에 대해 실습 내용에서 요구된 통계 처리를 한 후 측정 결과표와 함께 정리한다. 측정 결과를 보기 쉽도록 히스토그램으로 그리고 각종 통계 처리를 한 결과를 바탕으로 측정오차의 원인에 대해 논하고, CD의 길이 오차, 베어링 각부의 치수가 표시 치수와 다른 이유, 베어링과 골프공 중량 측정에서 발생한 오차에 대하여 그 원인을 조사하고 보고서를 작성 제출한다.

CHAPTER 4

기초 계측 장치 활용 실습

1. 파형측정기 (Oscilloscope)
2. 함수발생기 (Function Generator)
3. 실험 장치
4. 멀티미터 (Multimeter)
5. 오실로스코프 실습 내용
6. 실습 내용
7. 과제 내용

1 파형측정기 (Oscilloscope)

(1) 기본 작동 원리

파형측정기는 전압을 시간의 함수로 표현하는 장치로서, 전압과 주기를 측정하는 가장 기본적인 계측기기 중의 하나이다. 파형측정기의 대략적인 구성은 다음 그림과 같다.

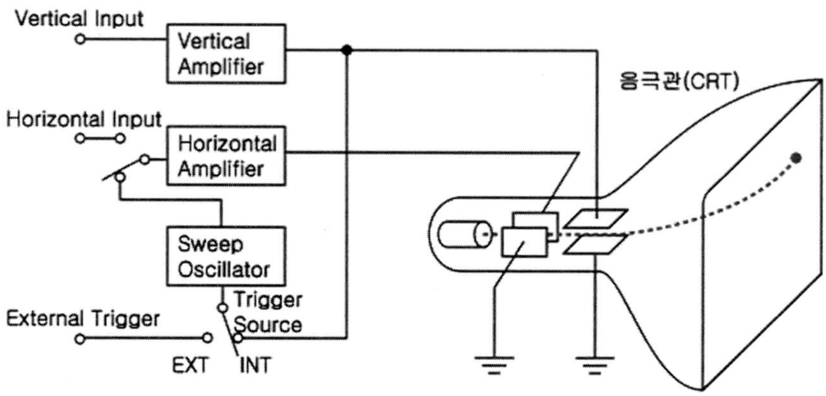

파형측정기의 심장부는 음극관(CRT; Cathode Ray Tube)이다. 여기서 맨 처음 vertical input 단자에 가해진 입력 전압, 즉 신호(signal)는 vertical amplifier에서 증폭되어 음극관의 수직 편향판에 전달된다. 음극관의 전자총에서 발생된 전자 beam이 수직 편향판을

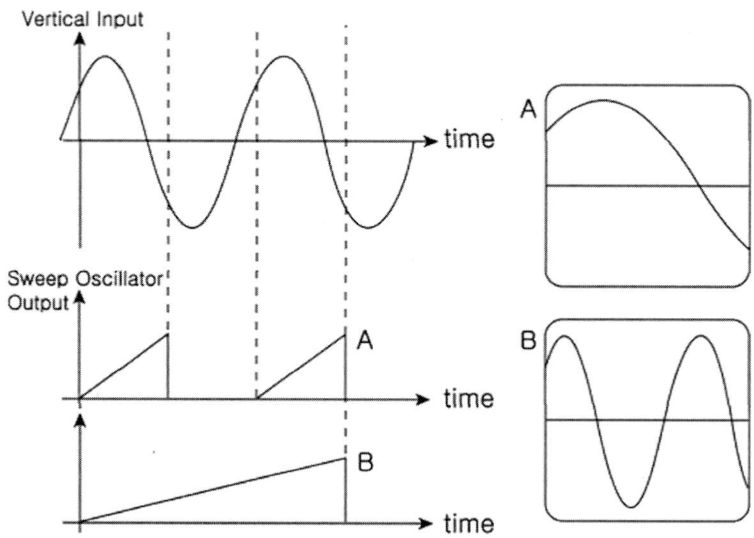

지나는 동안 굴절되어 음극관 표면(screen)에 충돌하면 화면에는 밝은 점이 나타난다. Sweep oscillator에서는 상기 그림과 같은 톱니형 파형이 발생되어 이 신호가 음극관 내의 수평 편향판에 공급되면 상기 그림의 오른쪽과 같은 상이 화면에 나타난다.

(2) 트리거링 (Triggering)

트리거링이라고 하는 것은 화면상에 안정된 파형 즉, 고정된 파형을 볼 수 있도록 하기 위한 작업이다. 다음 그림과 같은 파형이 vertical input 단자에 가해지면 화면에는 A점부터 시작하여 sweep oscillator 톱니파형(두 편향판 사이에 가해지는 신호의 전압 관계를 화상으로부터 읽을 수 있게 하는 것)의 한 주기 T 동안의 파형이 화면에 나타나고 다시 B점부터 시작하여 같은 과정을 반복한다.

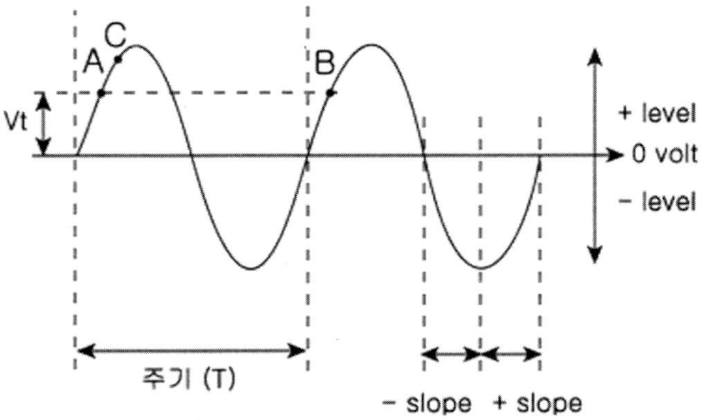

Trigger Source를 internal에 두면, vertical input 신호로부터 시작점 A와 B가 결정된다. Trigger Source를 external에 두면 external trigger 입력 단자에 공급된 신호로부터 A와 B점이 결정된다. 어느 경우에나 이 점들은 trigger slope와 trigger level을 조절함으로써 변화시킬 수 있다. Trigger source를 internal에 두었을 때를 예를 들어 보자. Trigger slope를 +에 두면 위의 그림서 + slope로 표시된 구간에서, -에 두면 - slope 구간에서 시작점 A, B이 선택된다. 또한, trigger level은 위 그림의 Vt를 결정한다. Trigger level을 +로 하면 +level 구간에서, -로 하면 -level 구간에서 시작점 A, B이 결정된다. 위의 그림은 source를 internal로, slope를 +로, level를 +로 한 경우이다. 만일 trigger level을 이 상태보다 더 높게 (+로)한다면 시작점은 C가 되고, level을 더욱 높게 하여 입력 신호의 최대

치보다 더 크게 하면 화면에는 아무것도 나타나지 않는다.

(3) 추가 기능

이 장치를 사용할 때 확대와 저장기능이 필요하다. 확대에는 다음과 같은 방법이 있다.

- Trigger의 증폭 기능을 달리함으로써 확대 및 축소가 가능하다. (amplifier를 가변 시킬 수 있으므로 가능하다)
- Hardware적인 방법으로 horizontal position을 이동시킴으로써 가능하다.
- Delay sweep frequency (특정 관심 부분은 늦은 속도로 다른 부분은 최고속도로 볼 수 있도록 한다)

저장에는 다음과 같은 방법이 있다.

- Storage scope 사용
- Special camera 사용
- Digital technique 사용

2 함수발생기 (Function Generator)

(1) 용도와 특징

함수발생기(Function Generator)는 여러 가지 electronic system의 성능 평가를 위한 시험 조건을 제공하거나 수리를 위한 분석 시스템의 missing signal을 대체하기 위하여 사용한다. 함수발생기는 다음과 같은 특징을 가지고 있다.

- Signal generator 들의 합성으로 사인파, 삼각파, 사각파, 톱니파형을 만들어 낼 수 있는 기기이다.

• 동시에 2가지 신호를 출력해 낼 수 있다.

• Phase lock 기능이 있다 - 외부 신호원에 위상을 고정시킴.

• 기본파들을 적절히 조합함으로써 여러 가지 형태의 파형을 얻어낼 수 있다.

함수발생기는 다음과 같은 구비 조건을 갖추어야 한다.

• Signal frequency는 알려져 있어야 하고 안정해야 한다.

• Signal range를 작은 영역부터 큰 영역까지 조절할 수 있어야 한다.

• Signal distortion(신호 찌그러짐)이 없어야 한다.

(2) 주요 구성

함수발생기의 내부는 다음 그림과 같이 주파수를 조절하는 회로, 전류원, 적분회로, 진동 발생 회로, 증폭기 등으로 구성되어 있다.

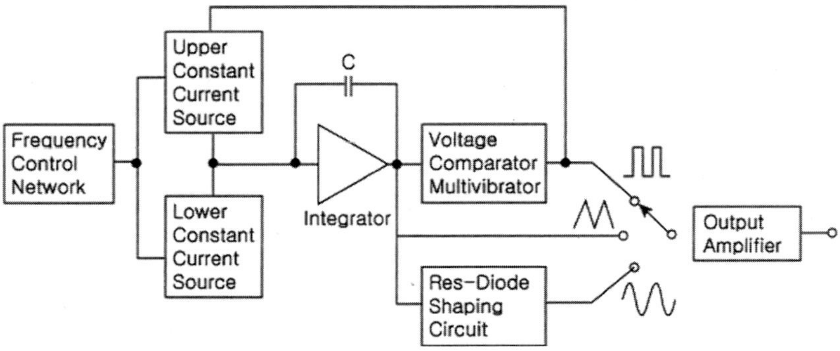

회로에는 2개의 전류원이 사용된다(upper, lower). Upper 전류원은 균일한 전류를 trigonal integrator로 보내고 그 integrator는 시간에 따라 선형적으로 증가하는 output voltage를 출력한다. 이 전류를 voltage comparator multivibrator가 감지하여 정해진 값에 도달하면 switch 역할을 하여 mode를 lower 전류원으로 바뀌게 하고, 또한 사각파로 변환하여 출력하도록 한다. 그리고 trigonal integrator에서 나온 output voltage는 diode resistance network를 통해 사인파로 합성된다.

함수발생기가 발생할 수 있는 신호는 다음과 같다.

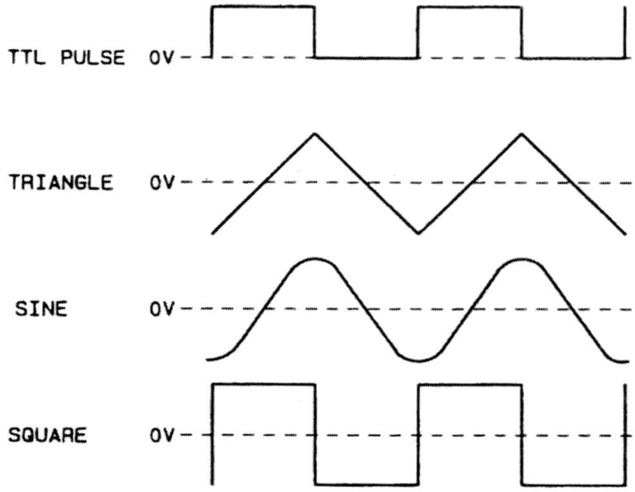

3 실험 장치

본 실습에서 사용하는 장비는 직류에서 20 MHz까지 주파수 대역폭을 갖는 파형측정기와 0.1 Hz에서 1 MHz까지 주파수 범위와 DC Offset 기능을 가진 함수발생기로 이루어져 있다. 장비의 전면부를 보면 크게 4 부분으로 나누어져 있다. 왼쪽에 스크린이 있고, 바로 오른쪽에 전원 스위치와 스크린의 밝기와 초점을 조절하는 조절부가 있으며, 그 오른쪽에는 위와 아래로 크게 나누어 위 부분이 함수발생기를 조절하는 부분이고 아래 부분이 파형측정기를 조절하는 부분이다. 각 부분의 세부 명칭과 기능은 기능별로 구분하여 다음 각 절에서 설명한다.

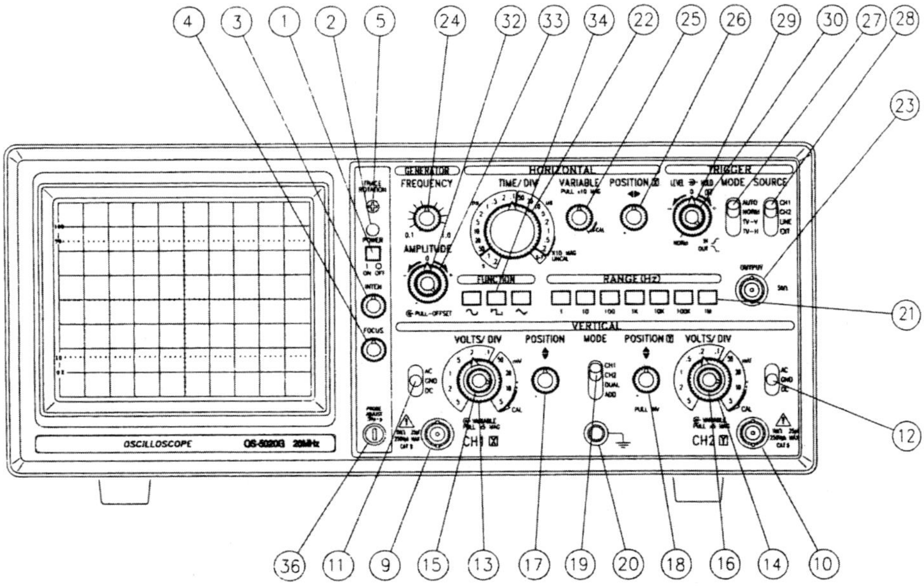

[장비의 전면부]

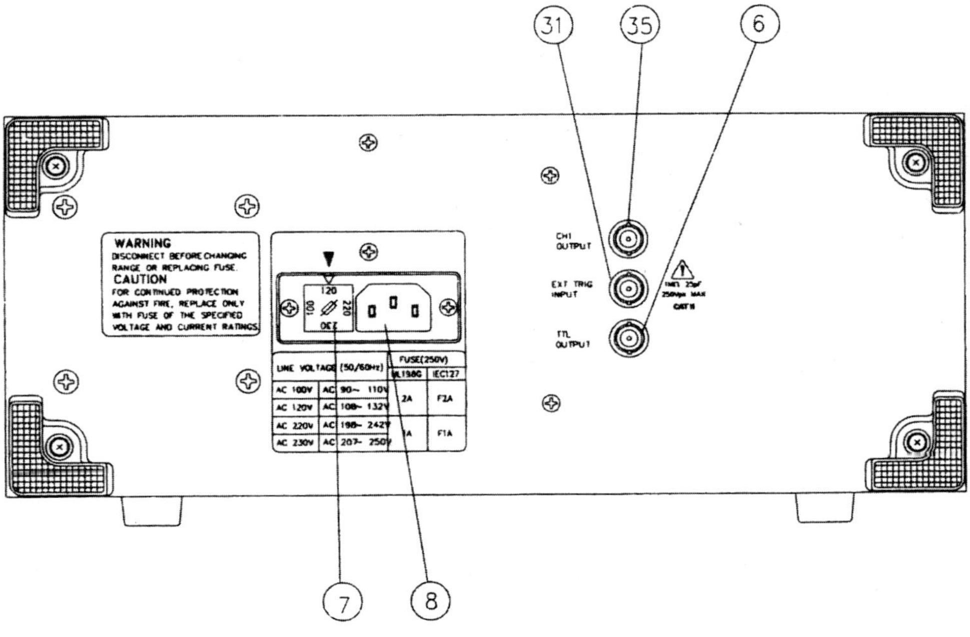

[장비의 후면부]

(1) 화면조정과 전원부

① POWER 스위치: 한번 누르면 전원이 ON 상태가 되고 다시 한번 누르면 OFF 상태가 된다.

② POWER 램프: 장비 전원이 ON 되면 녹색등이 켜진다.

③ INTENSITY: CRT 화면의 휘도를 조절한다. 시계방향으로 돌리면 휘도가 증가한다.

④ FOCUS: 소인선이 가장 가늘고 선명하게 되도록 조정한다.

⑤ TRACE ROTATION: CRT의 수평선과 일치하도록 조정한다.

⑦ 전압 선택: 사용 전원에 맞게 선택한다.

⑧ 전원 콘넥터: AC 전원코드를 사용할 때 연결과 제거가 용이하다.

(2) 수직 증폭부

⑨ CH1, X IN 콘넥터: 입력신호를 CH1 수직증폭부로 연결하거나 X-Y 동작시 X축 신호가 된다.

② CH2, Y IN 콘넥터: 입력신호를 CH2 수직증폭부로 연결하거나 X-Y 동작시 Y축 신호가 된다.

⑪ ⑫ AC, DC, GND: 입력신호와 수직증폭단의 연결 방법을 선택할 수 있다.

- AC: 입력 콘넥터와 수직증폭기 사이에 커패시터가 있어 신호의 DC 성분을 차단한다.
- GND: 수직증폭기 입력단을 접지함으로써 GND가 기준점이 된다.
- DC: 입력 콘넥터와 수직증폭부 사이를 직접 연결하여 수직증폭부로 입력 신호를 직접 연결한다.

⑬ ⑭ VOLTS/DIV: 수직 편향감도를 선택하는 단계별 감쇄기로서 화면 위에 한 눈금당 전압량을 선택할 수 있다.

⑮ ⑯ VARIABLE: 수직 편향감도를 연쇄적으로 변화시킬 때 사용하는 미세 조정기로서

반시계 방향으로 완전히 돌리면 감쇄비는 지시값의 1/2.5 이하가 된다. 손잡이를 당기면 수직축 감도는 X5 배가 된다. 이때 최대감도는 1mV/DIV 이 된다.

⑰ ⑱ POSITION: 수직축 파형을 이동 시킬 때 사용한다. 시계방향으로 돌리면 파형이 위로 이동하고 반시계방향으로 돌리면 아래로 이동한다.

⑱ PULL CH2 INV: 손잡이를 당기면 CH2에 가해진 신호가 반전되어 나타난다.

⑲ V. MODE 스위치: 수직축의 표시 형태를 선택하는데 사용한다.

- CH1: CH1에 입력된 신호만 CRT에 나타낸다.
- CH2: CH2에 입력된 신호만 CRT에 나타낸다.
- DUAL: 두 개의 입력신호가 동시에 나타난다.
- ADD: CH1, CH2 의 휘선이 대수합으로 나타난다.

㉟ CH1 OUT: CH1에 입력된 신호의 일부를 증폭하여 주파수 카운터나 기타 장비로 공급한다.

(3) 소인과 동기부

㉒ TIME/DIV: 한 눈금이 나타내는 시간 간격 조절한다. X-Y 동작을 선택할 수 있다.

㉕ VARIABLE: 선택된 시간 간격 위치로부터 소인 시간을 연속적으로 변화시키는데 사용한다.

- PULL x10MAG: 스위치를 당기면 소인 시간이 10 배로 확대된다. 이때의 소인 시간 간격은 TIME/DIV 가 가리키는 값의 1/10 이 된다. 수평축 위치를 조정하여 확대시킬 부분을 수직축 중앙 눈금선과 맞추고 x10MAG 스위치를 당기면 중앙을 중심으로 좌우 확대된 파형을 볼 수 있다.

㉖ 수평축 POSITION: 수평위치 조정에 사용되며 파형의 시간 측정과는 독립적으로 사용된다. 손잡이를 시계방향으로 돌리면 우측으로 이동하고 반시계방향으로 돌리면 좌측으로 이동한다.

㉗ TRIGGER MODE: 소인 동기 형태를 선택한다.

- AUTO: 소인은 자동적으로 발생한다. 동기 신호가 있을 때에는 정상적으로 동기된 소인이 얻어지고 파형은 정지한다. 신호가 없거나 동기가 안된 경우에도 소인은 자동적으로 발생한다.
- NORM: 동기된 소인을 얻을 수 있으나 동기 신호가 없거나 동기가 안되면 소인은 발생되지 않는다.
- TV-V: 프레임 단위의 비디오 합성신호를 측정하는데 사용한다.
- TV-H: 주사선 단위의 비디오 합성신호를 측정하는데 사용한다.

㉘ 동기 SOURCE: TRIGGER SOURCE의 편리한 부분을 선택할 수 있다.

- CH1: CH1에 신호가 있을 때 TRIGGER SOURCE로 CH1을 선택할 수 있다.
- CH2: CH2에 신호가 있을 때 TRIGGER SOURCE로 CH1을 선택할 수 있다.
- LINE: AC전원의 주파수에 동기되는 신호를 관측하는데 사용한다. 측정 신호가 포함되는 전원에 의한 성분을 안정되게 관측할 수 있다.
- EXT: 외부 신호가 동기 신호원으로 사용될 수 있다.

㉙ HOLD OFF: 주소인의 HOLD OFF 시간을 변경시킴으로써 복잡한 신호를 확실하게 동기 시킨다. 소인시간을 늘려 고주파 신호나 불규칙한 신호, 또는 DIGITAL 신호 등의 복잡한 신호를 TRIGGER 하는데 유용하다. 일반적으로 완전히 반시계 방향으로 돌려 놓고 사용한다.

㉚ TRIGGER LEVEL: 동기 신호의 시작점을 선택한다. 손잡이를 시계방향으로 회전시키면 동기되는 시작점이 +최고값 쪽으로 움직이며 반대로 돌리면 시작점이 −최고값 쪽으로 움직인다.

- 동기 SLOPE: 초기 소인의 동기 SLOPE 선택을 위해 사용한다. 누른 상태에서는 +SLOPE이고 당긴 상태에서는 −SLOPE 이다.

㉛ EXT TRIG IN: 외부 동기 신호를 TRIGGER 회로에 연결한 때 사용한다.

(4) 함수발생기부

⑥ TTL-OUT: 주파수 범위 선택 스위치와 주파수 다이얼에 의해 설정된 주파수를 가진 TTL LEVEL의 구형파 신호가 발생되는 단자

㉑ 주파수범위선택단자: 다음 7 개의 범위 중 1 개의 주파수 범위를 선택할 수 있다.

주파수 범위	원하는 출력 파형
1	0.1 Hz ~ 1 Hz
10	1 Hz ~ 10 Hz
100	10 Hz ~ 100 Hz
1K	100 Hz ~ 1K Hz
10K	1K Hz ~ 10K Hz
100K	10K Hz ~ 100K Hz
1M	100K Hz ~ 1M Hz

㉓ 출력(OUTOUT): 파형 선택 단자로 선택된 파형의 출력 연결부이다.

㉔ 주파수 다이얼: 다이얼을 돌려 주파수가 정해진 범위 내에서 출력 주파수를 결정한다.

㉜ DC OFFSET: 단자를 당기면 신호에 DC전압이 인가된다.

- 조절단자: 시계방향으로 돌리면 양전압이 더해지고 반시계 방향으로 돌리면 음전압이 더해진다.

㉝ AMPLITUDE: 단자를 조절하여 출력신호의 진폭을 가변하는 조절단자이다.

㉞ 파형 선택단자: 정현파, 삼각파, 구형파, 선택 단자 중에서 1 개를 누르면 원하는 파형을 얻을 수 있다.

(5) 기타

㊱ PROBE ADJUST: PROBE 보정을 위한 구형파(0.5 V 1KHz)를 출력한다.

⑳ GROUND 콘넥터: 접지 연결 단자이다.

4 멀티미터 (Multimeter)

(1) 기본 구성

멀티미터는 전기적인 계측을 실시하기 위해 가장 널리 사용되고 있는 이동형 계측기기이다. 멀티미터의 기본 기능은 전압, 전류, 저항 측정에서부터 기기의 발전에 따라 주파수, 정전용량, 트랜지스터 성능까지도 측정할 수 있다. 본 실습을 진행하기 위한 멀티미터의 주요부는 다음 그림과 같다. 실습에 사용할 멀티미터는 표시부가 3.5 Digit을 나타낼 수 있으며, 초당 2 회의 측정을 하여 표시하여 준다. 따라서, 약 1 초 미만의 변화는 측정할 수 없다.

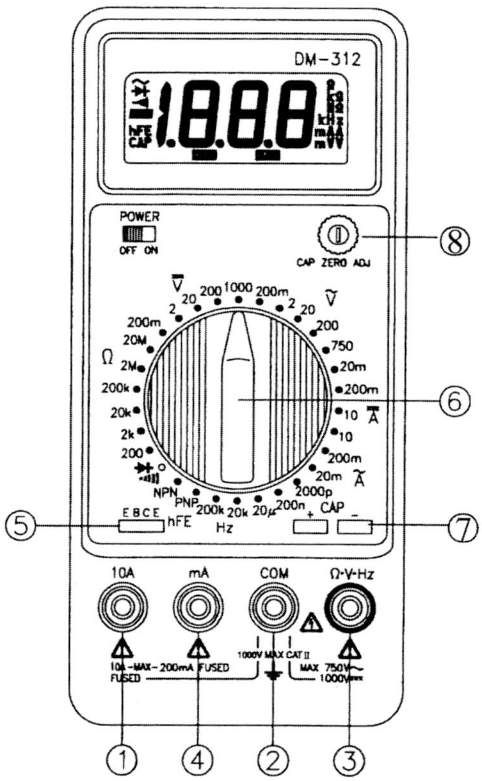

① 대전류측정용 터미널: 교류와 직류 전류 10 A까지 측정할 때 사용하는 터미널
② 접지용 터미널: 모든 측정에서 공통 접지용으로 사용하는 터미널
③ 전압측정용 터미널: 전압, 저항, 주파수 등을 측정할 때 사용하는 터미널
④ 소전류측정용 터미널: mA 단위의 소전류를 측정할 때 사용하는 터미널
⑤ 트랜지스터용 터미널: 트랜지스터의 직류 전류 증폭비를 측정할 때 사용하는 터미널

⑥ 측정기능 선택 다이얼: 주기능을 선택하고 측정 범위를 선택하기 위한 다이얼
⑦ 정전용량측정용 터미널: 커패시터의 정전용량을 측정할 때 사용하는 터미널
⑧ 정전용량 0점 조절 : 정전용량을 측정할 때 초기 0 점 조절을 위한 조절 나사

멀티미터 주기능과 측정 범위를 선택하도록 되어 있는 중앙 다이얼 주변에 새겨진 다양한 부호에 대한 설명은 다음과 같다. 단, 현재 사용하고 있는 멀티미터에는 별도의 배터리 전압 측정 기능이 없으므로 아래 표의 BAT 표시는 나타나 있지 않다.

$\tilde{V}$	Volts AC	$\overline{V}$	Volts DC
$\tilde{A}$	Amperes AC	$\overline{A}$	Amperes DC
Ω	Resistance	BAT	Battery Test
▶|	Diode Test	hFE	TR hFE Test
•)))	Beeper Sound Continuity Test		
CAP	Capacitance Test	Hz	Frequency Test

(2) 사용상 주의점

멀티미터는 매우 다양한 기능을 가지고 있으므로 전기적인 측정에서 없어서는 안될 유용한 측정기기 이지만 사용에 있어 세심한 주의를 기울이지 않는다면 순간적으로 내부의 회로를 태워 버릴 수 있으며 사용자 또한 위험한 상황을 맞을 수 있기 때문에 다음과 같이 사용상 주의점을 잘 익혀 안전하게 사용하여야 한다.

- 주기능 다이얼에 의해 선택된 기능과 프로브를 꽂은 터미널이 반드시 일치하여야 한다.
- 측정 프로브는 사용상의 사고를 방지하도록 색깔로 구분되어 있다. 공통 접지용은 검은색이며 측정용 프로브는 빨간색으로 되어 있어 터미널에 꽂을 때에도 색깔을 맞추어 연결하여야 한다.

• 측정이 끝내려 할 때 빨강색의 프로브를 검은색의 프로브보다 먼저 측정 대상에서 제거하여야 한다.

• 전원이 공급되어 있던 회로의 저항이나 다이오드의 임피던스값을 측정하기에 앞서 반드시 전원을 끄고 고전압 커패시터를 완전히 방전 시켜야 한다.

• 전류를 측정하고자 할 때 멀티미터를 회로에 연결하기 전에 회로에 공급되는 전원을 먼저 꺼야 한다.

• 대용량의 전류 트랜스퍼머나 모터의 권선 전류를 측정하기 전에 반드시 멀티미터의 휴즈가 장착되어 있는지 검사한다. 만약 휴즈가 장착되어 있지 않은 경우 큰 사고를 당할 수 있다.

5 오실로스코프 실습 내용

(1) 측정신호 연결 방법

일반적으로 PROBE를 사용하는 것이 가장 좋다. PROBE에는 1X(직접연결) 위치와 10X(감쇄) 위치가 있는데, 10X 위치에서는 파형측정기의 PROBE 입력 임피던스가 증가되어 입력신호가 1/10로 감쇄되므로 측정단위(VOLT/DIV)를 10 배 곱해야 한다. 파형측정기의 PROBE는 SHIELD된 선을 사용하므로 잡음을 방지할 수 있다.

(2) 초기 동작 조정과 보정(Calibration)

측정을 시작하기 전에 다음 순서를 따라 한다.

step 1 파형측정기의 조정 손잡이는 다음과 같이 설정한다.

POWER 스위치 (1)	OFF
INTENSITY 조절기 (3)	완전히 반시계 방향
FOCUS 조절기 (4)	중앙

POWER 스위치 (1)	OFF
AC-GND-DC 스위치 (11, 12)	AC
VOLT/DIV 스위치 (13, 14)	10 mV
수직 POSITION 조절기 (17, 18)	누른 상태에서 중앙에 위치
VARIABLE 조절기 (15, 16)	누른 상태에서 완전히 시계방향으로
V. MODE 스위치 (19)	CH1
TIME/DIV (22)	0.5 ms
TIME VARIABLE (25)	누름 상태에서 완전히 시계방향으로
수평 POSITION (26)	중앙
TRIGGER MODE (27)	AUTO
TRIGGER SOURCE (28)	CH1
TRIGGER LEVEL (30)	중앙
HOLD OFF (29)	NORM (최대 반시계 방향)

step 2 전원 코드를 전원 콘넥터에 연결한다.

step 3 POWER 스위치를 누르면 POWER 램프가 켜지고 약 30 초 후에 INTENSITY 를 시계방향으로 돌리면 휘선이 나타나며, 관찰하기 적당한 밝기가 되도록 조절한다.
〈주의할 점〉 휘선이 너무 밝은 상태로 장시간 방치하면 스크린이 손상될 수 있으므로 적절한 휘도를 유지하여 주어야 하며, 측정을 하지 않을 경우에는 휘도를 줄여 놓아야 한다.

step 4 FOCUS (4)를 가장 가늘고 선명한 상태가 되게 조정한다.

step 5 CH1 POSITION 조절기 (17)를 돌려 휘선이 수평 눈금과 일치하는지 확인한다. 휘선이 수평 눈금과 일치하지 않으면 TRACE ROTATION (5)를 조정하여 일치하도록 한다.

step 6 수평 POSITION (26)을 돌려 가장 왼쪽 눈금과 일치하도록 한다.

step 7 PROBE를 CH1 X IN (9)에 연결한다. BNC 콘넥터를 연결하는 방법은 다음 그림과 같다.

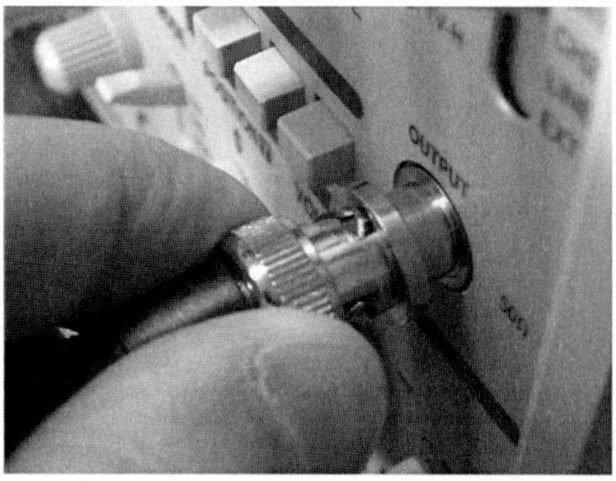

플러그에 붙어 있는 돌출부를 잭의 홈에 일치하도록 하여 밀어 넣는다.

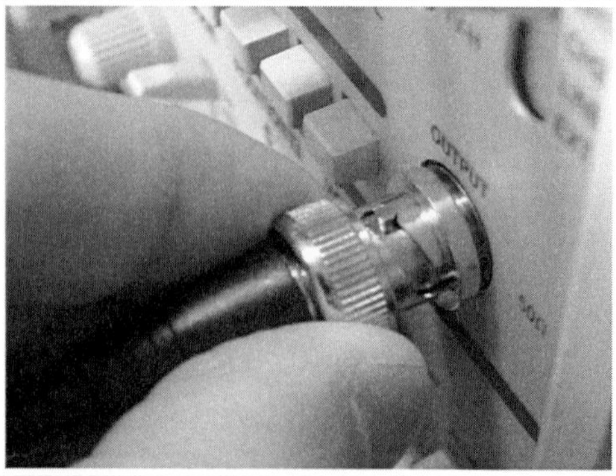

오른쪽으로 잭을 살짝 돌려 손에서 잠기는 느낌이 나도록 잠근다.

step 8 PROBE를 PROBE ADJUST 단자 (36)에 연결한다. 이때 PROBE 감쇄비는 10X 위치에 놓고 VOLT/DIV 스위치 (13)은 10 mV에 놓는다. PROBE는 아래 그림과 같이 주홍색 팁 보호마개를 훅크커버로 교체한 상태로 사용한다.

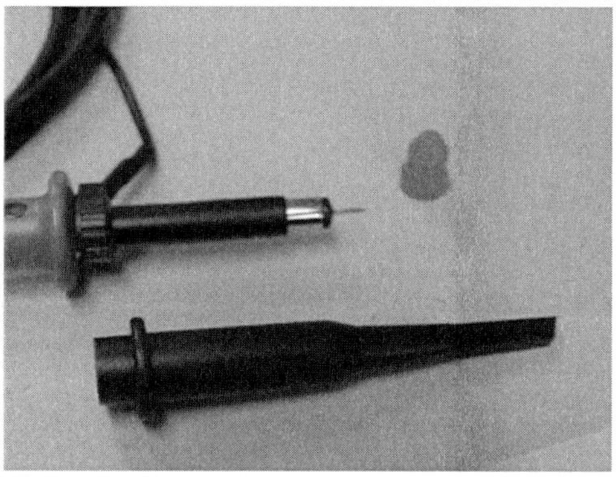

주홍색 팁 보호마개를 빼면 팁이 나온다.

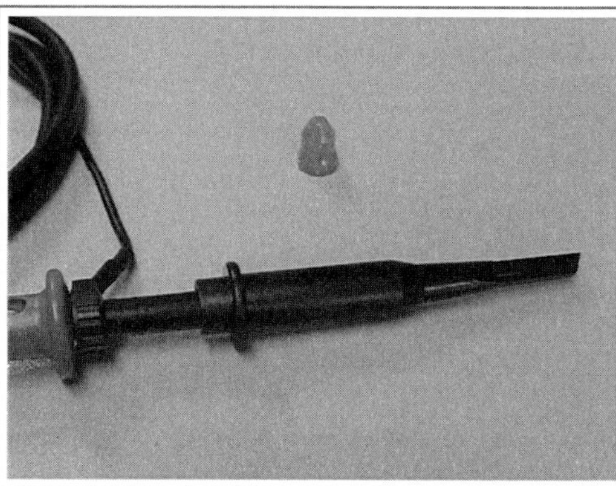

훅크커버를 팁에 씌워 살짝 힘을 가해 누른다.

step 9 화면에 나타난 파형이 아래 그림의 가장 왼쪽 그림과 같이 정상적이 될 수 있도록 PROBE에 달린 보정용 TRIMMER를 작은 드라이버를 이용하여 조절한다. 다음 사진에 보이는 PROBE 손잡이에 달린 주홍색 작은 나사가 보정용 TRIMMER 이며, 왼쪽에 보이는 스위치가 감쇄비를 설정하는 스위치이다.

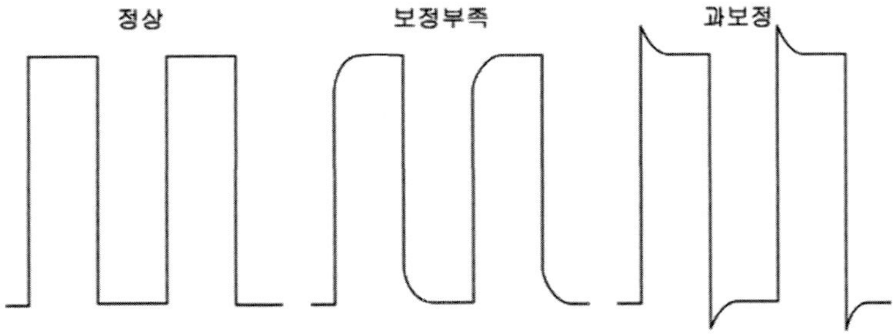

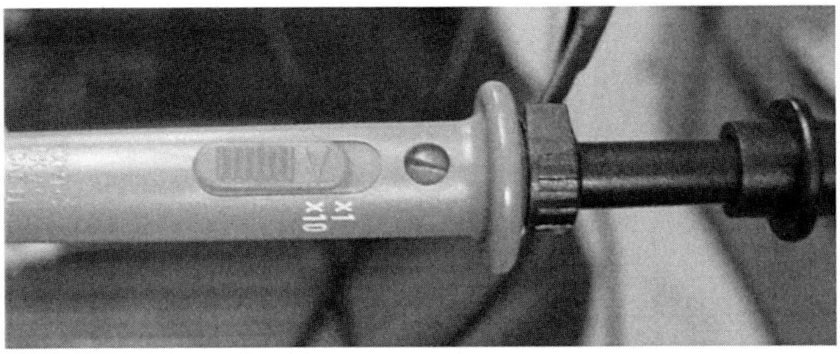

step 10 이 상태에서 AC-GNC-DC (11) 스위치를 GND에 놓고 휘선이 중앙에 위치하는지 다시 한번 확인한다. 만약, 휘선이 중앙에 위치하지 않은 경우 CH1 수직 POSITION (17)을 돌려 조절한다.

step 11 AC-GNC-DC (11) 스위치를 다시 AC에 놓고 화면에 다음과 같은 정상적인 파형이 나타나면 초기 설정과 보정 작업을 완료한 것이다.

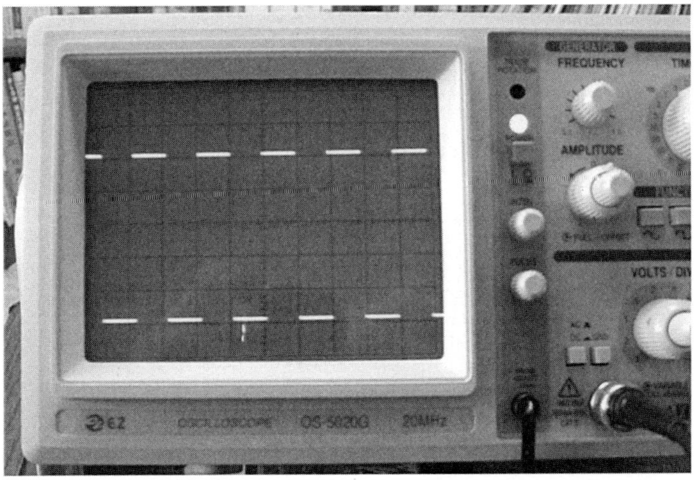

(3) 파형 측정방법

화면에 나타난 파형의 주파수와 진폭의 크기를 측정하는 방법을 알아보자. 우선 시간 간격을 읽어 주파수를 구하는 방법부터 알아 본다.

step 1 TIME/DIV (22)를 파형이 될 수 있는 한 크게 화면에 나타나도록 설정한다. 이때 TIME VARIABLE (25)는 잠김 소리가 날 때까지 시계방향으로 돌려 놓아야 한다.

step 2 수직 POSITION (17)과 (18)을 조절하여 수평눈금 중앙에 측정하고자 하는 파형을 일치 시킨다.

step 3 수평 POSITION (26)을 돌려 파형의 왼쪽을 수직눈금에 일치 시킨다. 구형파의 경우 파형의 끝을 일치 시키면 되고, 정현파(SINE)의 경우 파형의 최고점 또는 최저점을 일치 시키는 것이 편리하다.

step 4 측정하고자 하는 지점까지의 눈금을 센다. 수평 중앙 눈금에는 0.2 칸까지 눈금이 매겨져 있다.

step 5 위에서 구한 읽은 눈금에 TIME/DIV 스위치가 설정한 값을 곱하면 구하고자 하는 시간이 된다. 만약 TIME VARIABLE (25)가 당겨져 있다면 측정값에 10을 나누어 준다.

step 6 다음 예는 TIME/DIV 설정이 10 ms 에 맞추어져 있다면 70 ms 주기를 갖는 파형이 된다. 그리고 A-B의 시간 간격은 15 ms 이 된다.

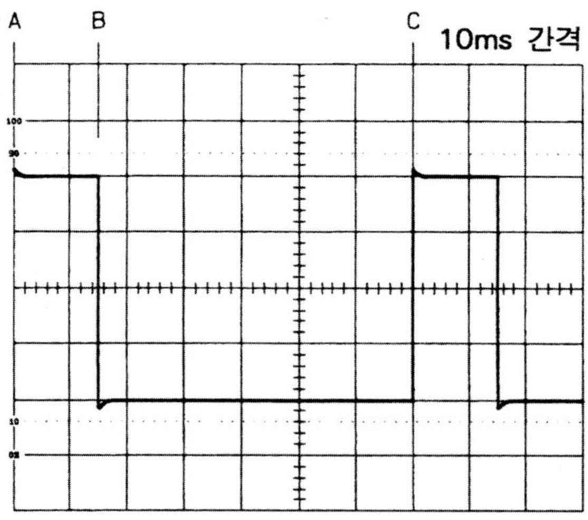

다음으로는 진폭의 크기를 측정하는 방법에 대해 알아 본다.

step 1 TIME/DIV 스위치 (22)는 2 - 3 주기 정도의 파형이 화면에 들어오도록 조정하고, VOLT/DIV 스위치는 화면에 파형이 크게 들어오도록 적절히 조절한다.

step 2 수직 POSITION (17)과 (18)을 적당히 조절하여 파형의 끝부분을 화면의 수평 눈금과 일치 하도록 한다.

step 3 수평 POSITION (26)를 적당히 조절하여 화면의 중앙 수직선상에 파형의 끝부분이 오도록 한다.

step 4 파형의 위쪽 끝부분과 아래쪽 끝부분의 눈금을 세어서 그 값에 VOLT/DIV 스위치가 설정된 값을 곱하면 최대진폭값(PEAK-PEAK)이 된다. 이때 PROBE 감쇄비가 10X로 설정되어 있으면 10 배를 곱한다.

step 5 100 Hz 이하의 정현파나 1 KHz 이하의 구형파를 측정할 때는 AC-GND-DC 스위치를 DC에 놓는다.

step 6 다음 그림에 나타난 예는 VOLT/DIV 스위치 (13) 혹은 (14)가 0.2 V 라면 최대진폭값이 0.8 V 인 경우이다.

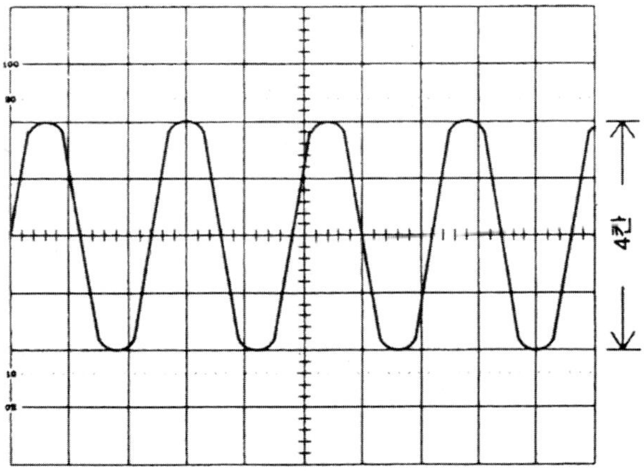

(4) 파형 측정 실습

첫 번째 실습은 CH1만을 이용하여 파형을 측정하는 내용이다. 본 실습에 필요한 신호는 함수발생기에서 발생하는 신호를 이용한다. 함수발생기에서 나온 신호를 파형특정기로 연결하기 위해 다음과 같은 준비 절차를 밟는다.

■ 준비과정

step 1 악어클립이 달린 케이블을 신호발생기 출력단자 (23)에 연결한다.

step 2 PROBE를 파형특정기 CH1 X IN 단자 (9)에 연결한다.

step 3 위에 연결한 두 케이블 끝을 다음 그림과 같이 연결한다. 검은색 클립은 같은 검은색 클립으로 연결하고 주홍색 클립은 훅크에 연결한다. 훅크의 끝이 상하지 않도록 조심한다.

step 4 POWER 스위치를 켠다.

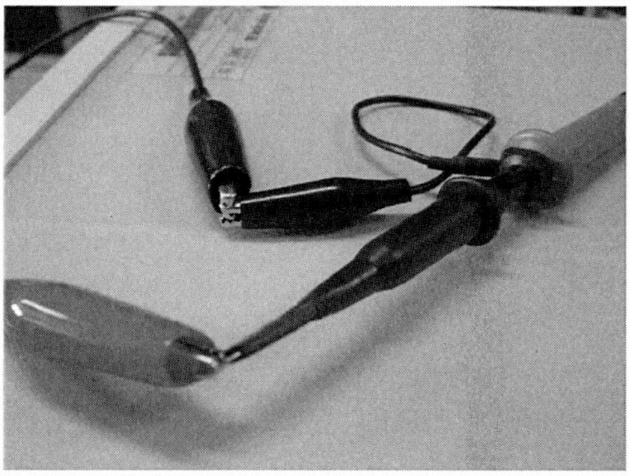
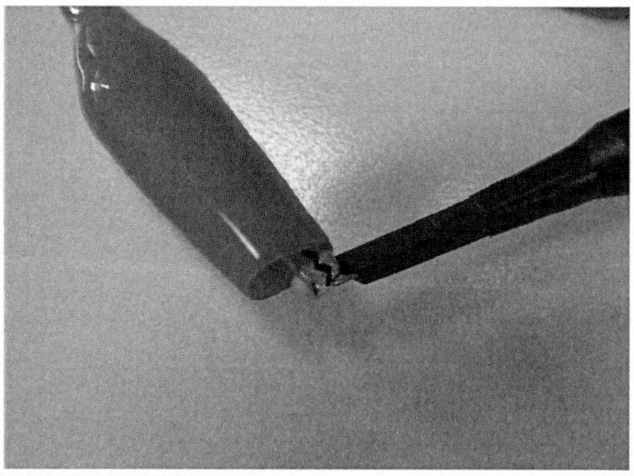

step 5 함수발생기는 다음 표와 같은 상태로 맞춘다.

FUNCTION (34)	SINE
RANGE (21)	1K
FREQUENCY (24)	1.0
DC OFFSET (32)	누름 상태
AMPLITUDE (33)	0 가운데 상태

step 6 파형측정기는 다음 표와 같은 상태로 맞춘다.

AC-GND-DC 스위치 (11, 12)	AC
VOLT/DIV 스위치 (13, 14)	0.2 mV
V. MODE 스위치 (19)	CH1
TIME/DIV (22)	0.5 ms
TRIGGER MODE (27)	AUTO
TRIGGER SOURCE (28)	CH1
TRIGGER LEVEL (30)	중앙
HOLD OFF (29)	NORM (최대 반시계 방향)
PROBE 감쇄비	10X

step 7 위와 같은 상태에서는 화면에 다음 그림과 같은 파형이 나타날 것이다. 화면에 나타난 상태로부터 주파수와 진폭의 크기를 계산하여 함수발생기에서 설정한 값대로 파형의 주파수와 진폭의 값이 나오는지 확인한다.

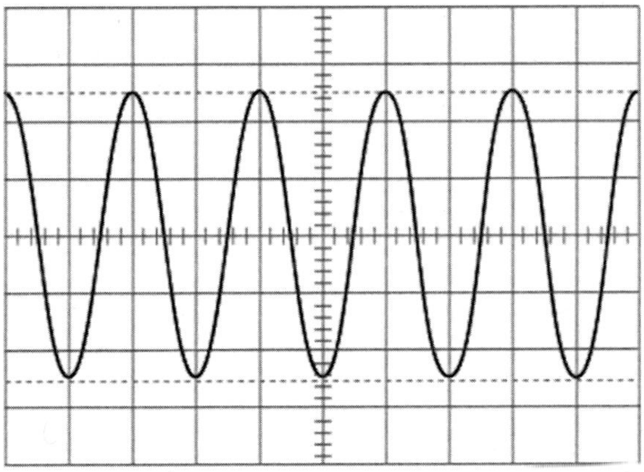

step 8 다음으로는 함수발생기의 발생 파형을 구형파와 삼각파로 변경하여 파형의 주파수와 진폭의 값을 구하는 실습을 진행한다.

step 9 함수발생기의 주파수 범위를 10 KHz에 맞추고 FREQUENCY (24)을 임의의 위치로 설정한 후 화면에 나타나는 파형의 주파수 값을 구한다.

step 10 위의 상태에서 AMPLITUDE (33)의 크기를 임의로 조절한 후 화면에 나타나는 파형의 진폭값을 구한다.

(4) 2 가지 파형 동시 측정

이번 실습은 2 가지의 신호를 동시에 한 화면에 나타나도록 한 후 각각 파형의 주파수와 진폭값을 측정하는 실습을 진행한다.

step 1 여분의 PROBE 역시 위의 실습에서와 같이 훅크커버를 팁에 붙인 상태로 사용한다.

step 2 첫 번째 PROBE는 위의 실습과 같은 상태로 유지한다.

step 3 두 번째 PROBE를 PROBE ADJUST 단자 (36)에 연결한다.

step 4 V. MODE 스위치 (19)는 DUAL에 설정한다.

step 5 CH2의 AC-GND-DC 스위치 (12)를 AC로 맞추어 놓는다.

step 6 TRIGGER SOURCE (28)을 CH1에 놓기도 하고 CH2에 놓기도 하면서 어떤 차이가 화면에 나타나는지 확인한다. 이때 TRIIGGER MODE 는 AUTO에 맞추어 놓고 사용한다.

step 7 이 상태에서 화면에 나타난 파형의 주파수와 진폭값을 구한다.

step 8 함수발생기의 주파수를 변화시키면서 화면의 변화를 관찰한다.

step 9 함수발생기의 진폭을 변화시키면서 화면의 변화를 관찰한다.

6 멀티미터 실습내용

(1) 실험 준비물

본 실습을 위해 각 실습조는 오실로스코프, 함수발생기, 저항, 커패시터, 다이오드, 소형 건전지 등이 필요하다. 실습 시간에 필요한 준비물은 조교가 준비하여 지급할 것이다. 이외에도 각 실습조는 자신들이 직접 측정 대상물을 준비하여 올 수 있다. 예를 들어 전자 회로나 다양한 종류의 건전지나 2차 전지 등을 준비하여 직접 측정할 수 있다. 실습 기자재 준비 문제로 직교류 전류 측정 실습은 생략한다.

(2) 직류 전압 측정

직류 전압을 측정하기 위한 실습은 준비된 소형 건전지를 이용한다. 직류 전압을 측정하기 위해 기능 선택 다이얼은 직류 전압 측정 범위 중 가장 큰 범위로 선택하며, 프로브는 다음 그림에 나타나 있는 것과 같이 검은색 프로브를 검은색 터미널에 연결하고 빨간색 프로브는 전압 측정용 터미널에 연결한다.

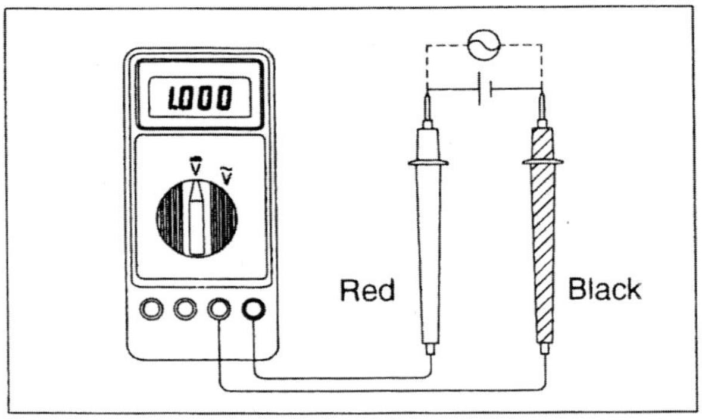

step 1 직류전압 측정 범위를 1,000 V로 선택한다.

step 2 검은색 공통접지 프로브를 건전지의 음극에 연결하고 빨간색의 측정용 프로브를 양극에 연결한 후 표시창의 숫자를 본다.

step 3 다음에는 측정 범위를 200 V 로 선택한 후 측정된 건전지의 전압이 어떻게 표시되는지 살펴 본다.

step 4 다음으로 측정 범위를 20, 2 V 순으로 낮추면서 측정되는 값이 어떻게 표시되는지 살펴 본다.

step 5 마지막으로 측정 범위를 200 mV 로 선택한 후 측정된 값을 살펴 본다. 이 경우는 측정 대상의 값이 측정 범위를 넘어서고 있는 경우이다. 표시창이 어떤 상태로 되는지 살펴 본다.

(2) 교류 전압 측정

교류 전압을 측정하기 위한 준비 과정은 직류 전압을 측정하기 위한 과정과 같다. 단, 측정 범위 선택 다이얼을 교류 전압 측정 범위 중 가장 큰 범위인 750 V 로 선택한다. 측정 대상은 일반 전원이며, 이 경우 공급 전압이 약 220 V 이며 이 정도의 전압은 인체에 큰 해를 주기에 충분한 전압이므로 측정 과정에서 안전 사고에 유의한다. 측정용 프로브의 금속에 인체의 부분이 닿지 않도록 유의한다.

step 1 교류전압 측정 범위를 750 V 로 선택한다.

step 2 검은색 공통접지 프로브를 전원 콘센트의 한쪽 전극에 연결하고 빨간색의 측정용 프로브를 다른 쪽 전극에 연결한 후 표시창의 수자를 본다.

step 3 다음에는 측정 범위를 200 V 로 선택한 후 표시창을 살펴 본다. 이 경우는 측정 대상의 값이 측정 범위를 넘어선 경우이다. 측정값 표시창의 상태가 어떤지 살펴 본다.

※ 참고: 직류전압 측정과 교류전압 측정에서 처음에 가장 큰 측정 범위를 선택하도록 하는 것은 측정 대상의 값을 정확히 모르고 있는 경우 측정값이 측정 범위를 넘어서는 일이 발생하지 않도록 하기 위함이다. 또한 현재 사용하는 멀티미터는 내부에 안전장치가 있어 측정 범위를 넘어서는 경우에도 내부 회로가 파괴되는 일이 없으나 안전 장치가 충분히 고려되어 있지 않은 측정기기의 경우에는 바로 내부 회로의 파괴를 일으키게 할 수 있으므로 주의를 요한다.

(3) 저항 측정

저항 측정은 각 실습조에 지급된 저항을 측정한다. 각 실습조에 지급된 저항은 동일한 값을 가지고 있지 않을 수 있다. 저항 측정을 위한 프로브 연결은 다음 그림과 같다.

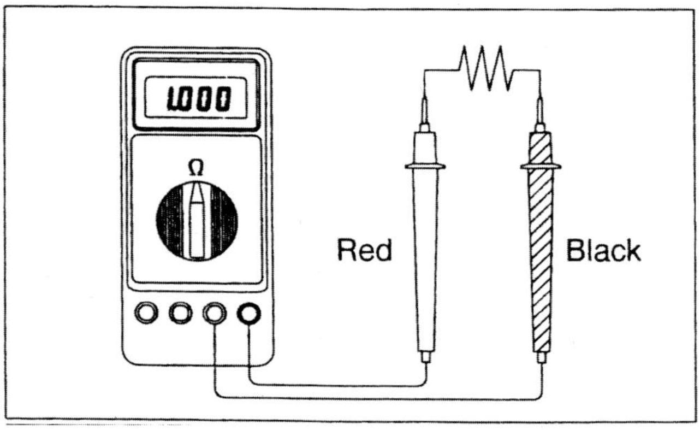

참고로 각 저항은 저항값이 저항 표면에 색깔로서 표시되어 있다. 일반적인 저항 표면에는 다음 그림과 같이 색깔 띠가 4 개가 그려져 있는데 가장자리에서 가까운 색깔 띠로부터 3 개는 저항값을 나타내고 나머지 하나는 해당 저항의 오차값을 표시한다. 각각의 색깔이 표시하는 수자는 다음 표에 의해 결정된다.

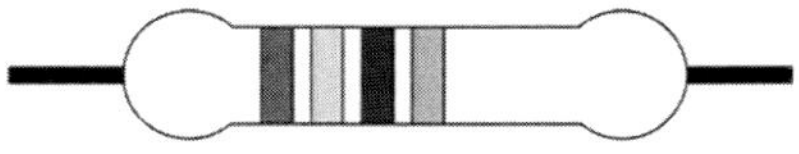

위의 그림에 나타난 저항의 값을 읽는 방법을 살펴 보자. 우선, 4 색깔 띠를 가지는 저항의 유효수자는 처음 두개의 띠로 표시되며, 세번째 띠는 승수를 가리킨다. 마지막 띠는 금색 또는 은색으로 표시하며, 저항값의 오차 범위를 표시한다. 위 그림의 저항은 처음 두 띠의 색깔이 빨강과 녹색이므로 25 를 나타내고, 세번째 띠가 10^6 의 승수를 표시하므로 저항값은

$$25 \times 10^6 = 25\,M\Omega$$

이 된다. 이 저항의 오차는 ±10%이다. 다음 표는 구체적으로 각 색깔이 나타내는 수자와 승수 그리고 오차 범위를 알려 주는 표이다. 어떤 저항은 유효수자가 3 자리로 나타내도록 색깔 띠가 모두 5 개로 되어 있는 저항도 있다. 이 경우에는 처음 3 개가 유효수자이고 네 번째가 승수이며, 다섯 번째가 오차를 나타낸다.

색명 (Color)		제 1색대 (1st Band)	제 2색대 (2nd Band)	제 3색대 (3rd Band)	승수 (Multiplier)	허용차 (Tolerance)
검정 (Black)	검정 (Black)	0	0	0	10^0	
갈색 (Brown)	갈색(Brown)	1	1	1	10^1	±1%(F)
빨강 (Red)	빨강 (Red)	2	2	2	10^2	±2%(G)
오렌지 (Orange)	오렌지(Orange)	3	3	3	10^3	
노랑 (Yellow)	노랑 (Yellow)	4	4	4	10^4	
녹색 (Green)	녹색(Green)	5	5	5	10^5	±0.5%(D)
파랑 (Blue)	파랑 (Blue)	6	6	6	10^6	±0.25%(C)
보라 (Violet)	보라 (Violet)	7	7	7	10^7	±0.1%(B)
회색 (Gray)	회색 (Gray)	8	8	8	10^8	±0.05%(A)
흰색 (White)	흰색 (White)	9	9	9	10^9	
금색 (Gold)	금색 (Gold)				10^{-1}	±5%(J)
은색 (Silver)	은색 (Silver)				10^{-2}	±10%(K)

저항 측정 실습은 다음 순서에 따라 실시한다.

step 1 측정 범위 선택 다이얼을 저항 측정 범위의 가장 큰 값에 맞춘다.

step 2 프로브를 저항의 양단에 연결한 후 표시창에 나타난 측정값을 살펴 본다.

step 3 측정 범위 선택 다이얼을 차례로 낮은 범위로 변경하면서 측정값 표시창에 나타나는 변화를 살펴 본다. 이 때 측정되는 값과 저항 표면에 표시된 저항값과 비교한다.

step 4 측정 범위 선택 다이얼을 계속 낮추어 가면서 측정 범위를 벗어나는 선택 다이얼 값이 어디인지 확인한다. 측정대상의 값이 측정 범위를 벗어나면 표시창 왼쪽에 1 이라는 수자 하나만 표시된다.

step 5 지급된 다른 저항을 이용하여 동일한 측정 과정을 반복한다.

(4) 다이오드 극성 측정

다이오드는 전류를 한 방향으로만 흐르게 하는 특성이 있는 반도체 소자이다. 본 실습에 사용할 다이오드는 흔하게 볼 수 있는 발광 다이오드(LED)이다. 다이오드 극성 측정을 위한 멀티미터의 연결 상태는 다음 그림과 같다.

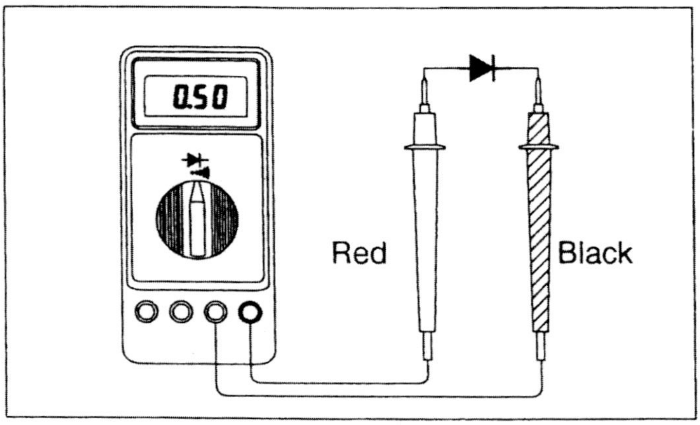

발광 다이오드는 한쪽 방향으로 전류가 공급되었을 때 빛을 내게 된다. 일반적으로 소자 형태를 보면 극성을 알 수 있도록 제작되어 있다. 한 예로서 일반적인 발광 다이오드의 구조와 극성 표시 방법이 다음 그림에 나타나 있다. 어떤 형태의 소자이건 인덱스가 있고 인덱스가 있는 쪽의 리드선이 Anode(전하가 나오는 곳, 즉 전류가 들어가는 곳, 또는 양극)이며, 다른 쪽이 Cathode(전하가 들어가는 곳, 전류가 나오는 곳 또는 음극)이다. 전류 방향을 다르게 연결하면 빛이 나오지 않는다.

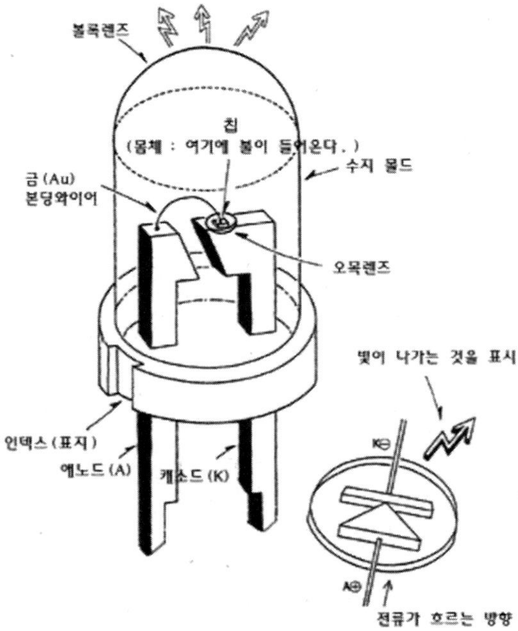

[발광 다이오드 모형도]

다이오드 극성 측정 실습은 다음 순서에 따라 실시한다.

step 1 측정 범위 선택 다이얼을 Diode test 에 맞춘다.

step 2 양쪽 프로브를 각각의 리드선에 연결한 후, 표시창에 나타난 결과를 살펴 본다.

step 3 프로브 연결 상태를 바꾸어 연결한 후 표시창에 나타난 결과를 살펴 본다.

step 4 위의 두 경우 중 한 경우에만 발광 다이오드가 발광하는 것을 볼 수 있을 것이다. 발광하면서 이 경우에 측정된 값이 반대의 경우보다 매우 낮은 값이 나오는 것을 볼 수 있다. 이 연결 방향이 바로 순방향 전류가 흐르는 경우이며, 빨간색 프로브를 연결한 리드선이 에노드에 해당한다. 전류는 에노드에서 캐소드 방향으로 흐르게 된다.

(5) 통전 시험

전기 회로나 피복 케이블의 양끝의 선이 연결되어 있는 것을 확인할 때 혹은 전기 소자 내부의 연결 상태를 조사할 목적으로 통전 시험을 하게 된다. 통전 시험을 위한 프로브 연결은 다이오드 극성 측정과 같은 상태이다. 일반적인 전기 회로에 대해 통전 시험을 할 때에는 반드시 회로에 공급되는 전기 공급을 중단하고 모든 커패시터의 전하를 방출한 후 하여야 위험한 상황을 방지할 수 있다. 만약, 통전된 상태에서 저항이 200 Ω 이하이면 멀티미터는 지속적인 음을 발생하여 소리로서 통전 상태를 알 수 있도록 되어 있다. 통전 시험은 다음 순서에 따라 실시한다.

step 1 통전 시험은 실습에 사용되는 전원 공급 연결선을 이용한다. 각 실습조가 사용하고 있는 전원 익스텐션 코드를 전원으로부터 분리한다.

step 2 프로브 한쪽을 콘센트 구멍의 한쪽에 연결하고 다른 프로브는 플러그 2 개를 차례로 하나씩 연결하면서 통전 상태를 점검한다.

step 3 플러그와 콘센트 단자가 서로 연결된 상태이면 멀티미터는 지속전인 연결음이 발생한다.

(6) 주파수 측정

실습에 사용되는 멀티미터를 이용하여 측정할 수 있는 주파수는 10 Hz에서 최대 200 kHz 까지 이다. 실습에 사용할 주파수 발생 장치는 파형측정기와 함께 있는 함수발생기를 이용한다. 주파수 측정 실습을 위한 프로브 연결은 다음 그림과 같다.

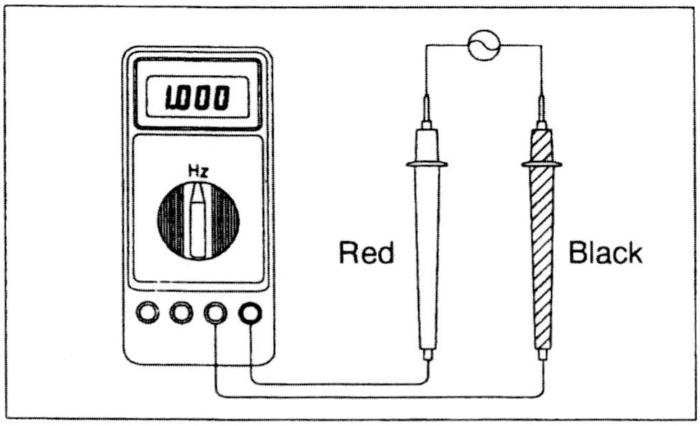

주파수 측정 실습은 다음과 같은 순서로 실시한다.

step 1 측정 범위 선택 다이얼을 200 kHz에 맞춘다.

step 2 함수발생기의 전원을 켜고 사인파 발생을 하도록 한다. 주파수는 200 kHz 이하 20 kHz 범위에서 적절한 값을 선택한다.

step 3 함수발생기의 출력 단자에는 악어클립을 가진 케이블을 연결하고, 멀티미터의 2 개의 프로브를 각각 악어클립에 연결한다.

step 4 멀티미터 표시창에 나타난 측정 주파수 값을 살펴보고 함수발생기에서 설정한 주파수와 비교한다. 또한 파형측정기를 이용하여 동일한 파형의 주파수를 측정하여 이를 멀티미터에서 측정한 결과와 비교한다.

step 5 함수발생기의 주파수를 1kHz 이하의 낮은 주파수로 바꾼 후 측정 결과를 위와 동일한 방법으로 비교한다.

step 6 측정 범위 선택 다이얼을 20 kHz로 맞춘 후 측정 결과에 변화가 있는지 살펴본다.

step 7 함수발생기의 파형을 구형파로 변경하여 위와 같은 순서로 측정한다.

(7) 정전용량 측정

절연체 양면에 전하를 모아두는 축전지와 동일한 효과를 보이는 전기 소자가 커패시터이다. 다른 이름으로는 콘덴서라고도 부른다. 정전용량을 측정하기 위해서는 프로브를 사용하지 않는다. 주의할 점은 커패시터는 전기를 담아두는 성질이 있으므로 특히 대용량의 커패시터인 경우 충분히 방전을 시켜 내부에 전하가 남아 있지 않도록 하여야 하며, 이를 위해 커패시터 양단의 리드선을 아무런 저항도 없이 바로 연결시키는 경우 남아 있는 전하의 갑작스런 방전으로 리드선에 아크가 발생할 수 있으므로 주의한다. 반드시 저항을 연결하여 방전하도록 한다. 매우 작은 용량의 커패시터는 큰 위험이 없다. 각 실습조는 값을 알 수 없는 여러 개의 커패시터가 지급될 것이다. 커패시터는 다음 그림에 나타난 것과 같이 멀티미터 오른쪽 하단에 있는 커패시터 전용 터미널에 직접 커패시터를 연결한다. 커패시터를 멀티미터에 연결할 때는 반드시 멀티미터 전원이 꺼진 상태에서 연결한다.

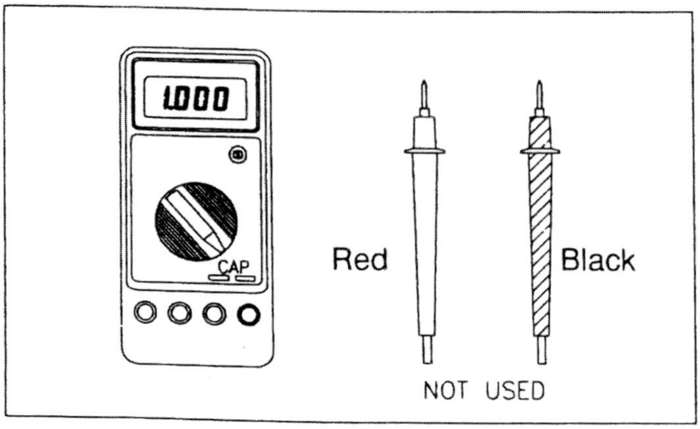

정전용량 측정 실습은 다음 순서에 따라 실시한다.

step 1 멀티미터의 전원을 켜고 측정 범위 선택 다이얼을 정전용량 측정 범위 20 μF로 맞춘다.

step 2 멀티미터 오른쪽 상단에 있는 CAP ZERO ADJ 다이얼을 돌려 표시창에 0.00 이 표시되도록 조절한다. 정전용량 측정의 경우 항상 0 점 조절을 시행한다. 이 과정을 생략하면 측정되는 값을 믿을 수 없다.

step 3 표시창에 0 이 나타난 것을 확인한 후 전원 스위치를 내려 전원을 끈다.

step 4 측정하려는 커패시터의 전하가 충분히 방전된 후 멀티미터의 커패시터 전용 터미널에 연결한다. 만약, 극성이 있는 전해 콘덴서의 경우 극성을 맞추어 연결한다. 극성을 제대로 맞추어 연결하지 않는 경우 폭발의 위험이 있으므로 주의한다. 전해 콘덴서의 극성은 다음 그림과 같이 리드선의 길이가 긴 쪽이 양극이며 음극쪽에는 검은선으로 음극을 표시하고 있다.

step 5 멀티미터의 전원을 켜고 표시창의 측정 결과가 안정될 때까지 기다려 충분히 수자의 변화가 없을 때 측정 결과를 읽는다. 대용량의 경우 안정될 때까지 시간이 많이 걸린다.

step 6 위와 동일한 과정을 측정 범위 선택 다이얼을 한 단계씩 낮은 범위로 맞춘 후 실시한다. 매번 측정하기 전에는 반드시 위에서 설명한 순서를 지켜야 한다.

7 과제 내용

이상 실습한 내용을 보고서에 정리하고 관찰한 내용을 체계적으로 보고서로 작성하여 제출한다.

Labview 기초

CHAPTER 5

1 컴퓨터를 이용한 계측

(1) 기본 원리

지금까지 멀티미터와 오실로스코프 등 전용 계측기기를 이용하여 전압, 전류, 파형 등을 측정하였다. 현대에는 이런 전용기기를 사용하여 계측을 실시하기도 하지만 많은 계측 자료를 효과적으로 저장, 보관하고 이를 이용하여 빠르게 필요한 계산을 실시하여 우리가 원하는 결과를 보기 위해 컴퓨터를 계측에 이용하는 예가 빠르게 늘어나고 있다. 또한 복잡한 시스템을 일관되게 관리하고 제어하기 위해서는 다양한 기능을 가진 계측기기가 요구되지만 전용기기로는 그런 요구를 모두 충분히 만족할 수 없으므로 프로그래밍이 가능한 컴퓨터가 이용되고 있다.

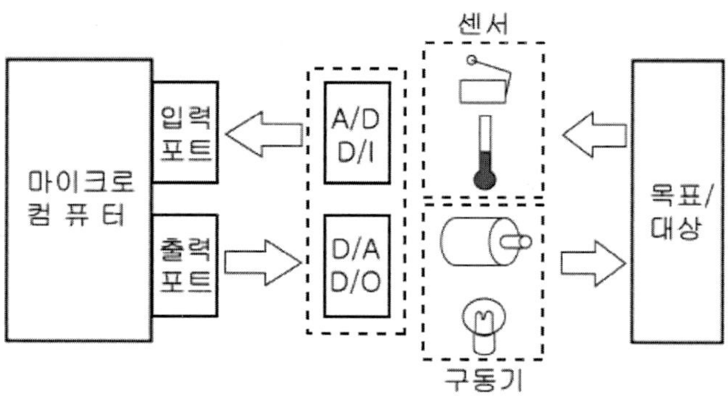

컴퓨터를 이용한 계측과 제어는 위의 그림과 같이 몇 가지 기본적인 요소가 필요하다. 첫째, 온도, 길이, 무게, 압력, 속도 등을 측정할 대상이 있으면 이에 대한 측정을 담당할 센서가 필요하다. 센서는 여러 가지 물리적인 변화를 전기적인 신호로 변환하여 주는 일종의 에너지 변환기이다. 센서에서 만들어진 전기적인 신호는 아날로그 신호를 디지털 신호로 변환하여 주는 A/D 변환기나 이진 디지털 신호를 그대로 컴퓨터로 전달하여 주는 Digital Input 회로를 거쳐 마이크로컴퓨터의 입력 포트로 공급된다. 공급된 신호는 컴퓨터의 저장장치에 저장 보관된다. 마이크로컴퓨터에서 처리된 신호는 만약 제어를 필요로 하는 경우 컴퓨터에서 만들어진 제어 신호는 아날로그 신호로 변환하는 장치나 Digital Output 회로를 거쳐 원하는 기계적 동작을 만들어 줄 수 있는 구동기로 보내지고 이는 제어 대상물에 작용하게 된다.

위의 구성 요소 중에서 마이크로컴퓨터, 아날로그/디지털 변환기, 센서 등에 대해 조금 더 자세히 알아 보기로 한다. 그러나, 각각에 대한 전문 지식은 현재 단계에서 모두 이해할 수 있는 것은 아니며 매우 전문적인 지식을 필요로 하기 때문에 기본적인 작동 원리와 사용 방법에 관해서만 설명하기로 한다.

(2) 마이크로컴퓨터와 Labview 프로그램

오늘날 마이크로컴퓨터는 일상 생활에서도 없어서는 안될 중요한 기기로 되었다. 이렇게 된 가장 중요한 요소는 프로그래밍이 가능하여 다양한 기능을 소프트웨어를 통해 구현할 수 있기 때문에 동일한 기기를 이용하면서도 매우 다양한 기능을 가지도록 할 수 있다는 점이라고 볼 수 있다. 마이크로컴퓨터는 기본적으로 CPU(프로세서), 기억장치와 포트 등으로 구성되는데 프로세서는 모든 신호를 처리하는 가장 중요한 장치이며, 기억장치는 영구적이거나 일시적인 신호를 저장하는 용도의 장치이다. 포트는 외부 신호를 내부와 연결하여 주는 장치로서 전기적인 균형을 맞추어 주도록 만들어져 있다.

컴퓨터를 이용하여 측정을 실시하고 자료를 저장하는 기능을 가진 소프트웨어는 많은 종류가 있으나 현재 실습에 이용할 소프트웨어는 National Instrument사에서 제작하여 공급하는 Labview 라는 프로그램이다. Labview는 프로그래밍이 가능하며 복잡한 기능도 쉽게 프로그래밍 할 수 있도록 그래픽을 기본으로 하고 있는 환경을 제공한다. 그래픽 프로그래밍이란 예를 들어 C 프로그램에서는 외부 포트를 읽어 들이는 동작을 위한 명령어로서 다음과 같은 표현을 한다.

```
PortAdd = 0FFFH;
Data = Scan(PortAdd);
```

그러나, 그래픽 프로그래밍에서는 글자를 사용하지 않고 모든 것을 그림과 선으로 나타내며 자료의 이동과 연결은 각 모듈 간을 선으로 연결함으로써 이루어진다. 아래 그림은 Labview에서 펄스 형태의 아날로그 신호를 받아 들여 결과가 데이터로 나타나도록 하는 것을 프로그래밍 한 내용이다.

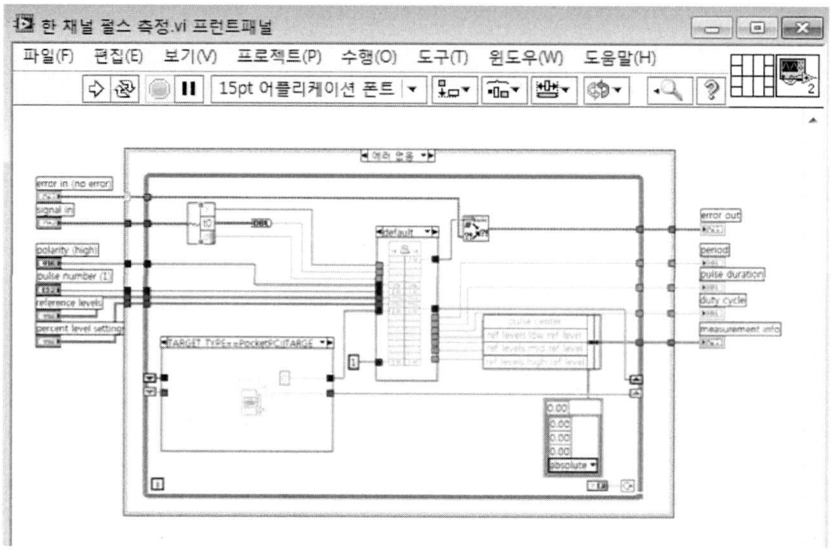

위의 그림에서 한 채널 펄스 측정의 각 기능을 나타내는 모듈이 그림으로 표시되어 있고 작동을 위해 필요한 파라미터들을 선을 연결하여 공급하여 주면 결과로서 나타난 자료들이 연결된 선을 따라 이동하여 최종적으로 데이터로 나타나도록 되어 있는 것을 볼 수 있다. 그래픽 프로그래밍의 장점은 프로그래밍 언어의 딱딱한 문법을 몰라도 되고 모든 것이 눈앞에서 그림으로 표현되기 때문에 쉽게 이해할 수 있다는 점이다. 물론, 고속의 전용 프로그램을 제작하는 용도에는 다소 속도 저하가 예상된다.

Labview의 가장 큰 특징 중의 하나는 외부 측정 자료를 컴퓨터로 측정하고 저장하기 위해서는 아날로그/디지털 변환기에 대한 전문적인 지식이 필요하지 않아도 된다는 점이다. 일반 프로그래밍 언어를 사용하여 아날로그/디지털 변환기를 이용하려면 회로 구조에 관한 구체적이고도 전문적인 지식이 필요하였으나 Labview를 이용하여 컴퓨터 계측을 하는 경우 이미 Labview 내부에 사용하려는 변환기에 대한 정보를 가진 모듈만 있다면 몇 가지 변수를 제공하여 줌으로써 간단하게 컴퓨터 계측을 실시할 수 있다. 요즈음 대부분의 아날로그/디지털 변환기는 Labview에 알맞도록 제작된 모듈을 기본적으로 제공하고 있으므로 거의 대부분의 변환기를 사용할 수 있다.

측정된 자료를 저장하고 결과를 그래프로 나타내려고 할 때 Labview는 가장 많이 사용하는 몇 가지 기본 그래프 형식을 모듈로 제공하고 있어 그래프에 대해 아무런 지식이 없이도 간단하게 측정 결과를 그래프로 표현할 수 있다. 이외에도 일반적인 컴퓨터 프로

그래밍 언어에서 다룰 수 있는 대부분의 기능을 그림으로 표현하면서 다룰 수 있어서 컴퓨터 측정뿐만 아니라 일반적인 계산이나 자료 검사 등에도 간단한 프로그래밍을 통해 유용하게 활용할 수 있는 장점이 많아 엔지니어로서 이러한 프로그램을 배워둔다면 여러 가지에 유용하게 사용할 수 있을 것이다.

(3) 컴퓨터 계측의 주의점

- **샘플링 주파수(Sampling Frequency)**

컴퓨터를 이용한 계측에서 몇 가지 주의할 점이 있다. 크게 구분하여 보면 샘플링 주파수에 따른 효과와 잡음에 관한 것이다. 우선 샘플링 주파수에 관한 것부터 살펴 보도록 하자. 컴퓨터 계측에서는 신호를 숫자로서 받아들이기 위해 아날로그 입력 신호를 디지털 신호로 변환하는 것 만 아니라 시간적으로 연속적인 아날로그 신호도 불연속적으로 구분하여 처리하여야 한다. 아날로그 신호를 디지털 신호로 변환 처리하기 위해서는 아무리 짧아도 시간이 소요된다. 그런 다음 컴퓨터가 변환된 자료를 읽어 들여가고 나서 다시 다음 신호를 처리하는 과정을 반복하게 된다. 단위 시간당 얼마나 많이 아날로그 신호를 디지털 신호로 변환 처리하는가에 따라 변환기의 속도가 결정된다. 컴퓨터 계측을 시작하기 전 반드시 얼마나 빠른 속도로 신호 변환 처리를 할 것인지를 결정하여야 한다. 이렇게 단위 시간에 얼마나 많은 신호를 처리할 수 있는가를 나타낸 것을 샘플링 주파수라고 한다. 그러면, 변환기가 가진 능력만큼 높은 샘플링 주파수로 신호를 처리하면 아날로그 신호가 가진 세밀한 부분까지 놓치지 않을 수 있기 때문에 더 좋은 신호처리 결과가 나올 것이다.

컴퓨터 계측에서 신호 변환이 이루이지고 이를 컴퓨터가 읽어 가고 나서 다시 신호 변환을 하게 되는 방법으로 신호 변환을 한다면 사용하고 있는 컴퓨터의 처리 속도에 따라 신호 변환기의 능력이 달라질 수 있고, 컴퓨터에 걸린 프로그램 부하에 따라서도 신호 변환 능력이 변화할 수 있다. 이렇게 상황에 따라 달라지는 신호 변환보다는 변환기가 가진 능력대로 어떤 컴퓨터에서도 신호 변환 처리가 이루어지는 것이 바람직하다. 따라서 실제 변환기에서는 컴퓨터에서 읽어가든지 말든지 변환 처리된 디지털 신호는 일정한 메모리에 저장되고 나중에 컴퓨터가 이를 차례로 읽어 가도록 설계된다. 이렇게 변환 처리된 신호가 임시로 저장되는 메모리를 버퍼(Buffer) 라고 하는데, 버퍼의 크기는 컴퓨터가 가진 능력과 소프트웨어의 특성에 따라 크기가 달라질 수 있다. 높은 샘플링 주파수로서 변환 처리된 신호는 버퍼를 빠르게 채운다. 일단 버퍼가 가득 차면 신호 변환이 중단되어야 한다. 아주 높은 샘플링 주파수로서 측정된 신호는 일정한 크기를 가진 버퍼를 짧은 시간에 채워버리므로 실제로 보고 싶어하는 시간만큼 신호를 볼 수 없는 상황을 만들어 낼 수 있다. 따라서 샘플링 주파수는 측정 대상에서 보고자 원하는 상태를 충분히 판단할 수 있는 시간을 알고 이에 알맞도록 현재 사용하고 있는 아날로그/디지털 변환기의 능력을 감안하고 사용하고 있는 컴퓨터의 저장 능력과 속도를 고려하여 결정하여야 한다.

샘플링 주파수를 적절하지 못하게 높이는 것과 함께 너무 낮은 샘플링 주파수를 선정할 때 발생하는 문제점을 살펴보자. 아래 그림에는 너무 낮은 주파수로서 샘플링 할 때 원래의 파형을 적절히 측정하지 못하는 경우가 나타나 있다.

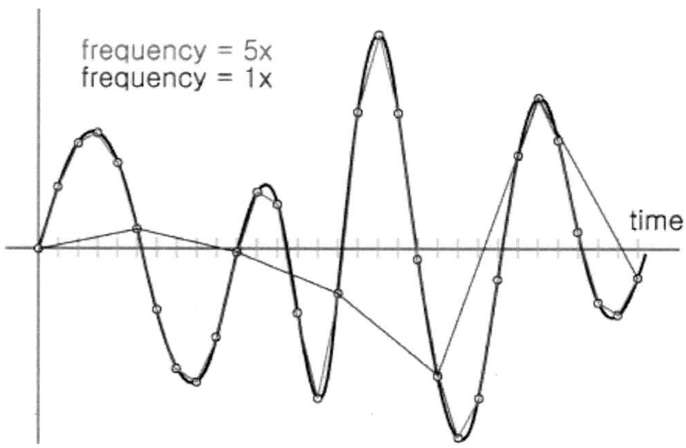

위의 그림에서 보면 높은 주파수로 샘플링 한 경우 대체로 원래 파형에 가까운 형태로 측정하고 있는 것을 볼 수 있으나, 샘플링 주파수를 1/5로 낮춘 경우 버퍼의 용량에서는 효과를 얻을 수 있을지 몰라도 측정된 파형은 원래의 파형의 특징을 제대로 살려 내지 못하고 있는 것을 볼 수 있다. 이렇게 샘플링 주파수가 원래 파형의 주파수보다 너무 낮아 원래 파형이 가진 특징을 놓치고 있는 것을 에일리어싱(Aliasing)이라고 한다. 이와 같은 결과를 피하려면 측정하려는 주파수보다 약 10 배 가량 높은 샘플링 주파수로서 측정하여야 한다고 일반적으로 알려져 있다. 실제로 에일리어싱이 발생하는지 한 가지 주파수로서 측정할 때는 확신할 수 없으므로 다양한 주파수로 측정하여 변화를 본 후 샘플링 주파수를 결정하여야 할 것이다.

▪ 잡음 (Noise)

아날로그/디지털 변환기의 입력 임피던스(Impedance)는 매우 높다. 임피던스가 높다는 것은 입력 신호를 위한 전류량이 매우 작다는 것을 의미한다. 즉, 변환기는 매우 적은 전하량을 가지고도 전압을 측정할 수 있다는 말이다. 전기 회로에서는 여러 가지 원인에 의해 잡음(Noise)이 발생한다. 잡음을 발생 시키는 주요 원인 중 하나는 전기 회로 주변을 지나가는 전자기파(Electromagnetic wave)이다. 전자기파가 도선을 지나가면 도선에는 전자기유도 원리에 의해 전류가 흐르게 된다. 이렇게 원하지 않는 전류가 발생하여 전압이 인가되면서 정상적인 신호가 방해를 받는 현상이 발생하기도 한다. 잡음의 특징은 높은 순간적인 전압을 발생하면서 전류의 양은 극히 작다는 점이다. 그러나, 높은 임피던스를 가진 아날로그/디지털 변환기는 그 정도의 적은 전력량으로도 전압을 측정할 수 있다. 갑자기 높은 전압에 의해 정상적인 신호와는 다른 신호가 측정될 수 있는데 어떤 신호가 정상적인지 아닌지 측정된 상태로는 판단할 방법이 없다. 따라서 이런 종류의 잡음에 의한 비정상 신호를 처리하여야 할 필요가 있다.

비정상적인 신호를 방지하는 방법에는 하드웨어로 해결하는 방법이 있고, 소프트웨어로 해결하는 방법이 있다. 두 가지 방법 모두 공통적으로 일반적으로 잡음은 주파수가 매우 높고 지속적이지 않으며 전력이 매우 낮다는 점을 이용하고 있다. 하드웨어로 해결하는 방법에는 신호가 전달되는 경로에서 잡음을 방지하는 방법과 필터를 이용하여 적극적으로 잡음을 차단하는 방법이 있다. 이 두 가지 방법을 간단하게 살펴 보기로 한다. 우선 신호가 전달되는 경로에서 잡음을 차단하는 방법은 위에서 설명하였듯이 잡음의 주요 발생 원인인 전자기파가 신호가 전달되는 도선을 통과하지 못하도록 하는 방법이다. 약한 전자기파는 도전체로 되어 있는 물체를 통과하고 지나가지 못한다. 이 원리를 이용하여 전자기파 차폐(Electromagnetic Shield)를 도선 주위에 만들어 주는 것이다. 아래 그림을 보면 도선 주위에 차폐를 만들어 한쪽 끝을 대전 용량이 큰 금속체에 연결한 것을 볼 수 있다. 이 방법은 차폐막에 유도된 전하를 전하 용량이 매우 큰 금속체를 통해 흘려 버리는 방법이다. 전자기 차폐 자신도 결국 도선과 같아 전자기유도 현상에 의해 전하가 유도된다. 이 방법에서 주의할 점은 차폐의 한쪽 끝만을 대전 용량이 매우 큰 금속체(예

- 전기 장치 외부 케이스 등)에 연결하여야 한다. 일반적인 신호연결선은 이런 이유로 도선 외부를 알루미늄 박막으로 둘러싸도록 만들어져 있으며 박막에 닿도록 도선이 그 위로 지나간다. 그 도선을 신호 처리 장치의 금속 케이스에 연결하면 일단 신호 연결선의 잡음은 방지할 수 있다.

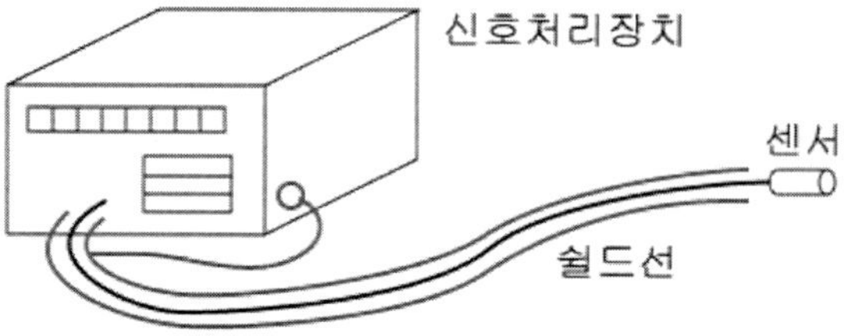

위와 같이 쉴드선을 사용한다고 하더라도 근본적인 잡음 제거 방법은 될 수 없다. 더욱 적극적으로 잡음을 제거하기 위해서는 증폭기 앞단에 필터를 장치하는 방법을 사용한다. 잡음은 매우 높은 주파수 특성을 가지고 있다는 점을 이용하여 측정하려는 주파수보다는 높고 잡음의 영역의 주파수보다는 낮은 차단 주파수를 가진 로우패스 필터(Low-pass filter)를 설치하여 차단 주파수보다 높은 주파수의 파형은 차단시키는 방법이다.

이상은 하드웨어를 이용한 잡음 제거 방법이었으나 소프트웨어를 이용하여 잡음을 제거할 수도 있다. 일반적으로 어떤 신호이던 정상적인 신호로서 유효한 주파수 범위를 가지고 있다. 정상적인 측정을 실시하는 경우 어느 정도의 주파수 범위를 벗어나는 신호가 특정한 의미를 가지고 있지 않는 경우가 많으므로 소프트웨어를 이용하여 특정 주파수보다 높은 주파수를 차단하는 방법이다. 예를 들어 100 Hz 정도의 주파수 범위에서 측정하고자 하는 특성을 가진 파형을 1 kHz 정도의 주파수로 샘플링 한 후 소프트웨어 방법으로 측정 자료 10 개씩의 평균값을 계산하여 1 개의 유효한 값으로 만들어 낸다면 결국 우리가 원하는 100 Hz의 자료가 얻어지지만 실제로 측정은 그보다 10 배 높은 속도에서 실시된다. 이 방법은 잡음이 있다면 대개 지속적이지 않기 때문에 10 개 정도에서 1 - 2 개 정도의 비정상적인 전압을 발생할 것이며 이 정도의 변화는 10 개의 평균값을 구하는 과정에서 영향이 줄어들 것이라는 점을 이용한 것이다. 실제로 온도와 같은 물리량은 빨리 변하지 않고 있지만 센서의 특성으로 잡음을 발생하기 쉽다. 따라서 100 Hz 정도로 측정하여 1 - 2 Hz의 결과를 만들어내면 적절하게 잡음을 방지할 수 있다.

지금까지 설명한 방법 이외에도 잡음 방지를 위해 수많은 방법들이 사용되고 있으며 실제 실험에서는 세심한 주의가 요구되고 있다. 정확하고 정밀한 측정을 위해서는 측정 대상의 물리적인 특성, 측정 장치의 전기적인 특성, 신호 처리 방법에 대한 정확한 이해, 신호 전달 과정에서 발생할 수 있는 잡음에 대한 대책 등 다양한 지식과 경험이 요구된다.

2 Labview 기초

(1) 기본 개념

Labview는 그래픽 프로그래밍 언어라고 부르며 컴퓨터 자료획득 장치(Computer Data Acquisition System: DAQ)의 연결과 이용에 매우 편리한 기능을 부여하여 준다. Labview에서 중요하게 다루어지는 개념은 Virtual Instrument(VI) 라고 하는 가상 기기 개념이다. 과거에는 하드웨어로서 구성되던 모든 기기가 소프트웨어를 이용하여 구성될 수 있으며 이를 가상 기기라고 부른다. Labview의 모든 서브루틴은 VI 라고 하며 메인 프로그램 역시 VI의 한 형태이다. 이는 마치 C 언어에서 모든 프로시져는 Function 이라고 통일된 개념으로 다루어지는 것과 같다.

Labview에서는 기본적으로 두 가지 화면으로 구성된다. 화면을 통한 모든 입력과 출력이 이루어지도록 계기판, 입력 버튼, 스위치, 숫자 입력창 등으로 구성된 프론트 패널(Front Panel)과 실제의 자료 이동, 계산, 특정 함수 기능 등을 표시하고 프로그램의 중추 역할을 하는 블록 다이어그램(Block Diagram)으로 구성된다. 그리고, 프론트 패널과 블록 다이어그램에서 사용하는 모든 기능들은 아이콘과 와이어로서 나타내진다. 아이콘은 기능을 담당하는 VI이며 와이어는 VI 간의 자료 연결과 이동을 결정지어 준다.

(2) 프론트 패널

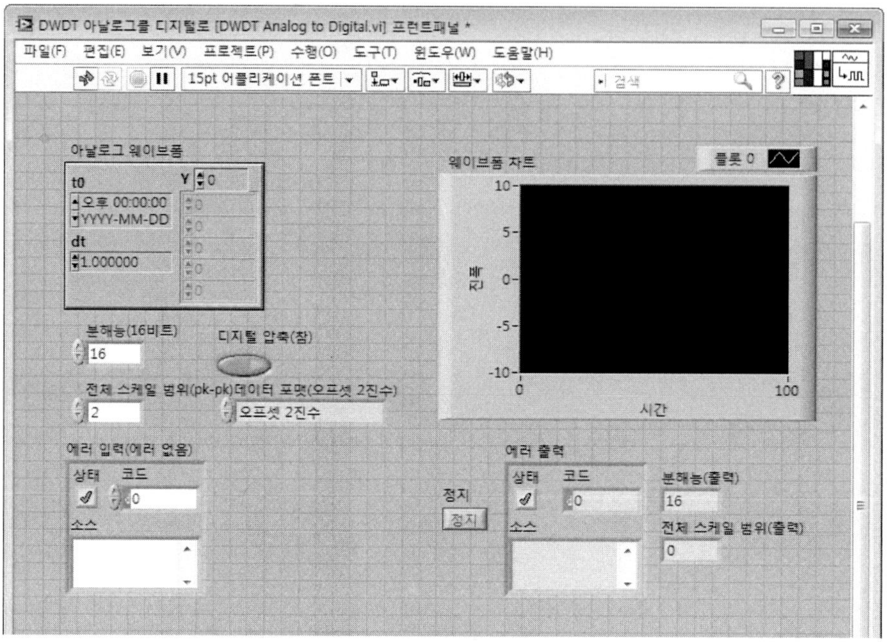

함수 발생기에서 발생된 파형이 그래프로 그려져 나오고, 프로그램의 실행 중단을 할 수 있는 버튼이 보이는 화면이 프론트 패널이다. 위 그림에 나타나 있듯이 화면 상단에는 실행을 위한 버튼이 아이콘 형태로서 위치하고 그 외의 실행에 관계되는 아이콘들이 있다. 화면에는 그래프 화면을 비롯하여 콘트롤(Control), 인디케이터(Indicator) 등이 배치되어 있으며 필요한 도형이나 글자를 사용자가 원하는 대로 넣을 수 있도록 되어 있다. 프론트 패널은 가상의 측정 기기의 전면부 혹은 외부에서 직접 기기를 다루기 위한 장치들을 모아 놓은 곳으로 이해하면 될 것이다.

프론트 패널에 나타나는 콘트롤은 입력을 하기 위한 용도이고, 인디케이터는 출력을 하기 위한 용도이다. 그래프 출력은 인디케이터에 속하며, 조절용 노브 같은 것은 콘트롤에 속한다.

(3) 블록 다이어그램

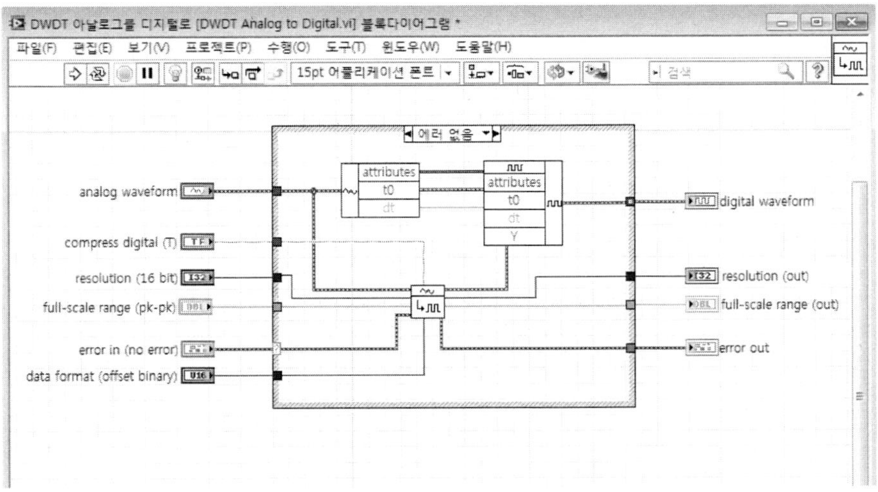

블록 다이어그램은 위에서 설명한 프론트 패널의 기능을 직접적으로 구현하여 주는 기능적인 요소를 배치하는 화면이다. 예를 들어 라디오가 있을 때, 외부에 나타나는 주파수 조절 손잡이와 주파수 표시 부위, 전원 스위치 등은 프론트 패널에 위치한다면, 라디오 내부의 증폭 장치와 주파수 조절 장치, 전원 장치 그리고 각각의 장치를 연결하는 전기선 등은 블록 다이어그램에 배치된다. 프론트 패널에 나타난 콘트롤과 인디케이터, 그래프 등은 블록 다이어그램에 해당 요소를 나타내는 아이콘이 나타나게 되며 각종 프로그램의 실행을 나타내는 아이콘들이 놓여 질 수 있다. 각 아이콘들을 자료 이동과 실행 순서를 표시하기 위해 선으로 연결하게 된다.

프론트 패널에 나타난 콘트롤이나 인디케이터는 블록 다이어그램에서 각각에 해당되는 터미널이 나타난다. 위 그림에서는 input limit, device, channel, scan rate, interchannel delay, transposed waveform chart 가 프론트 패널에 있는 콘트롤과 인디케이터의 터미널에 해당된다. 프론트 패널에 나타나는 것은 겉으로 보이는 모습이고 블록 다이어그램에 나타난 터미널은 해당 부품에 전기선을 연결하는 단자라고 보면 이해가 빠를 것이다.

터미널 이외에 블록 다이어그램에서 중요한 요소가 노드(Node)이다. 노드는 프로그램의 실행 요소이다. 일반적인 프로그래밍 언어에서는 문장, 연산자, 함수, 서브루틴 등에 해당되는 것으로서 위 그림에서는 DAQ용 기능을 담당하는 각종 VI와 배열과 계산을 담당하는 연산자, 프로그램의 실행을 조절하는 스트럭쳐 등이 이에 해당된다.

블록 다이어그램에서 나머지 중요한 요소가 와이어이다. 위 그림에서 다양한 색깔로 나타나 있는 줄이 보인다. 각종 콘트롤과 인디케이터의 터미널을 노드와 연결하고 있는데 이는 자료의 연결 관계를 보여 주고 있다. 와이어의 색깔과 굵기가 다른 것은 해당 와이어를 지나가는 자료의 종류에 따라 구분하고 있다.

(4) 아이콘과 콘넥터

위에서 설명하였듯이 모든 기능 모듈은 VI로 부르며 또한 노드라고 부른다고 하였다. 이들의 동작을 쉽게 알 수 있도록 글자 또는 그림의 혼합으로 표현하며 이를 아이콘이라고 한다. 모든 VI는 각각의 아이콘을 가지고 있으며 아이콘은 기능적으로 입력과 출력이 정의되어 있다. 입력과 출력은 아이콘에 할당된 콘넥터를 통해 연결된다. 이것은 마치 전기 장치에 전기선을 연결할 때 콘넥터가 일정 위치에 달려 있듯이 VI에 필요한 자료가 입력되고 출력되는 위치를 표현한 것이다. 모든 VI는 콘넥터를 가지고 있으며 프론트 패널이나 블록 다이어그램의 오른쪽 상단에 나타난 아이콘 부분을 아이콘 pane 이라 하는데 그 부분을 커서로 클릭하면 팝업 메뉴가 나타나고 그 메뉴에서 Show Connector 옵션을 선택함으로써 콘넥터 상태를 볼 수 있다. 아래 그림은 아이콘과 그에 따른 콘넥터 상태를 보여 주고 있다. 와이어를 노드에 연결할 때에는 반드시 자료 형태가 알맞은 콘넥터에 연결하여야 한다.

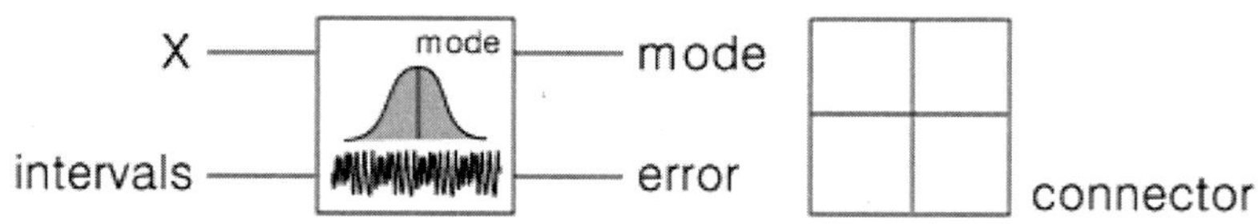

(5) Labview 프로그래밍

Labview 프로그래밍은 철저히 그래픽으로 이루어지며 이를 위한 도구들이 메뉴 형태로 주어진다. 기본적으로 윈도우의 기본 방식인 Open, Save, Copy, Cut, Paste 등의 동작은 윈도우의 규정을 따르고 있다. 익숙한 사용자는 메뉴를 사용하지 않고 단축키를 사용하여 프로그래밍을 할 수도 있다.

■ 풀다운 메뉴 (Pull-Down Menu)

풀다운 메뉴는 윈도우 프로그램의 일반적인 명령어 집합처럼 메뉴바에 커서를 대고 누르면 해당 메뉴가 나타나고 원하는 명령을 선택하면 된다. 풀다운 메뉴는 다음 6 가지의 기본 메뉴가 있고 각각의 메뉴는 다시 하부 구조를 가지고 있다.

- 파일 메뉴: 프로그램의 열기, 닫기, 인쇄 등의 하부 메뉴가 있다.
- 편집 메뉴: Cut, Copy, Paste 등의 편집에 필요한 메뉴가 있다.
- 오퍼레이트 메뉴: 프로그램을 실행하거나 정지하는 메뉴가 있다.
- 프로젝트 메뉴: 큰 프로그램에서 VI 간의 연결 상태와 계측 구조를 볼 수 있다.
- 윈도우 메뉴: 프로그램 창을 선택하는 메뉴가 있다.
- 도움말 메뉴: 온라인 도움말을 제공받을 수 있다.

■ 플로팅 메뉴 (Floating Menu)

Labview에는 크게 다음과 같은 3 종류의 플로팅 메뉴가 있다. 플로팅 메뉴는 화면 어디에나 위치할 수 있으며 편리한 장소에 놓고 사용한다. 프로그래밍에 필요한 대부분의 도구가 플로팅 메뉴에 있다. 플로팅 메뉴는 일명 팔레트라고 부른다.

- 콘트롤 팔레트
- 함수 팔레트
- 툴 팔레트

① **콘트롤 팔레트**

프론트 패널이 활성화되어 있을 때에만 나타나는 팔레트이다. 프론트 패널에서 구성요소를 프로그래밍 할 때 필요한 콘트롤과 인디케이터 종류를 제공한다. 콘트롤 팔레트는 기본적인 콘트롤 요소와 인디케이터 요소를 함께 제공한다. 프론트 패널에 넣고자 하는 콘트롤이나 인디케이터에 커서를 대고 누르면, 해당 콘트롤이나 인디케이터가 하부 메뉴를 가지고 있다면 하부 메뉴가 나타날 것이며 원하는 아이콘을 눌러 프론트 패널로 가져와 배치한다. 각종 콘트롤이 나타난 콘트롤 팔레트의 그림이 아래 그림 가장 왼쪽에 나타나 있다.

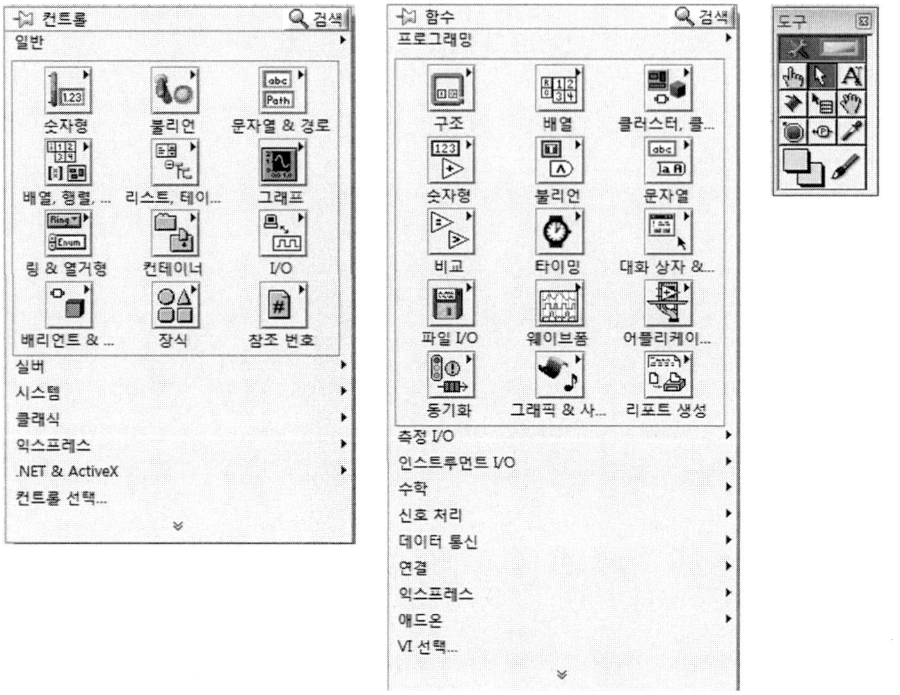

② **함수 팔레트**

함수 팔레트는 블록 다이어그램 창이 활성화 되어 있을 때만 나타난다. 함수 팔레트에서는 각종 노드를 제공한다. 매우 다양한 종류의 노드가 제공되는데, 각각의 용도와 사용법은 온라인 도움말을 통해 익혀야 한다. 위 그림에서 가운에 나타나 있는 것이 함수 팔레트의 모습이다.

③ **툴 팔레트**

팔레트는 위에서 설명한 두 가지의 팔레트를 이용하여 화면에 놓여진 콘트롤의 위치를 변경하거나 기본값을 변경할 때 또는 노드 간을 와이어로 연결하거나 스트럭쳐 노드의 크기를 변화할 때 등 다양하게 사용되는 프로그래밍을 위한 도구를 제공한다. 위 그림에서 가장 오른쪽에 위치한 것이 툴 팔레트의 모습이다. 툴 팔레트는 프론트 패널이나 블록 다이어그램 모두에서 나타나 있다. 세부적인 사용법은 참고 문헌이나 온라인 도움말을 통해 익히기 바란다.

3 실습 내용

본 실습내용의 상당수는 창의적 문제 해결 프로젝트를 통해 미리 학습한 내용이다. 다음의 창의적 문제 해결 프로젝트 동영상 강의를 참고 하여, 몇 가지 예제를 미리 실습해보자.

■ 참고 동영상 강의자료

• 1강. LabVIEW 소개

• 2강. LabVIEW 프로그래밍 1

실습 예제 1 : Controls & Indicator

실습 예제 2 : Numeric Functions

실습 예제 3 : Boolean Operators

실습 예제 4 : Comparison

• 3강. LabVIEW 프로그래밍 2

실습 예제 1 : While & Case Structures

(1) 난수 생성 프로그래밍

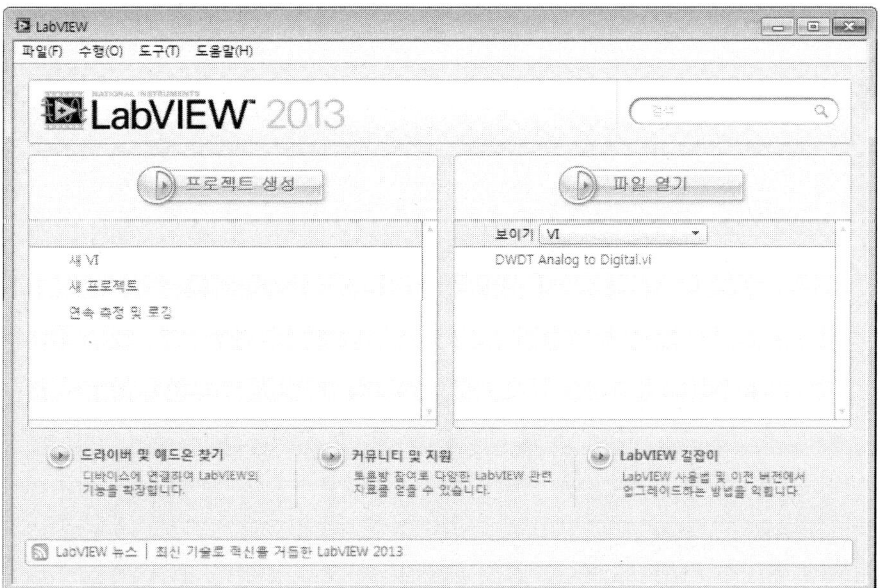

첫 번째 실습 내용은 매우 간단한 프로그램을 직접 만들어 볼 것이다. 위 화면은 Labview를 시작하면 볼 수 있는 초기 화면이다. 초기 화면에서 "새 VI"를 선택하면 "제목 없음 1.vi" 이라는 프론트 패널이 화면에 나타난다.

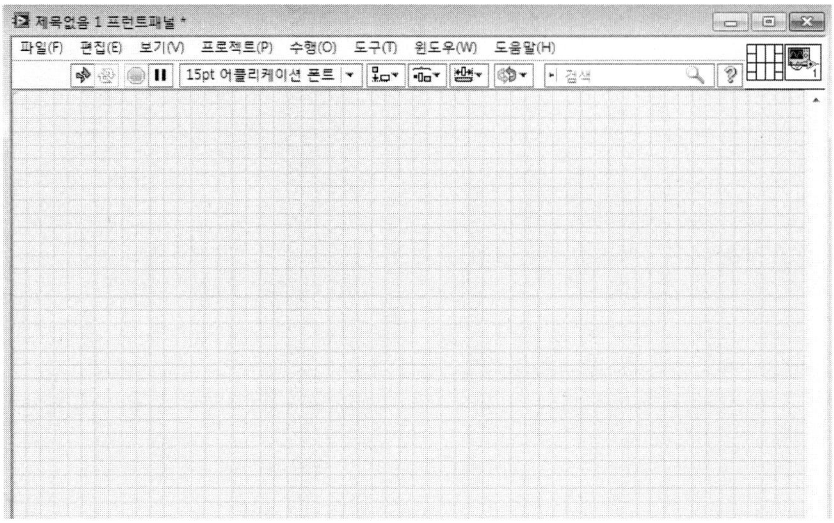

프론트 패널 상태에서 나타난 콘트롤 팔레트의 그래프 서브 팔레트에 커서를 대고 마우스의 오른쪽 버튼을 누르면 다음과 같이 서브 팔레트의 콘트롤 들이 나타난다.

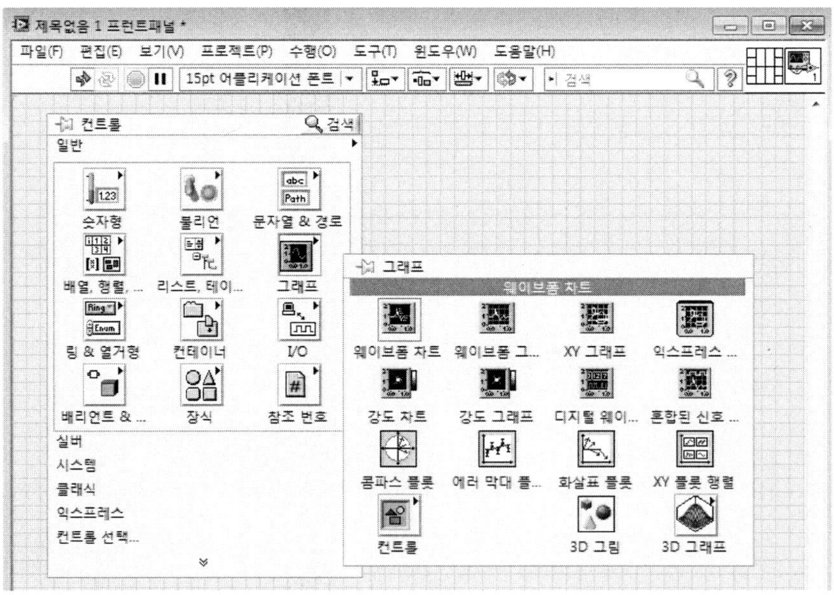

이중에서 가장 상단 왼쪽에 있는 "웨이브폼 차트"를 선택한다. 마우스의 왼쪽 버튼을 눌러 선택한 후 프론트 패널로 마우스 커서를 움직이면 다음과 같은 화면이 나타나는데 적당한 위치에 그래프를 배치한다.

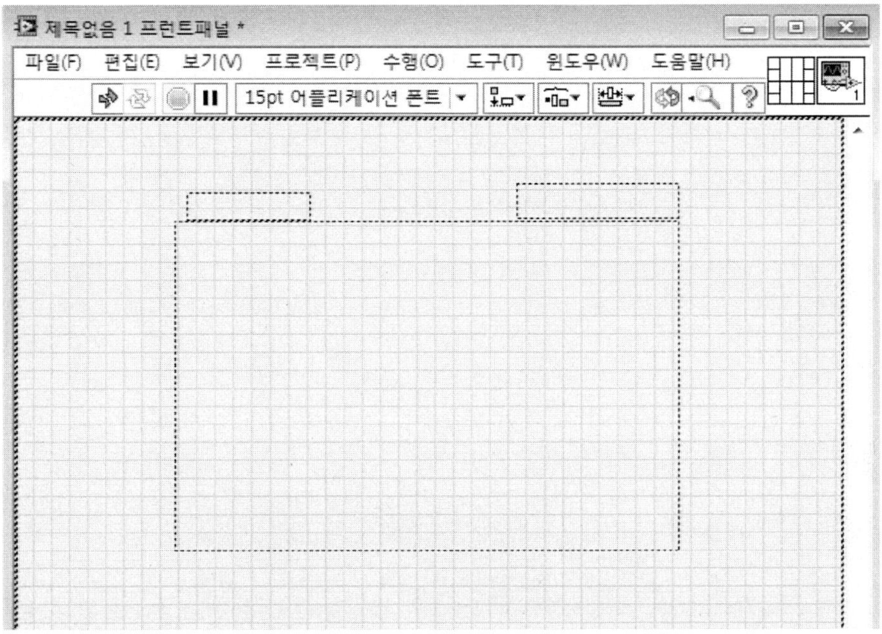

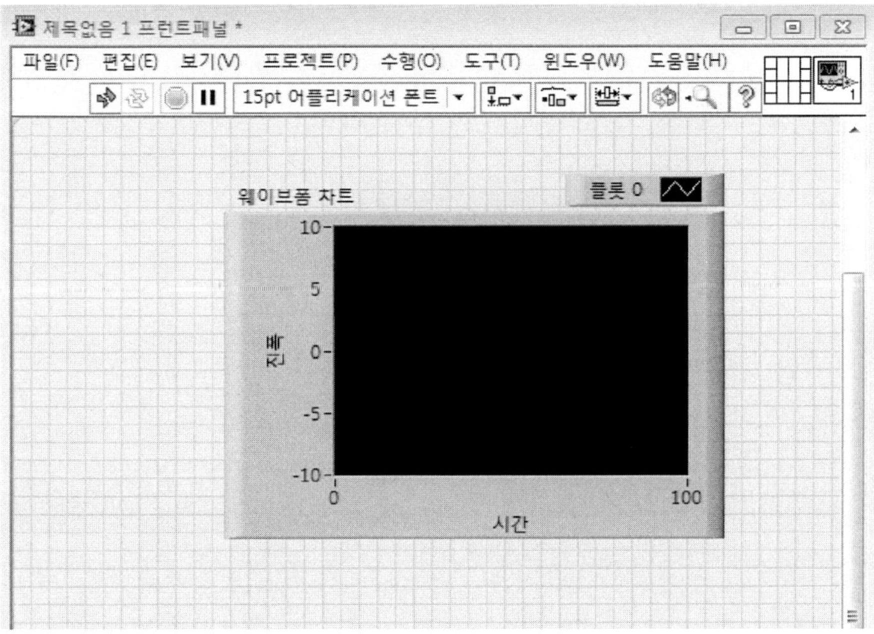

다음은 콘트롤 팔레트에서 불리언 서브 팔레트에 있는 "수직 토글 스위치"를 선택한다. 배치 방법은 위와 같이 선택한 후 마우스 커서를 화면 위로 이동하면 점선이 나타나고 적절한 위치에 커서를 대고 왼쪽 버튼을 누르면 그 자리에 스위치가 배치된다. 스위치 배치가 끝나면 툴 팔레트의 오퍼레이팅 툴을 선택하여 차트의 스케일을 10.0 으로 된 것을 1.0 으로 변경한다. 오퍼레이팅 툴은 위의 툴 팔레트 그림에서 보면 가장 왼쪽 상단에 손가락처럼 그려진 툴이다. 마우스 커서를 숫자 10.0 위에 대고 왼쪽 버튼을 누르면 그 부분이 반전된다. 그러면 숫자를 10.0 에서 1.0 으로 변경하면 된다. 이와 같이 하여 -10.0 을 0.0로 변경한다. 결과는 다음 그림과 같다.

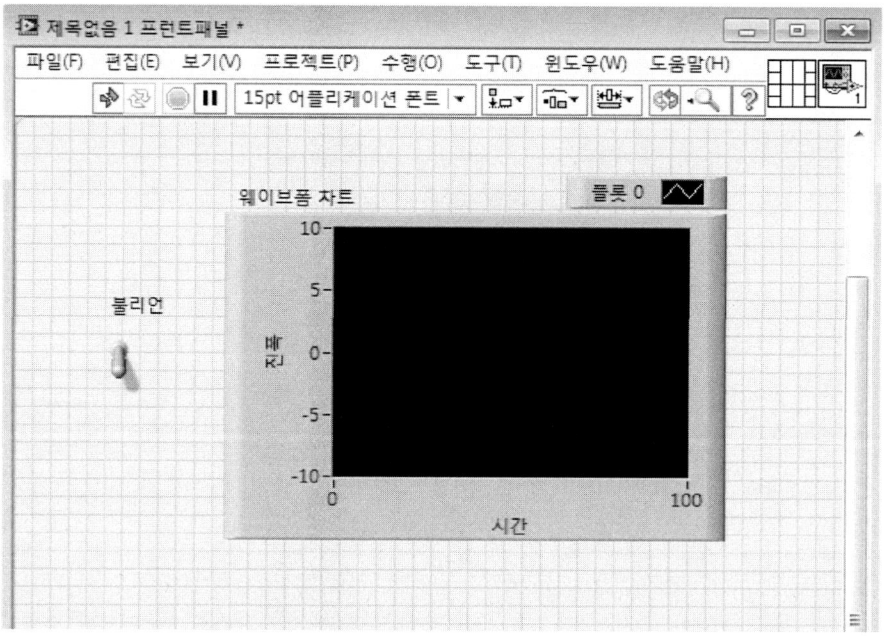

다음으로 화면을 블록 다이어그램으로 변경한다. 블록 다이어그램을 보면 두 개의 터미널이 놓여 있는 것을 볼 수 있다. 프로그램의 반복 실행을 위해 "While 루프" 를 이용한다. 마우스 커서를 함수 팔레트로 가져가 "구조" 를 선택하고 오른쪽 버튼을 누르면 다음 그림과 같이 여러 가지 구조가 나타난다. 이중에서 "While 루프"를 선택한다.

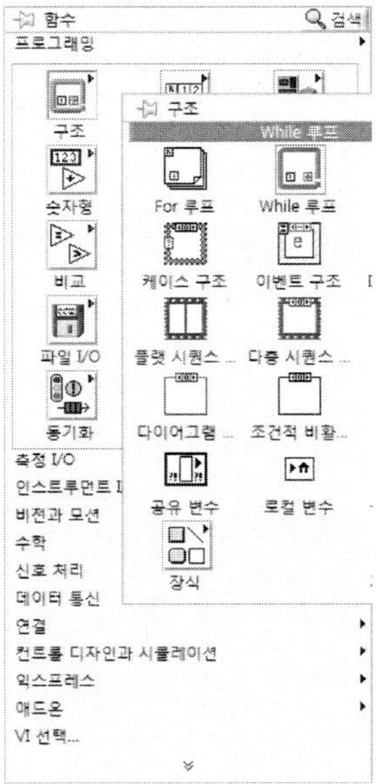

While 루프를 선택한 후 블록 다이어그램 화면으로 이동하면 직사각형의 왼쪽 끝을 나타내는 형태로 커서의 모양이 변한다. 블록 다이어그램에 있는 두 개의 터미널이 포함되도록 직사각형의 왼쪽 끝을 정하고 마우스 왼쪽 버튼을 누른 채로 상자의 크기를 적절하게 만든 후 버튼을 놓으면 다음과 같이 While 로프 내부에 두 개의 터미널이 들어간 상태로 된다.

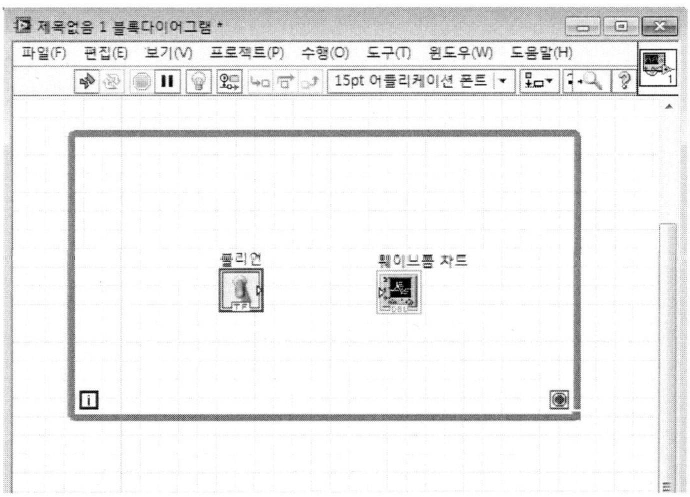

함수 팔레트의 "숫자형"에 있는 "난수(0-1)"을 선택하여 While 루프 내부에 적절한 위치에 놓은 후 아래 그림과 같이 터미널과 노드의 위치를 적절하게 재배치한다.

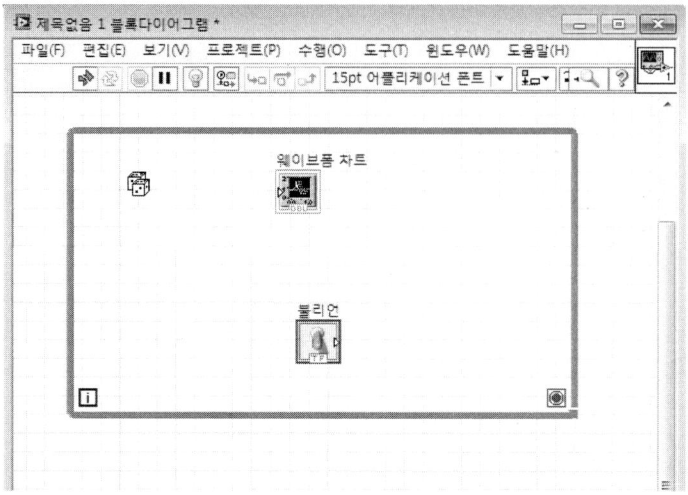

다음은 툴 팔레트에 있는 실패 모양의 와이어링 툴을 선택한다. 이 것을 난수 아이콘 위에서 마우스의 왼쪽버튼을 한번 눌렀다 놓은 후 마우스를 끌어서 웨이브폼 차트 아이콘 위로 가져간 후 다시 한번 왼쪽 버튼을 누른다. 그러면, 두 아이콘이 선으로 연결된 것을 볼 수 있다. 이와 같이 하여 불리언이라 표시된 터미널에서 While 루프 오른쪽 하단에 보이는 조건 터미널로 선을 연결한다. 결과는 다음 그림과 같다. 현재 연결된 상태는 프론트 패널의 스위치가 TRUE일 때 실행되도록 되어 있다. While 루프 크기는 툴 팔레트의 포지셔닝 툴(화살표 모양)을 선택한 후 구조 모서리로 커서를 가져가면 커서의 모양이 변할때 왼쪽 버튼을 누른 상태로 끌어서 변경할 수 있다.

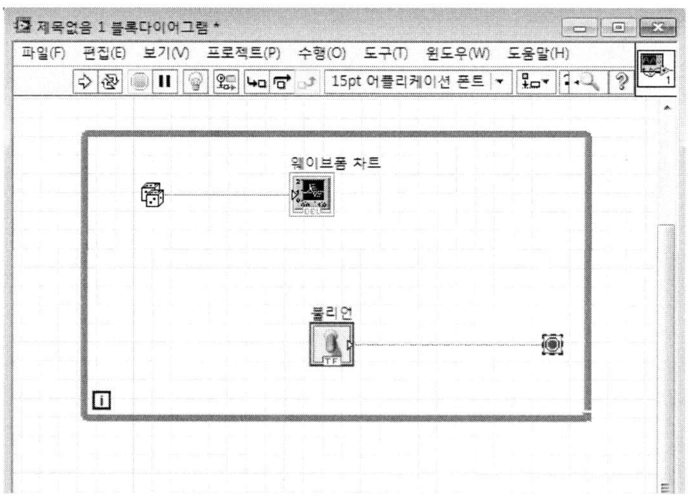

이제는 마지막 단계로서 제작한 프로그램을 실행시킬 단계이다. 화면을 프론트 패널로 옮겨 스위치를 눌러 위로 향하도록 한 뒤, 실행 버튼을 누른다. 다음 그림과 같이 화면에 다양한 신호가 그려지는 것을 볼 수 있을 것이다.

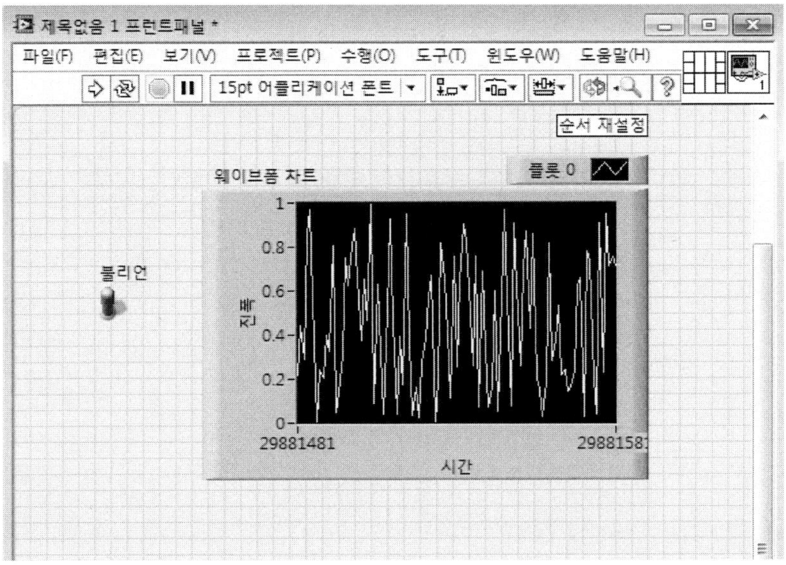

프로그램을 정지하려면 메뉴바에 나타난 빨간색의 정지 버튼을 누르거나 화면에 있는 스위치를 눌러 아래쪽으로 향하도록 하면 정지할 수 있다.

(2) Sine 함수와 난수 생성 프로그래밍

두 번째 실습 내용은 -0.5 ~ 0.5의 난수와 사인함수를 이용하여 두 가지 함수를 합쳐서 출력하는 프로그램을 만들어 볼 것이다. 초기화면에서 New VI를 선택하여 새로운 프론트 패널과 블록 다이어 그램을 나타내자.

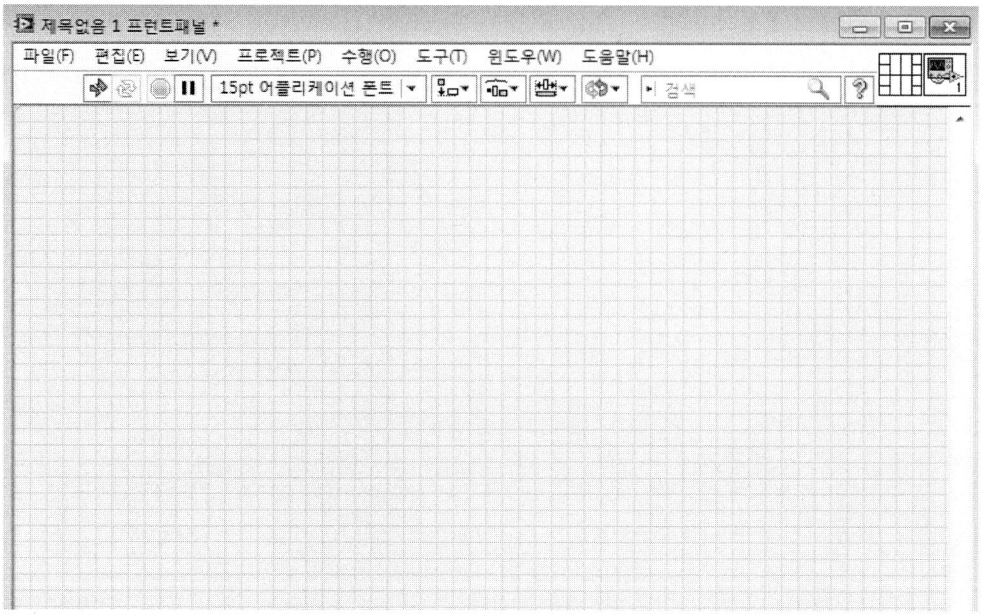

예제 1과 같이 웨이브폼 차트와 수직 토글 스위치를 만들자. 다음으로 블록 다이어그램에서 오른쪽 버튼을 클릭하여 신호 처리 항목 〉 웨이브폼 생성 〉 사인 웨이브폼을 선택하여 생성한다

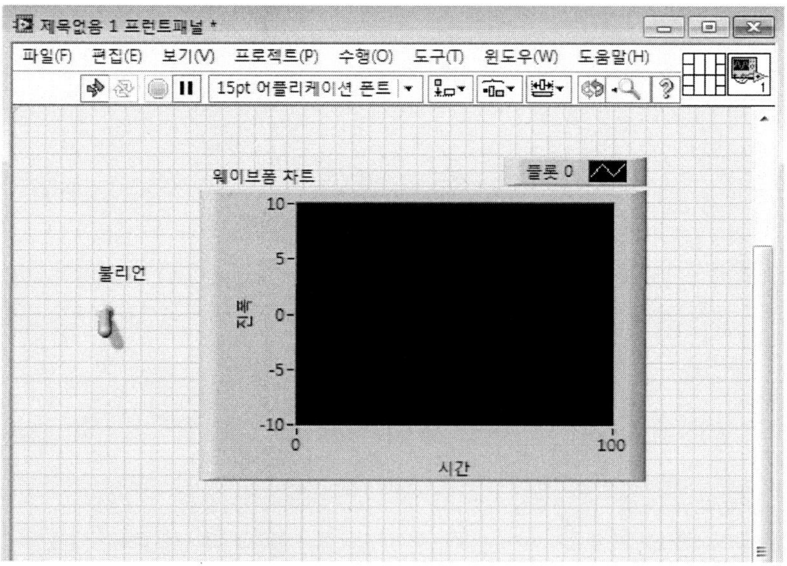

예제 1에서 실습했던 난수 아이콘을 생성한 후 수학 〉 숫자형 〉 더하기 아이콘을 두 개 생성하여 적절히 배치한다. 이후 프로그램의 반복 실행을 위해 While 루프를 생성한다.

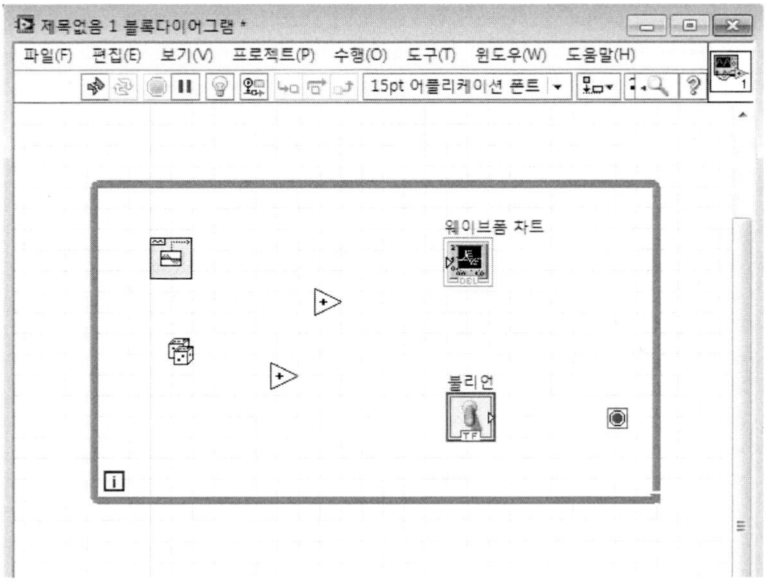

다음으로 사인 웨이브폼 아이콘 왼쪽의 주파수 노드에서 오른쪽 버튼을 클릭하여 생성 〉 컨트롤을 눌러준다. 이후 진폭 노드에서 또한 이와 같은 방법으로 컨트롤을 생성한다.

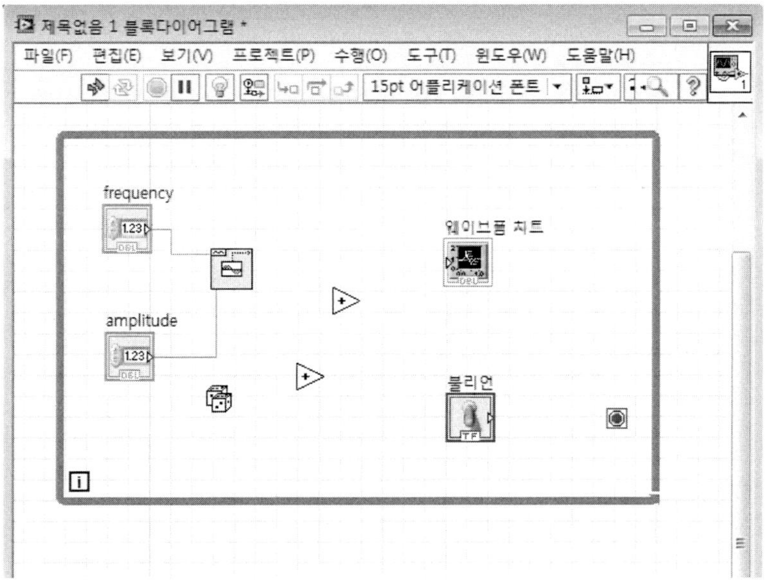

난수 아이콘 가까이 있는 더하기 아이콘의 왼쪽 아래 노드에서 오른쪽 버튼을 클릭하여 생성 〉 상수를 눌러준다. 이후 생성된 상수 아이콘에 -0.5를 입력한다.

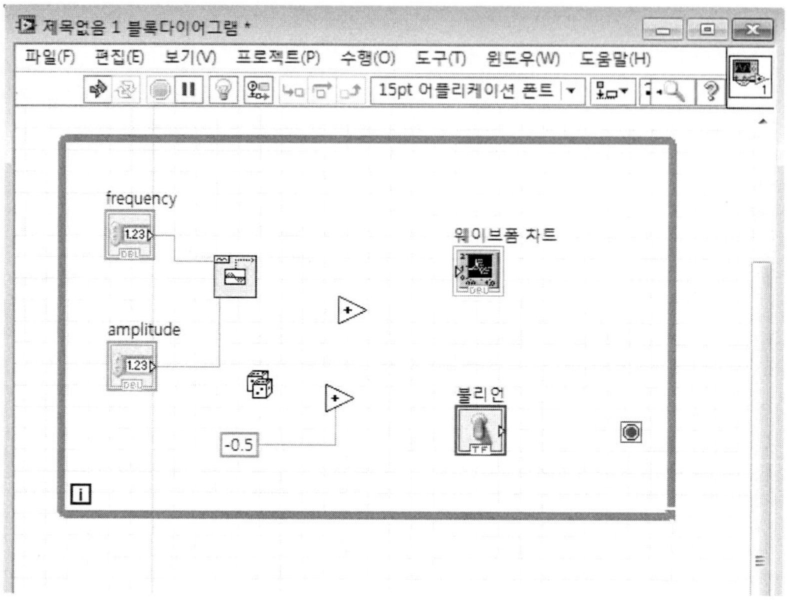

다음으로 아이콘들을 순서에 맞게 다음의 그림과 같이 연결한다.

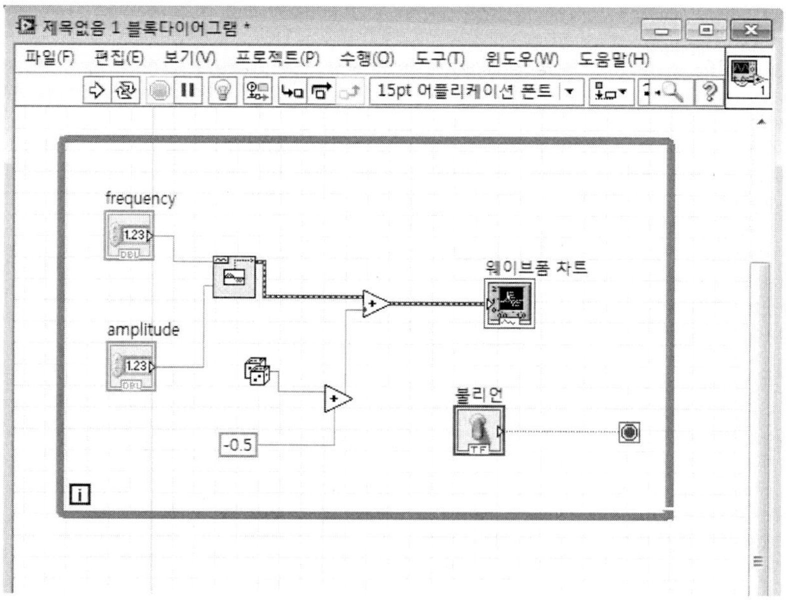

프론트 패널을 정리한 다음과 같이 완성한 후 주파수를 1, 진폭을 2로 설정한다.

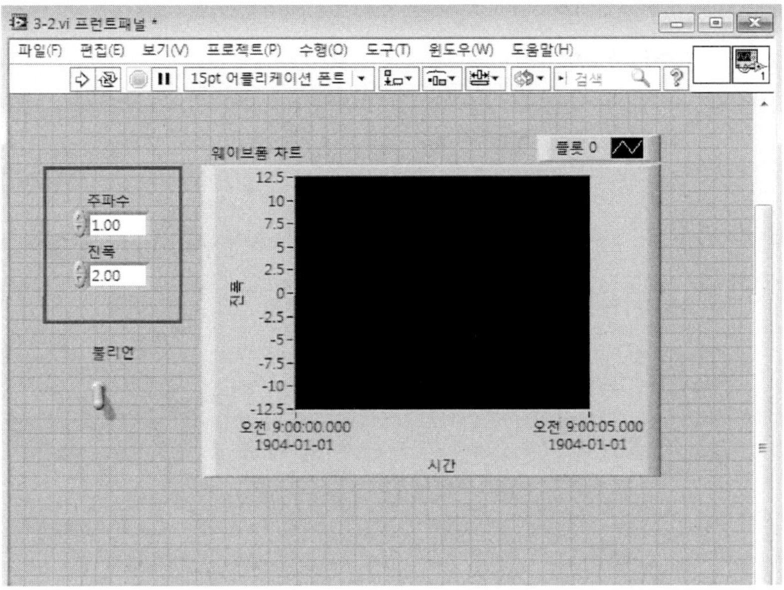

이제는 마지막 단계로서 제작한 프로그램을 실행시킬 단계이다. 화면을 프론트 패널로 옮겨 스위치를 눌러 위로 향하도록 한 뒤, 실행 버튼을 누른다. 다음 그림과 같이 사인 웨이브폼에 난수가 합쳐진 신호가 그려지는 것을 볼 수 있을 것이다.

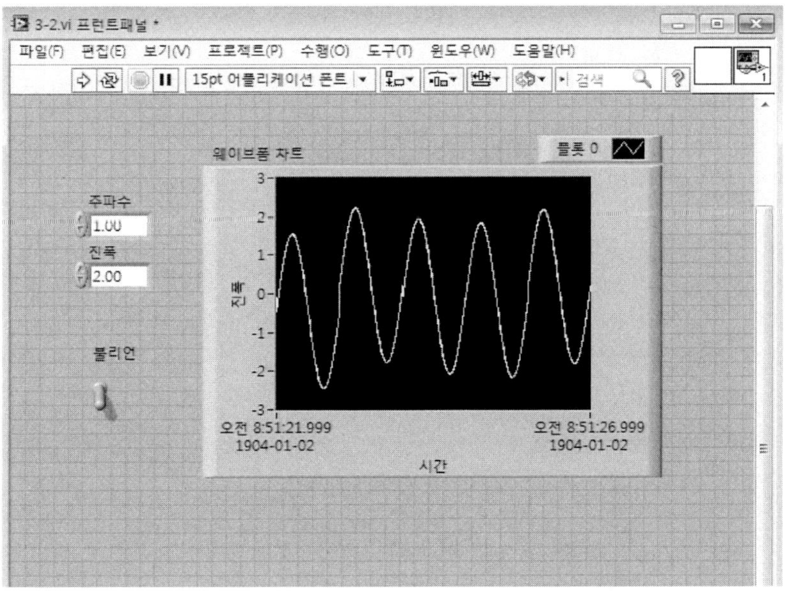

프로그램을 정지하려면 메뉴바에 나타난 빨간색의 정지 버튼을 누르거나 화면에 있는 스위치를 눌러 아래쪽으로 향하도록 하면 정지할 수 있다.

(3) 사인 함수와 노이즈를 가진 사인 함수

세 번째 실습 내용은 "신호 시뮬레이션"을 이용한 사인함수 생성과 "신호 시뮬레이션"을 통해 노이즈를 띄고 있는 사인함수의 비교를 해 볼 것이다. 먼저, 프론트 패널에서 일반 〉 그래프 〉 웨이브폼 차트를 두개 생성하자. 하나는 일반적인 사인함수를, 남은 하나는 노이즈를 띄고 있는 사인함수를 나타낼 것이다.

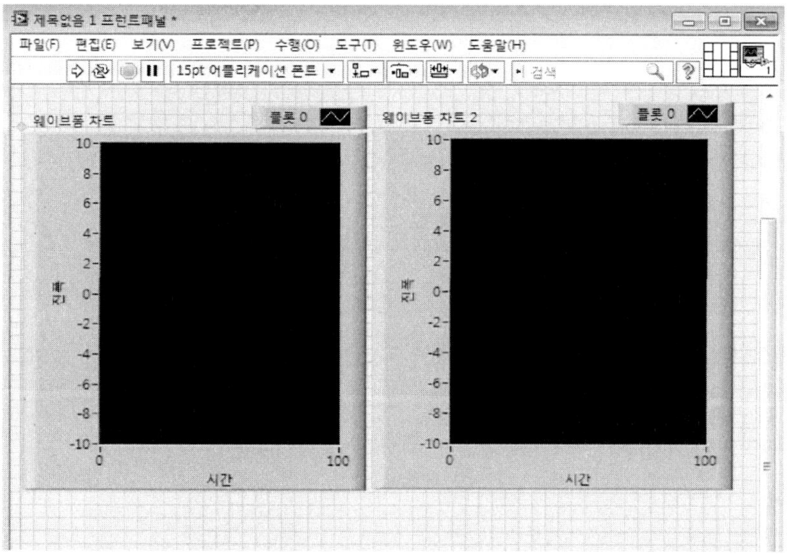

다음으로 블록 다이어그램으로 이동해서 익스프레스 〉 입력 〉 신호 시뮬레이션을 생성하자. 그러면 다음과 같은 화면이 나타날 것이다. 여기서 주파수는 1, 진폭은 10, 그리고 "수집 타이밍 시뮬레이션"에 체크하여 설정을 완료하자.

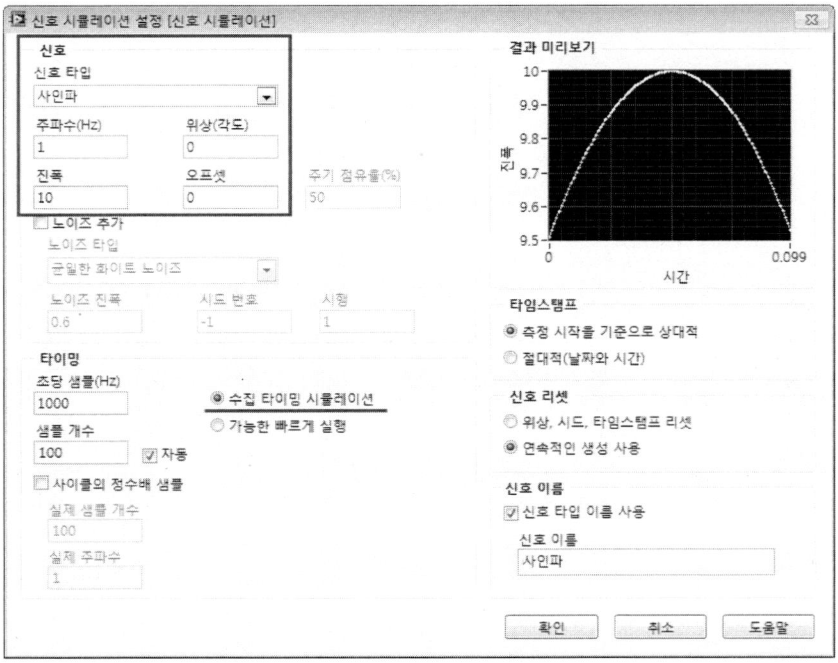

이 후 확인을누르면 블록다이어그램상에 "신호 시뮬레이션"이 생성된 것을 확인 할 수 있을있을 것이다. 여기서 생성된 "신소 시뮬레이션"을 복사하여 하나 더 생성하자. 이렇게 복사하는 경우 복사 대상의 설정정보 또한 복사 된다.

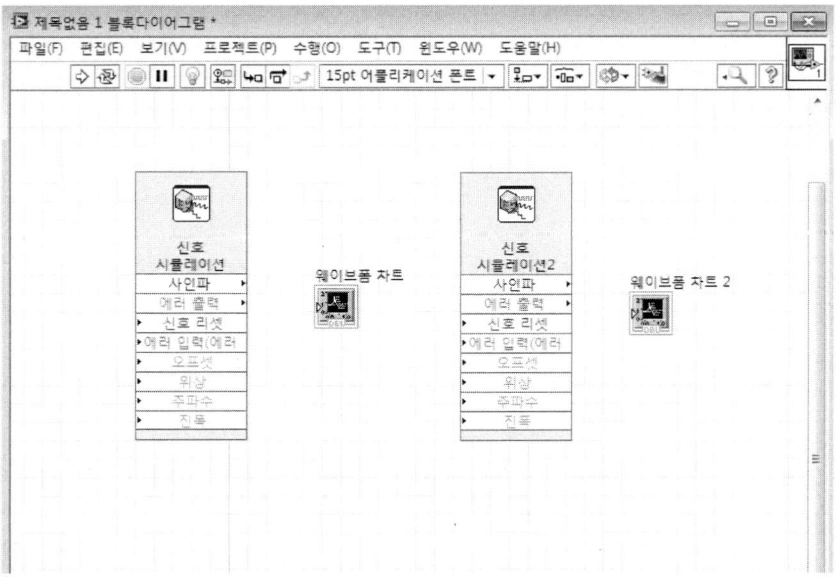

다음으로 “신호 시뮬레이션2”를 더블 클릭하여 설정 화면으로 들어가자. 설정화면에서 노이즈 추가에 체크 한 후, 노이즈 타입은 “가우스 화이트 노이즈”를 선택한 후 확인을 누른다.

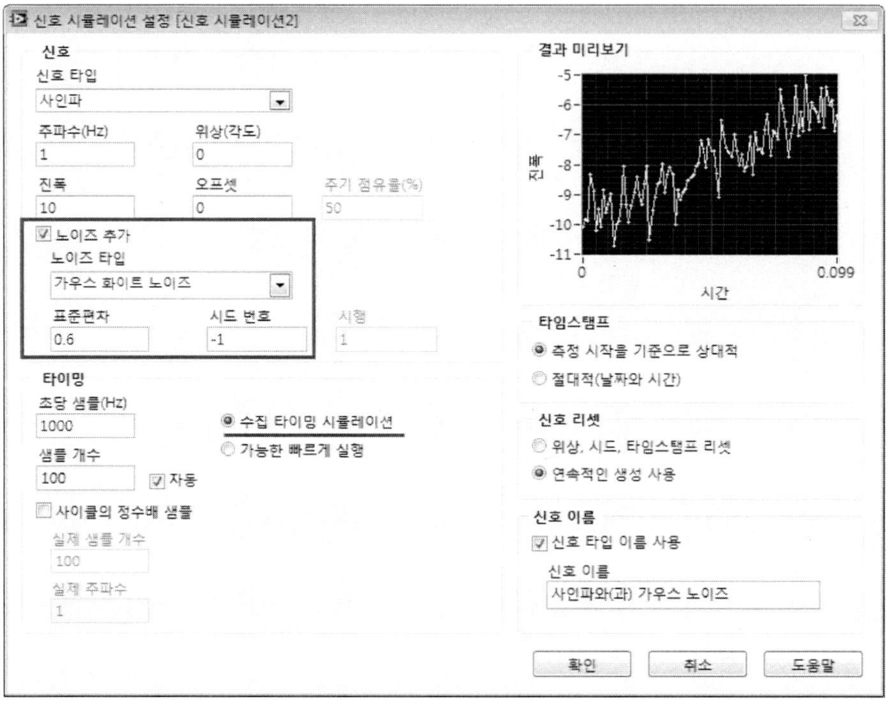

오른쪽의 결과 미리보기에서 노이즈가 추가된 것을 확인 할 수 있을것이다. 이후 블록 다이어그램에서 “신호 시뮬레이션”과 “웨이브폼 차트”를 “신호 시뮬레이션2”와 “웨이브폼 차트2”를 각각 연결해준 후 지속적인 반복실행을 위해서 “While 루프”를 생성하자.

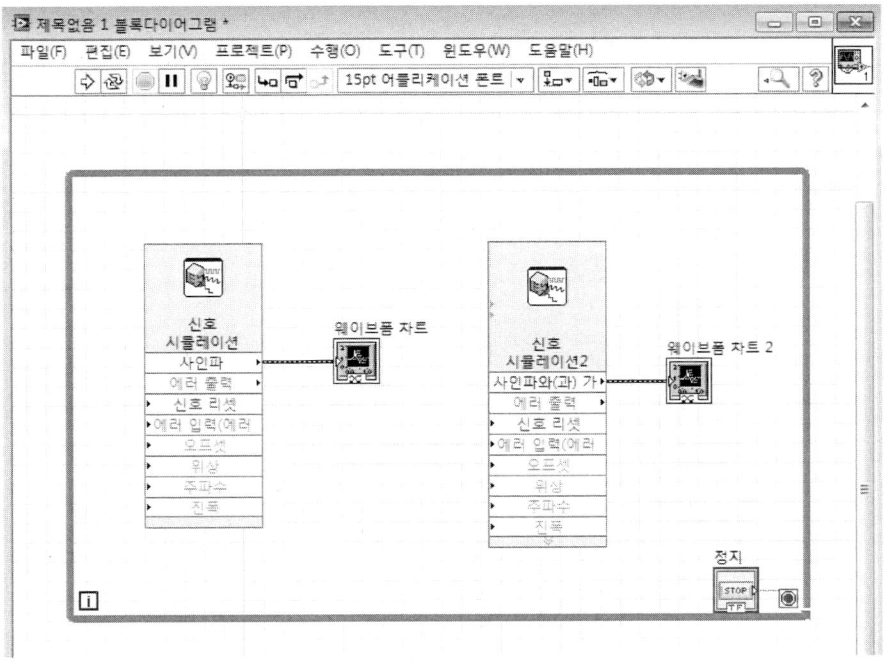

다음과 같이 완성되었다면, 프론트 패널로 들어가자. 프론트 패널에서 실행을 누르면 다음과 같이 그래프가 생성되는 것을 확인 할 수 있다.

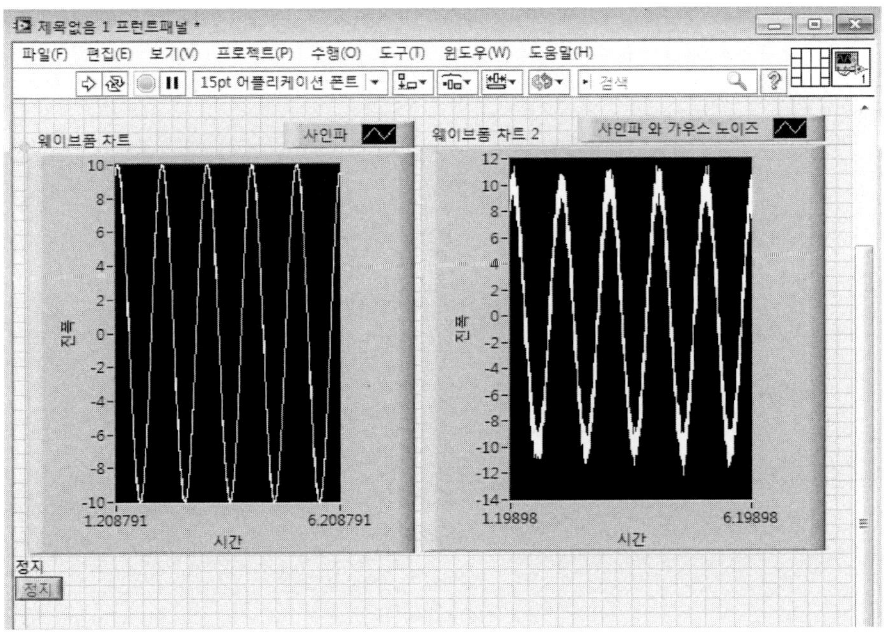

"웨이브폼 차트"에서는 일반적인 사인파의 그래프가, "웨이브폼 차트2"에서는 사인파와 가우스 노이즈가 나타나는 것을 확인 할 수 있다. 프로그램을 정지하려면 메뉴바에 나타난 빨간색의 정지 버튼을 누르거나 화면에 있는 스위치를 눌러 아래쪽으로 향하도록 하면 정지할 수 있다.

4 과제 내용

이상 실습한 내용을 보고서에 정리하고 관찰한 내용을 체계적으로 보고서로 작성하여 제출한다.

5 참고 문헌

- LabView 입문, 최성주 저, 동일출판사, 2001 년
- LabVIEW : 컴퓨터 기반의 제어와 계측Solution, 곽두영 저, 오므사, 2002 년
- Learning with LabVIEW 6i, Robert H. Bishop, Prentice Hall, 2001년

Labview 프로그래밍 실습

CHAPTER 6

1. DAQ 어시스턴트
2. 아날로그 입출력 실습
3. 디지털 입출력 실습
4. 과제 내용
5. 참고 문헌

1 DAQ 어시스턴트

(1) 기본 설명

DAQ 어시스턴트는 익스프레스 VI로 간단한 설정을 통해 DAQ 디바이스를 이용한 데이터 입/출력을 가능하게 한 함수블록이다. 많은 사항들은 최초 설정 시, 결정할 수 있고, 언제라도 블록을 더블클릭하여 설정을 바꿀 수 있다. 또한 블록다이어그램 입력에 컨트롤을 생성하여 VI 실행 중에도 여러 가지 변수를 바꿀 수 있다. 중요한 몇 가지 입력을 살펴보면 다음과 같다.

- 데이터 : 아날로그/디지털 데이터를 입력 혹은 출력 한다.
- 속도 : 샘플링 속도를 결정하며, 1초에 입/출력할 데이터의 개수를 지정한다.
- 샘플 개수 : 버퍼의 크기를 결정한다. 삼각함수 파의 경우 한 주기에 포함하는 데이터의 개수를 결정한다.
- 타임아웃(초) : 지정된 시간만큼 데이터의 입/출력이 없으면 DAQ 어시스턴트를 정지한다.
- 정지(F) : 컨트롤 함수를 연결하여 DAQ 어시스턴트를 종료시킬 수 있다.

(2) DAQ 어시스턴트 사용 방법

1) DAQ 어시스턴트의 출력 채널 생성

“함수 ≫ 측정I/O ≫ DAQmx-데이터수집 ≫ DAQ 어시스턴트”를 블록다이어그램에 끌어 놓는다. 그러면 설정창이 뜨게 된다. 신호 출력을 위해 “신호생성 ≫ 아날로그 출력 ≫ 전압”을 선택하고 다음 설정으로 이동한다.

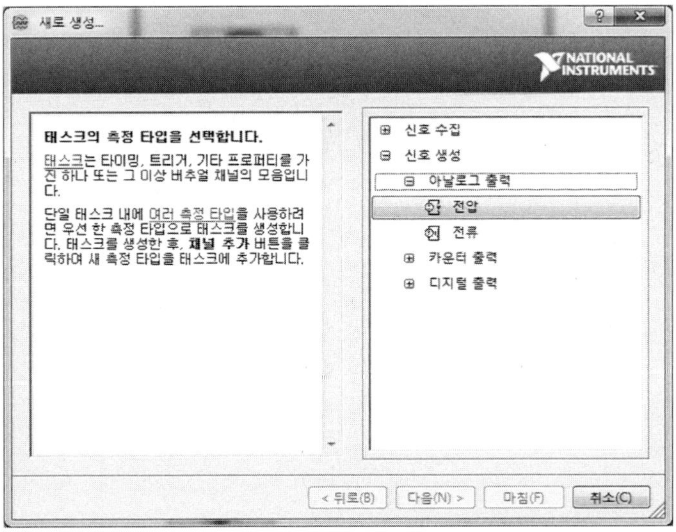

설정창에 물리적 디바이스에서 유용한 채널이 표시된다. ao0(analog output 0)을 선택한다. 마침을 눌러 기본 설정을 끝낸다.

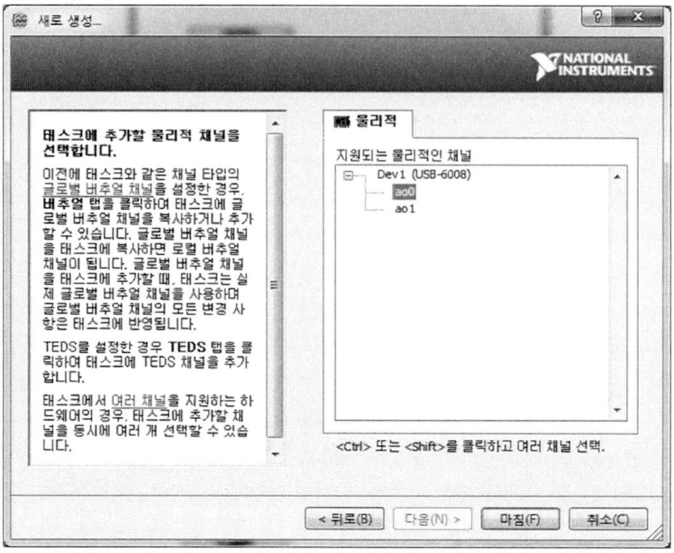

2) DAQ 어시스턴트 세부설정

입/출력과 채널을 설정을 마치면 아래 그림과 같은 설정창으로 이동한다. 몇 가지 설정 변수에 대해 살펴보면 다음과 같다.

■ 신호출력범위

출력할 신호의 최대/최소값을 결정한다. 이는 DAQ 디바이스의 제원에 의존한다. 또한 스케일 단위 설정이 가능하다.

■ 터미널 설정

DAQ 디바이스에서의 신호 연결 방법을 설정한다. 접지를 연결하는 방법에 따라, 차동, RSE, NRSE, 유사차동 이렇게 4가지 연결 방법이 있다.

① **차동(Differential) 모드**

각 입력 단자에 짝을 이루는 접지 단자가 존재한다. +신호 단자와 -신호 단자의 전압 차만을 측정하므로 두 단자에 공통으로 포함되는 위상과 노이즈를 제거할 수 있다. 정확한 측정과 디바이스의 안정성 측면에서 가장 이상적인 연결 방법이다.

② **RSE 모드**

Referenced Single Ended의 약자이며, 모든 단자가 공통의 접지(AIGND)를 사용한다. 이 접지는 PC의 접지와 연결되어 있다. 만약 입력과 출력 모두 RSE로 설정하면, 내부적으로 같은 접지를 사용하므로 접지를 따로 접지선을 연결할 필요가 없다. 하지만 자체 접지가 있는 신호원을 연결할 경우, 두 개의 접지가 있게 되므로 노이즈가 발생하거나, DAQ디바이스가 손상될 수 도 있으므로 주의를 요한다.

③ **NRSE 모드**

Non-referenced Single Ended의 약자이며, 신호의 -단자를 DAQ 디바이스의 가상접지단(AISENSE)에 연결하는 방법이다. 각 DAQ디바이스에는 1개의 AISENSE 단자가 있다. 이는 가상접지이기 때문에 정확한 측정이 어렵고, 신호원에 접지가 없는 신호를 연결할 때에는 AISENSE와 AIGND를 저항을 이용하여 연결해 주어야 한다.

④ **유사차동(Pseudo-differential) 모드**

이 방법은 소음/ 진동 전용 보드들처럼 24bits 급 DAQ디바이스에서 주로 사용된다.

■ 타이밍 셋팅

수집 모드, 샘플링 속도, 샘플 개수를 설정할 수 있다. 수집 모드에는 4가지가 있다.

① **1 샘플(요청할 때)**

온도 측정과 같은 저속 샘플링에서 사용된다. 연속적인 측정을 위해서는 While 루프와 샘플 타임을 VI에 추가해야 한다. 샘플링 타임은 While 루프안의 시간지연 함수로 결정이 가능하다. 다시 말해, While 루프가 한번 실행 될 때, 한 개의 샘플이 측정된다

② **1 샘플(HW 타이밍)**

이 방법 역시 저속 샘플링에서 사용되는데, 이는 DAQ 디바이스로부터 한번에 한 개의 샘플만을 읽어들이기 때문에 처리속도에 한계가 존재한다. 이때에는 DAQ 디바이스의 자체 Clock을 사용하기 때문에, 클럭 설정에서 샘플 속도 부분이 활성화 된다. 설정을 완료하면 자동으로 While 루프가 생성 된다.

③ N 샘플

웨이브폼 측정 시 사용된다. 이때 연속적으로 데이터를 획득 하는 것이 아니라 N개의 샘플만 측정하게 된다. 클럭 설정에서 읽을 샘플과 샘플 속도가 활성화 된다. DAQ 디바이스의 내장된 버퍼를 이용하기 때문에 시스템에 부하를 줄일 수 있다. 만약 While 루프 안에서 실행 된다면, 연속 측정과 같은 동작을 하게된다.

④ 연속

연속적으로 웨이브폼을 측정할 때 사용된다. 설정을 완료하면 자동으로 While 루프가 생성 된다.

설정창에서 신호 출력 범위의 최대는 5, 최소는 0, 터미널 설정은 RSE, 타이밍 셋팅의 생성 모드는 1 샘플(요청할 때)로 설정한다. 그 후, 확인을 누르면 DAQ 어시스턴트의 세부 설정이 완료된다.

아래 그림과 같이 While루프를 씌우면 기본적인 DAQ준비가 끝난다.

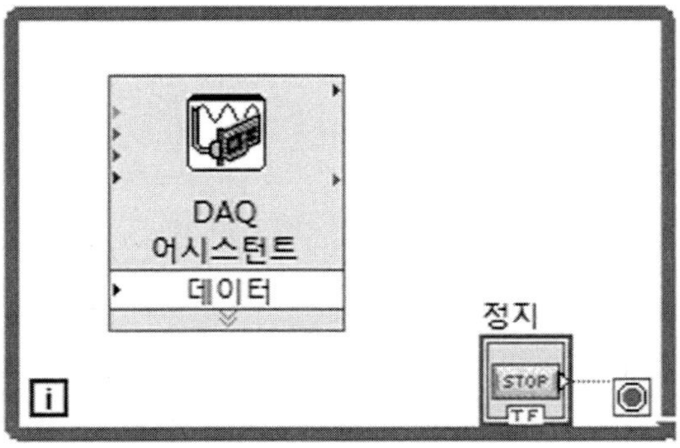

2 아날로그 입출력 실습

(1) DAQ AO 사용

■ 신호 시뮬레이션

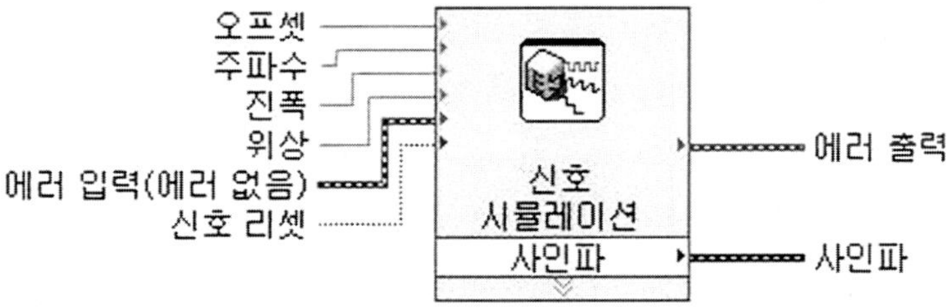

신호 시뮬레이션은 간단한 설정만으로 웨이브폼 신호를 출력할 수 있는 익스프레스 함수이다. 다른 익스프레스 함수와 마찬가지로 입력에 컨트롤을 생성하여 설정을 바꿀 수 있다.

- 주파수 : 신호의 주파수를 결정한다. 단위는 Hz를 사용한다.
- 오프셋 : 신호의 변위차를 설정할 수 있다.
- 진폭 : 신호의 크기를 설정한다.

• 위상 : 신호의 위상차를 변화한다.

• 신호타입 : 함수 블록의 출력단을 선택하여 사인파, 삼각파, 사각파, 톱니파를 선택 할 수 있다.

■ 신호 시뮬레이션 설정

"함수 ≫ 신호처리 ≫ 웨이브폼 생성 ≫ 신호 시뮬레이션"을 선택하여 앞서 만들어 놓은 While 루프문 안에 위치시킨다. 그 후 신호 시뮬레이션의 출력을 DAQ 어시스턴트 함수의 데이터 입력과 연결한다.

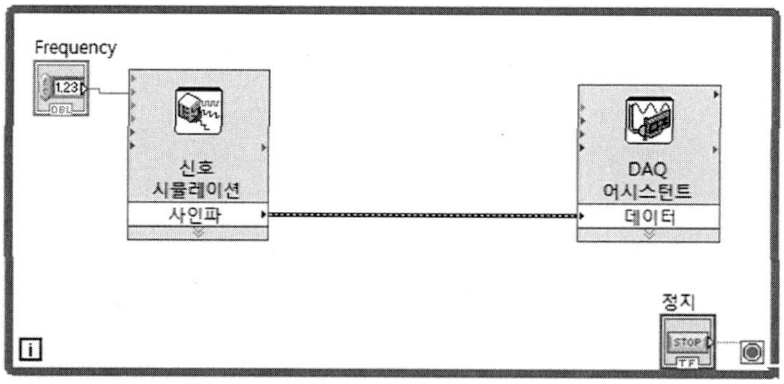

신호 시뮬레이션 함수를 더블 클릭하여 세부설정을 한다. 설정창에는 크게 두 부분의 설정 항목이 존재한다.

- 신호 : 출력되는 신호의 변수들을 설정할 수 있다. 이러한 변수들은 설정창에서 값을 입력하여 바꿀 수도 있지만, 함수 블록의 입력에 컨트롤을 연결하여 변경할 수 있다. 또한 노이즈를 신호에 인가할 수 있기 때문에 필터 등의 검증에도 이용할 수 있다.
- 타이밍 : 초당 샘플(Hz) 속도와 샘플 개수를 설정할 수 있다. 이번 예제처럼 DAQ 어시스턴트를 이용하여 신호를 출력할 경우, 자동적으로 클럭 설정이 계산된다.

신호의 주파수와 샘플링 속도와의 관계는 후에 좀더 자세히 살펴보고자 한다.

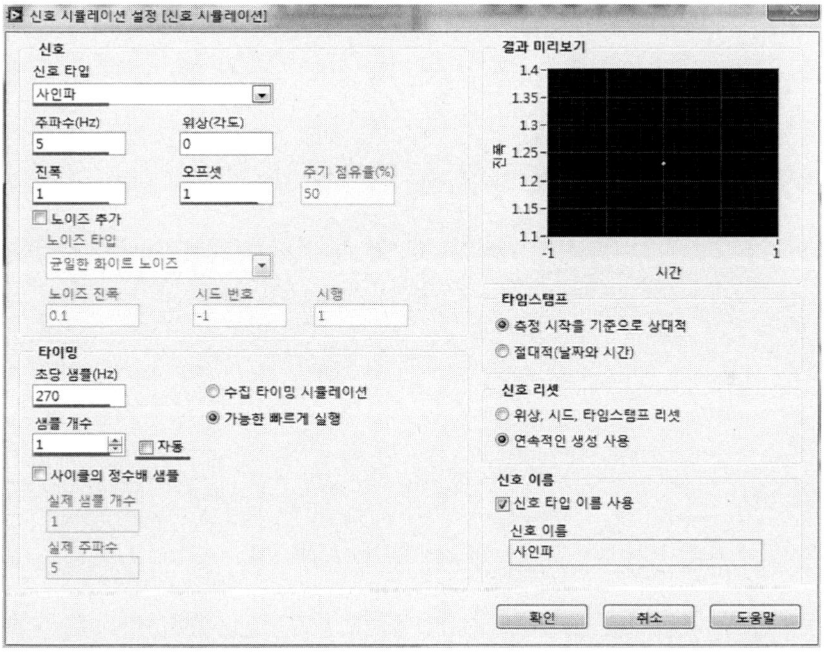

신호 타입은 사인파, 주파수는 5Hz, 진폭은 1, 오프셋은 1, 초당 샘플은 270Hz, 샘플 개수는 1로 설정한다. 설정을 마친 후, 실행중 주파수 변화를 좀 더 쉽게 하기 위해 입력단에 컨트롤 함수를 생성한다. 아래 그림과 같이 신호 시뮬레이션 함수 입력 부분의 주파수에서 오른쪽 마우스 클릭하여 "생성 ≫ 컨트롤"을 선택한다.

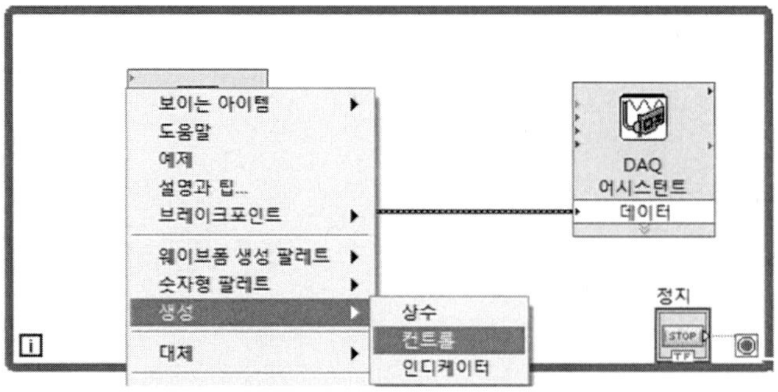

신호 시뮬레이션의 출력과 DAQ 어시스턴트의 입력사이에 웨이브폼 그래프(컨트롤 ≫ 그래프 ≫웨이브폼 차트)를 생성하여 파형을 프런트 패널에서 관찰할 수 있도록 한다.

■ 출력 결과

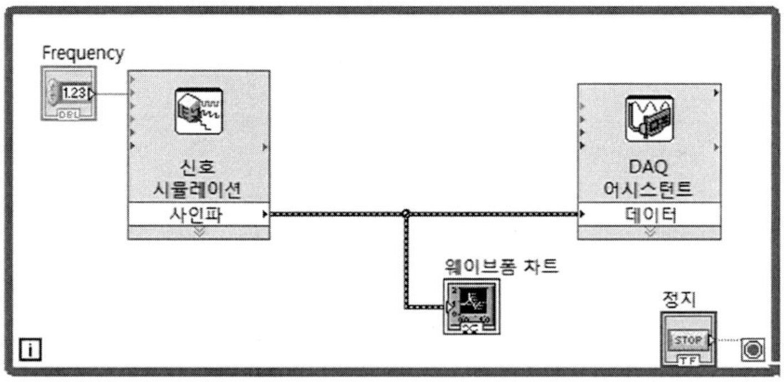

위의 그림은 신호 시뮬레이션을 이용한 웨이브폼 출력 VI의 완성된 블록 다이어그램이다. 이 VI를 실행하여 확인하기 위해서 프론트패널에서 웨이브폼 차트의 X 오토스케일의 체크를 푼다.

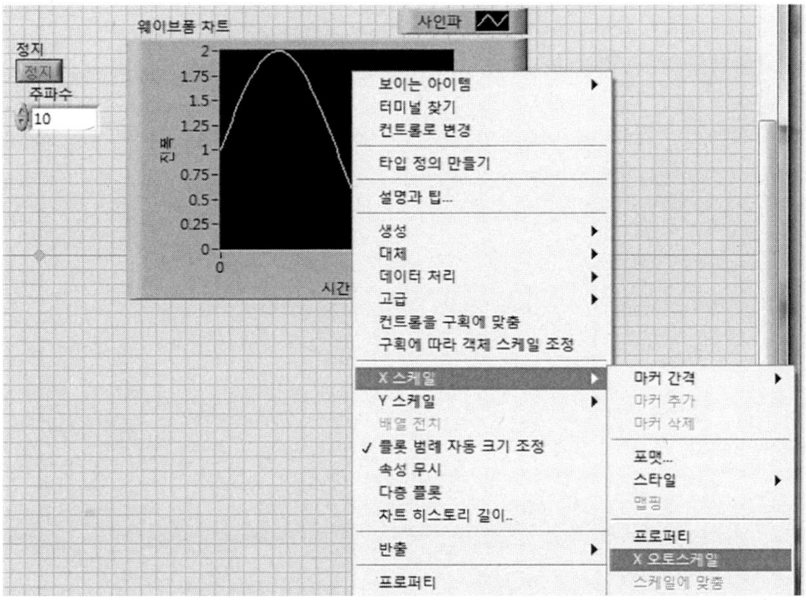

그 후 그래프에서 X축의 최소값은 0, 최대값은 0.2로 놓고 확인하면, 아래 그림에서 보는 바와 같이 0.2s를 주기(주파수 5Hz)를 갖는 사인파가 출력됨을 알 수 있다.

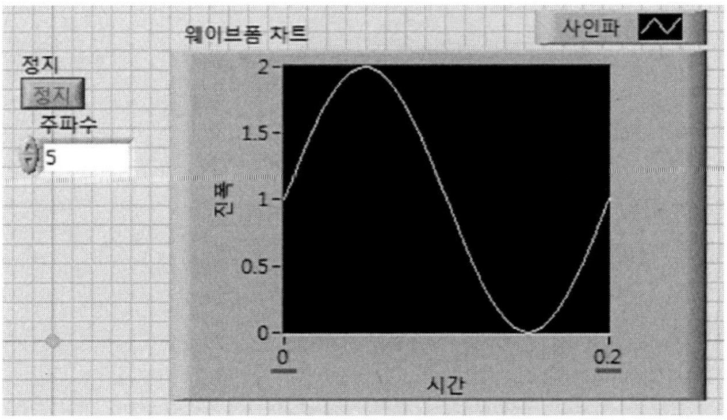

출력되는 신호를 오실로스코프를 이용하여 직접 측정하여 보자. 오실로스코프 프로브의 +를 ao0인 22번 핀과 연결하고, 프로브의 -를 AOGND와 연결시킨다.

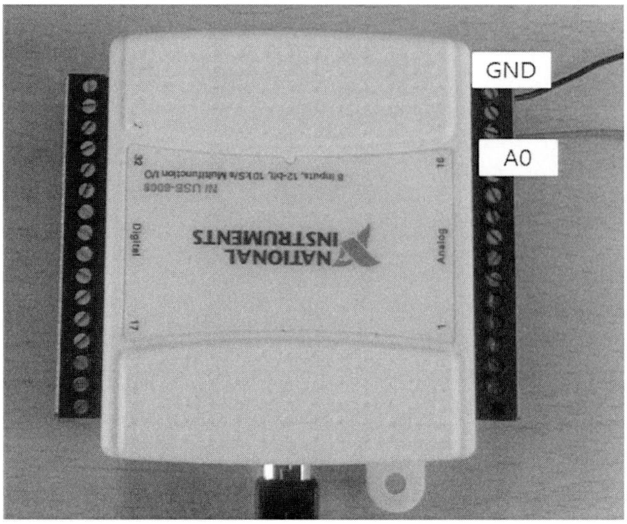

아래 그림은 오실로스코프로 측정된 신호의 모습이다. 진폭 1V이고, 주기가 200ms인(주파수 5Hz) 사인파가 측정되어 웨이브폼 그래프와 같은 신호가 측정된다.

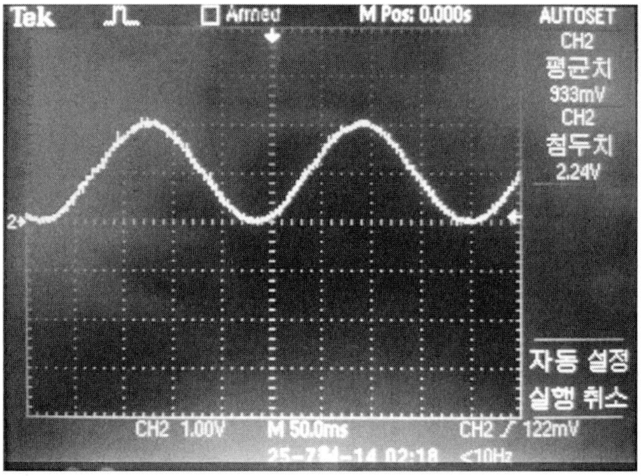

(2) DAQ AI 사용

■ DAQ 어시스턴트의 출력, 채널 설정

앞에서의 신호 생성 DAQ 어시스턴트 함수와 마찬가지로, "함수 ≫ 측정I/O ≫ DAQmx-데이터수집 ≫ DAQ 어시스턴트"를 블록다이어그램에 위치시킨다. 설정창에서 신호 입력을 위해 "신호 수집 ≫ 아날로그 입력 ≫ 전압"을 선택한다.

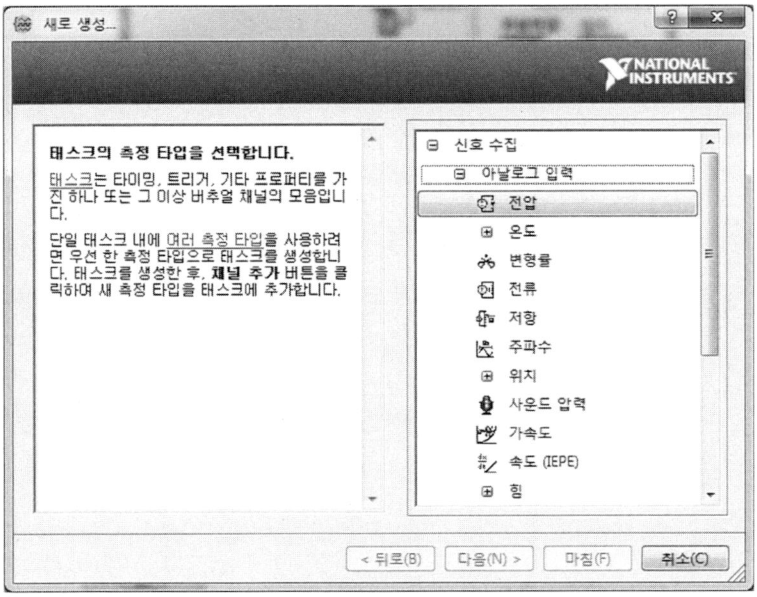

DAQ 디바이스(USB-6008)에서 ai0(analog input 0)을 선택하여 설정을 마친다.

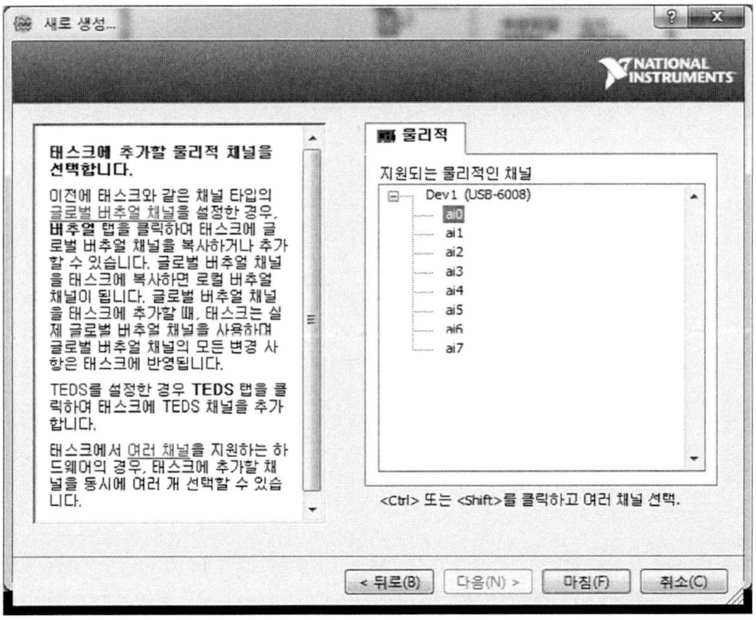

■ 세부 설정과 블록다이어그램

설정창에서 터미널 설정은 신호 생성 DAQ 어시스턴트와 마찬가지로 RSE를 선택한다. 이렇게 함으로써 출/입력 채널 모두 공통 접지를 사용하므로 접지단을 연결할 필요가 없다. 수집모드 역시 1 샘플(요청할 때)로 설정하고, 신호 출력 범위는 최대5, 최소0으로 한다.

모든 설정을 마치고 아래 그림과 같도록 While 루프 안에 DAQ 어시스턴트를 넣고, 출력된 신호와 입력된 신호를 비교하기 위해 DAQ 어시스턴트의 데이터 출력을 프론트패널에서 웨이브폼 차트로 생성 후 연결한다. (설정은 "가)DAQ AO 사용"과 같음)

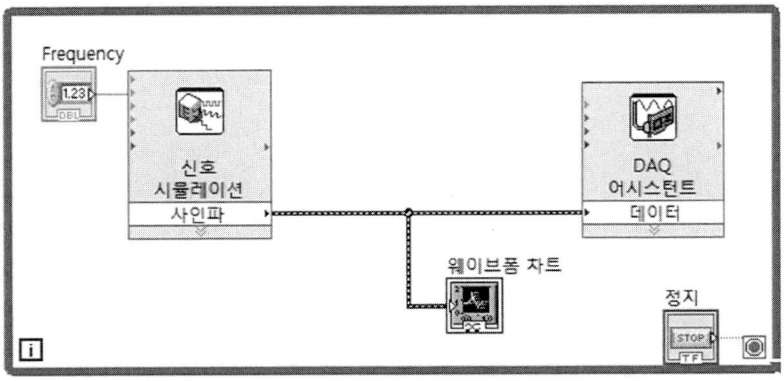

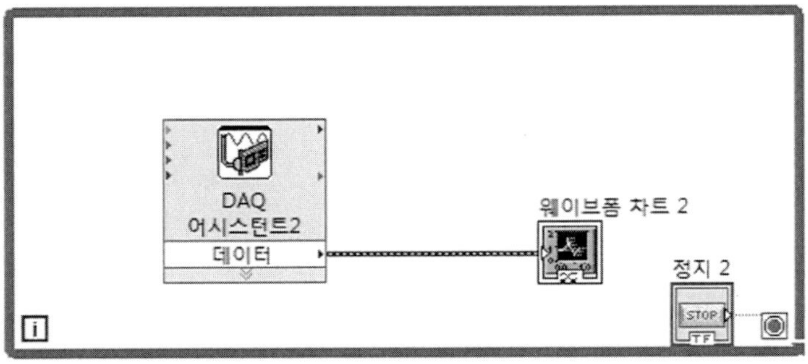

■ 하드웨어의 연결 및 결과 확인

전선을 이용하여, ao0 출력핀과 ai0 입력핀을 연결한다. 앞서 설명한 바와 같이 공통접지를 사용하므로 따로 접지를 연결할 필요가 없다.

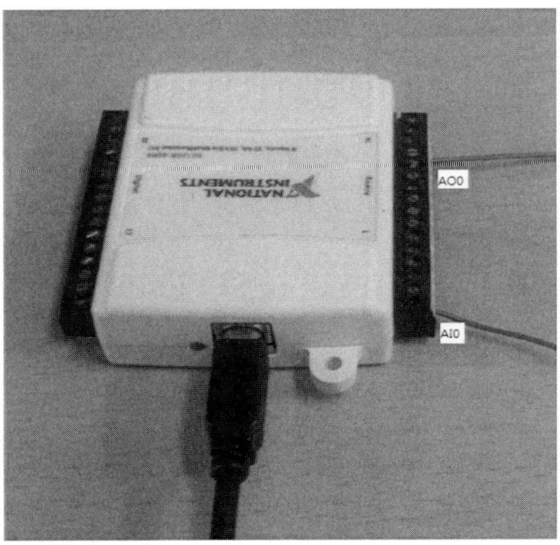

아래 그림은 VI를 실행시켜 5Hz의 신호를 출력하고, 다시 입력으로 받은 결과를 나타낸다. 두 웨이브폼이 동일함을 알 수 있다.

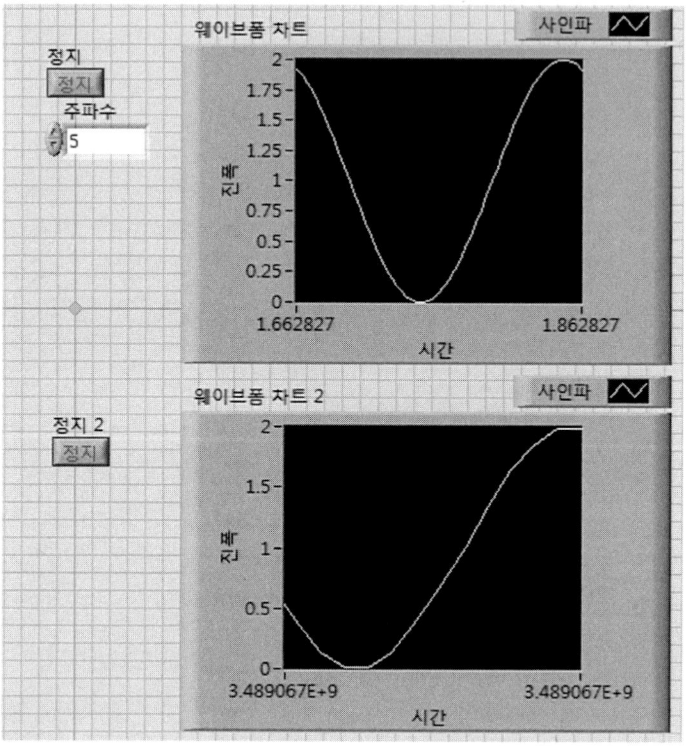

■ 데이터 파일 만들기

(1) 측정 파일에 쓰기

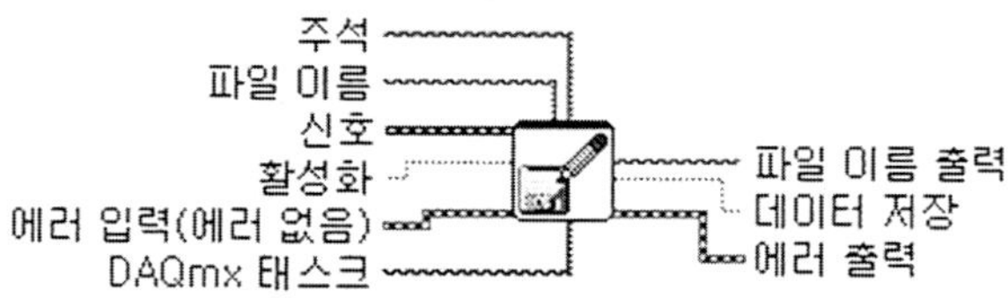

측정 파일에 쓰기 함수는 DAQ 어시스턴트에서 출력되는 다이나믹 데이터(스칼라의 데이터 배열, dt, t0)를 쉽게 txt 형식의 파일로 저장시켜주는 익스프레스 함수이다.

① 주석 : 저장되는 데이터에 대한 추가적인 설명을 입력할 수 있다.

② 파일 이름 : 설정창을 통하지 않고서도 문자열 컨트롤과 경로 컨ㅌ롤을 이용하여 파일의 이름뿐만 아니라, 파일 경로까지 입력할 수 있다.

③ 신호 : 다이나믹 데이터를 입력받는다.

④ 활성화 : 컨트롤을 연결하여 데이터 저장을 활성화하거나 비활성화 시킨다.

⑤ 리셋 : 참인 경우, 데이터 저장 설정에 따라 새로운 파일을 저장하거나 덮어쓴다.

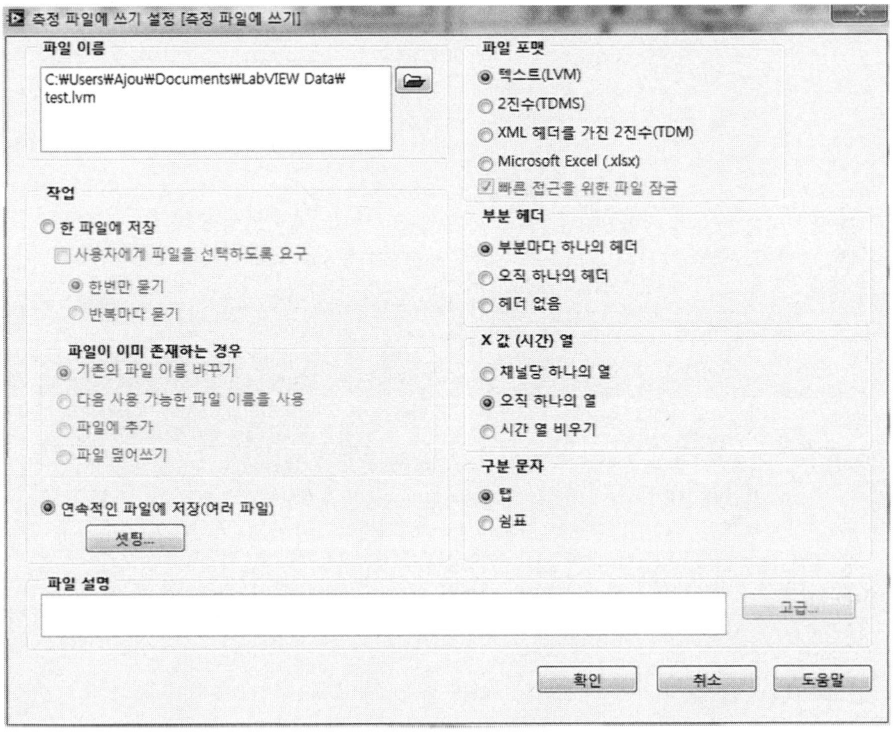

측정 파일에 쓰기 함수를 더블클릭하면 위와 같은 설정창을 확인할 수 있다.

① 파일이름 : 파일의 경로와 파일의 이름을 입력한다. 컨트롤 함수를 이용하여 함수 입력으로 이름을 입력할 수 도 있고, '연속적인 파일에 저장'을 선택할 경우 날짜와 파일 번호 등을 파일 이름에 자동으로 추가 할 수 도 있다.

② 파일 포맷 : 파일의 확장자를 결정한다. 기본적으로 텍스트 파일로 저장되며, '2진(TDMS)', 또는 'XML 헤더를 가진 2진(TDM)'으로도 저장이 가능하다.

③ 작업 : 파일 저장 방법을 설정한다.

- 한 파일에 저장 : 모든 데이터를 하나의 파일에 저장한다.
- 연속적인 파일에 저장(여러 파일) : 데이터를 여러 파일로 저장한다. 리셋을 할 때마다, 셋팅에서 설정된 방법에 따라 시간 혹은 번호 순으로 순차적으로 파일이 생성되고 저장된다.

④ 만일 파일이 이미 존재할 경우

- 기존의 파일 이름 바꾸기 : 입력한 파일이름 존재할 경우, 기존 파일의 이름을 변경한다.
- 다음으로 사용 가능한 이름을 사용 : 입력한 파일이름 존재할 경우, 순차적으로 파일이름을 생성하여 저장한다.
- 파일에 추가 : 기존 파일에 데이터를 추가합니다.
- 파일 덮어쓰기 : 기존 파일이 존재할 경우, 파일의 데이터를 새로운 데이터로 대체한다.

⑤ 부분헤더

- 부분마다 하나의 헤더 : 데이터의 수집 속도가 변하거나 데이터의 종류가 변할 경우마다 데이터 내용을 포함하는 헤더를 생성한다.
- 오직 하나의 헤더 : 파일을 생성할 때 파일 머리에 오직 하나의 헤더만을 기록한다.
- 헤더 없음 : 데이터 저장 파일에 헤더를 기록하진 않는다.

⑥ X 값 열 : 다이나믹 데이터에서 X축 값은 시간이 기록된다. 여러 개의 데이터를 다른 수집 속도를 갖고 수집할 경우, '채널당 하나의 열'을 선택하여 각기 다른 수집시간이 기록할 수 있다.

⑦ 구분 문자 : 여러 데이터 혹은 데이터와 시간을 구분하기위해 사용할 방법을 선택한다.

(2) 측정 파일에 쓰기 설정

신호 수집 DAQ 어시스턴트가 있는 While 루프 내에 "함수 ≫ 파일 I/O ≫ 측정 파일에 쓰기"를 위치시킨다.

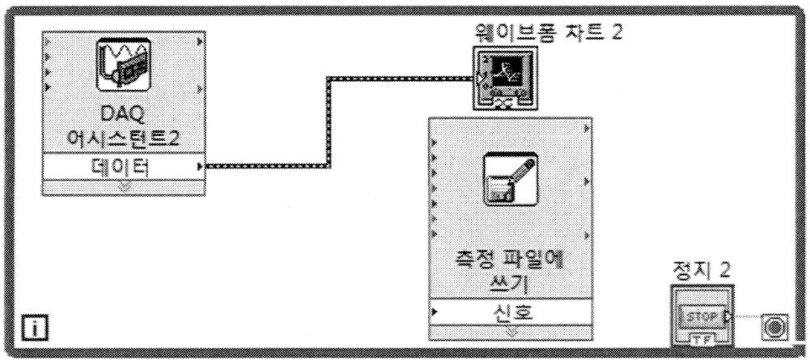

측정 파일에 쓰기 함수를 더블클릭하여 아래와 같이 설정한다. 파일 이름은 직접 입력하지 않고 프론트 패널 상에서 컨트롤을 이용하여 입력 할 것이므로 비워둬도 무방하다. 또한 측정할 두 채널의 신호가 같은 샘플 속도를 가지므로 '오직하나의 헤더', '오직 하나의 열'을 선택한다. 다음으로 '연속전인 파일에 저장(여러 파일)'을 선택하여 셋팅 버튼을 선택한다.

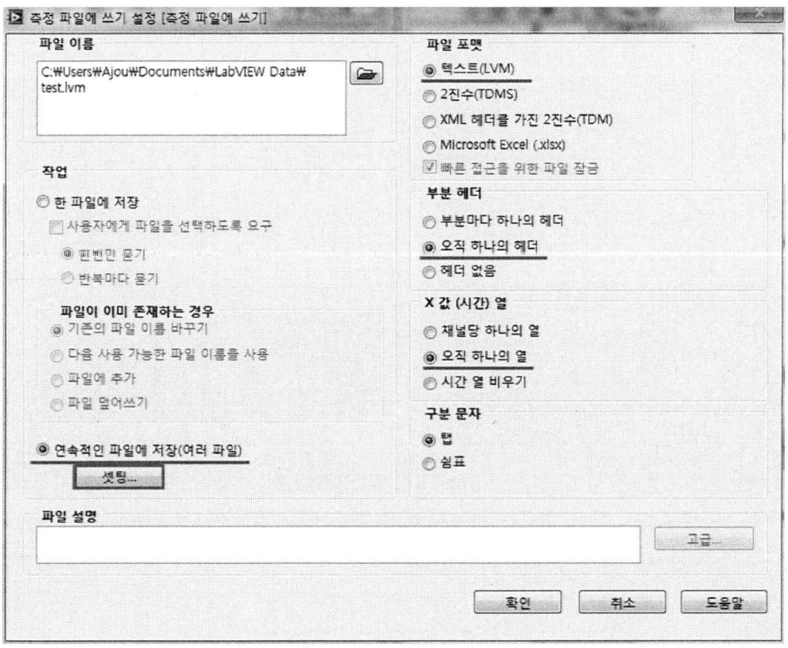

셋팅을 선택하면, 아래 그림과 같은 설정창이 뜬다.

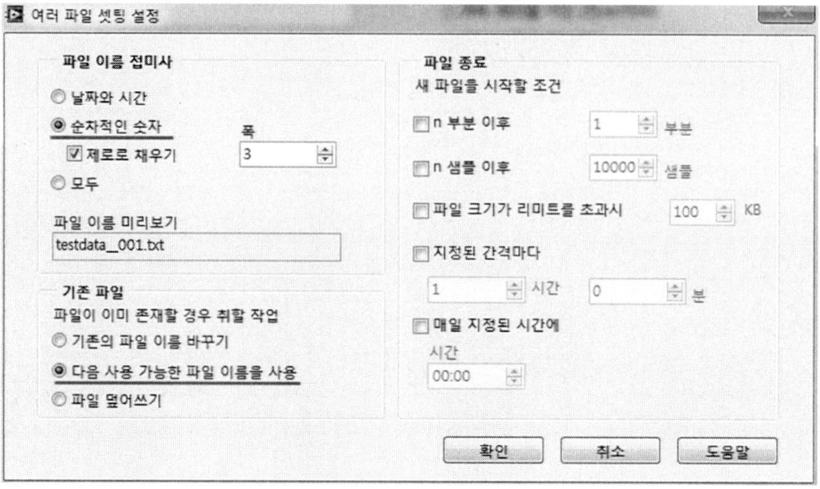

① 파일 이름 접미사 : 파일 이름과 더불어 이름 끝에 파일 구별이 쉬도록 하기위해 날짜와 시간, 순차적이 시간, 혹은 둘 모두 표시할 수 있다.

② 기존 파일 : 기존파일이 존재할 경우, 다음 파일의 저장 방법을 결정한다.

③ 파일 종료 : 설정된 값에 따라, 파일 저장을 종료한 후, 새로운 파일의 저장을 시작할 수 있다.

파일 이름 접미사는 3자리수의 순차적인 숫자로 설정하고, 리셋을 누르거나 VI를 재시작할 때, 순차적인 파일 저장이 가능 하도록 다음 사용 가능한 파일 이름을 사용을 선택한다.

(3) 파일 이름 및 경로 생성 VI 만들기

프론트 패널 상에서 파일의 이름과 경로를 입력하여 저장하는 컨트롤 VI를 만들어보자. 함수 ≫ 파일 I/O ≫ 경로 만들기 함수를 블록 다이어그램에 위치시킨다. 그리고 함수 ≫ 문자열 ≫ 문자열 연결 함수를 선택하여 '연결된 문자열'과 '이름 또는 상대 경로'를 서로 연결한다.

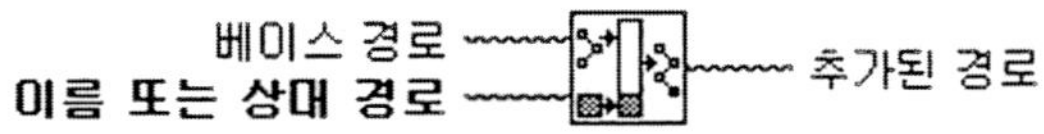

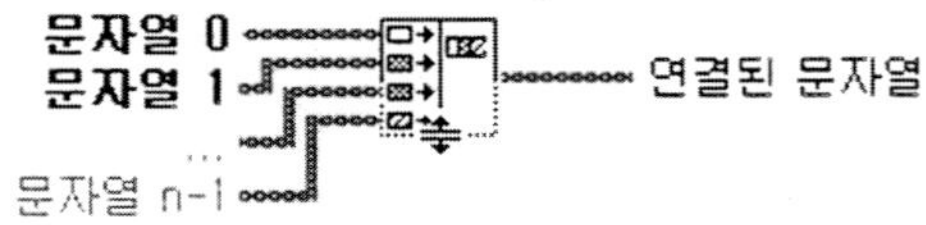

프론트 패널에서 컨트롤 ≫ 문자열 & 경로 ≫ 문자열을 프론트 패널에 위치시키고 '문자열 연결' 함수의 '문자열 0' 입력과 연결한다. 컨트롤 ≫ 문자열 & 경로 ≫ 경로를 선택하고, '경로 만들기' 함수의 '베이스 경로' 입력과 연결시킨다.

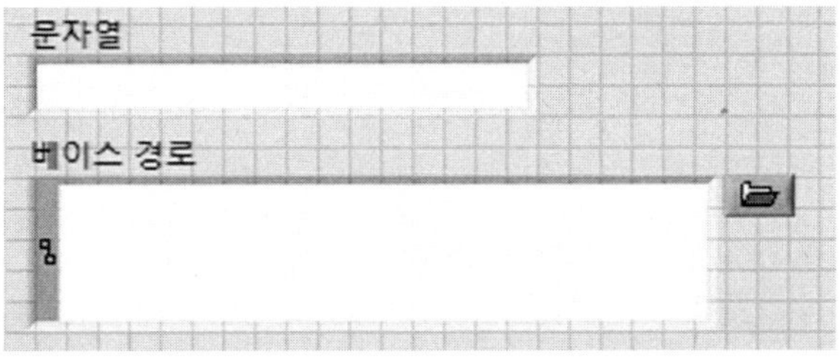

측정 파일에 쓰기 함수에서, 활성화 입력과 리셋 입력을 오른쪽 마우스 클릭하여 컨트롤을 생성한다. 또한 '문자열 연결'의 '문자열 1' 입력에 문자형 상수를 생성하여 파일의 확장자(*.txt)를 입력한다.

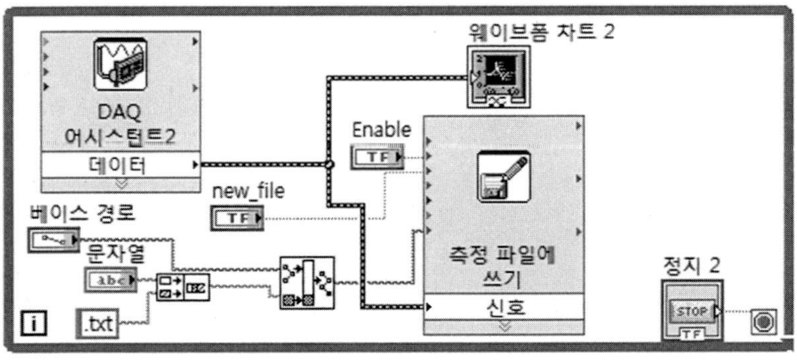

위의 그림은 완성된 측정 신호 저장 VI의 완성된 블록 다이어그램이다.

VI를 테스트 하기위해 문자열 컨트롤에 파일이름을 입력하고, 경로에 저장하고자 하는 폴더의 경로를 입력한다.

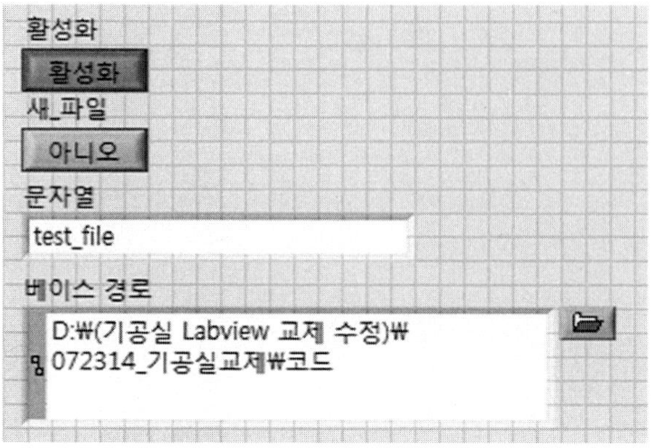

다음으로 VI를 실행시켜 출력된 두 신호와 입력된 두 신호, 그리고 저장된 파일의 두 데이터 값을 비교하여 본다.

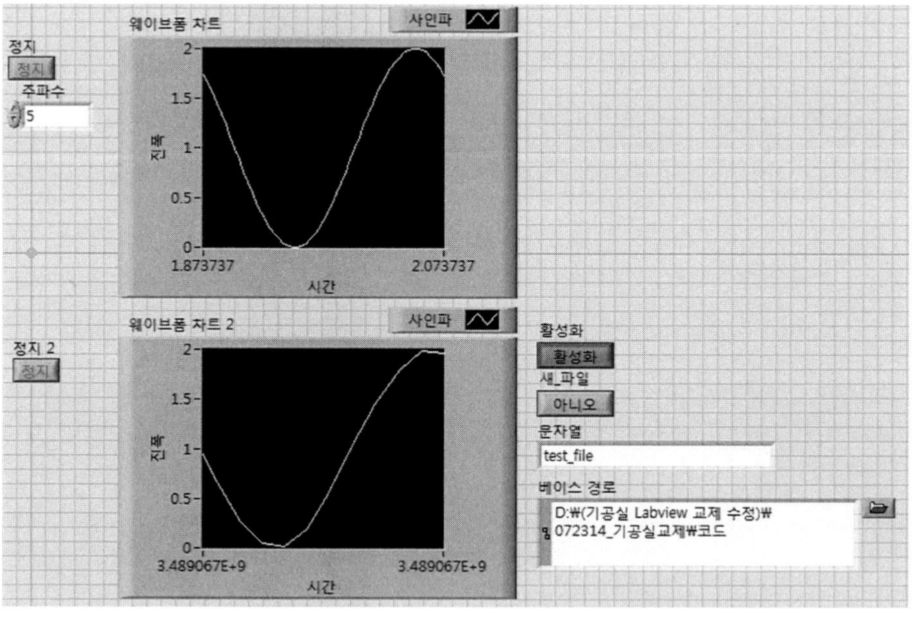

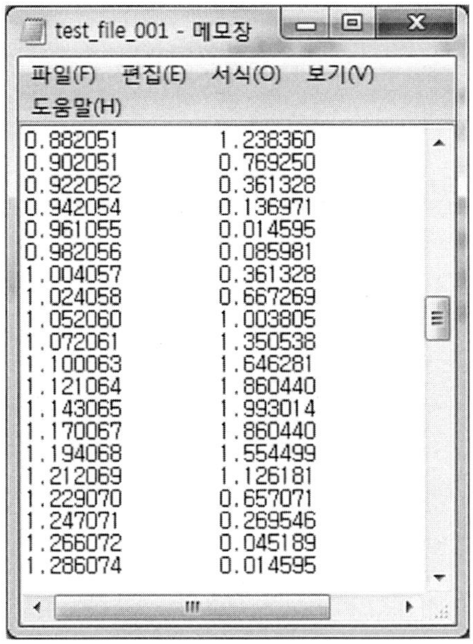

여러 번 실행하여 데이터 파일이 순차적인 숫자를 접미사로 갖는 파일로 저장되는 것을 확인한다.

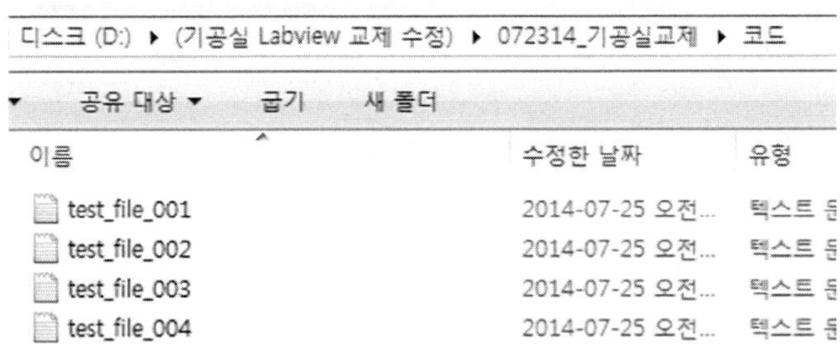

(3) DAQ AO low-pass filter 사용

■ 신호 시뮬레이션 설정

"함수 ≫ 신호처리 ≫ 웨이브폼 생성 ≫ 신호 시뮬레이션"을 선택한다. 설정창에서 신호 타입은 사인파, 주파수는 5Hz, 진폭은 1, 오프셋은 1.2, 노이즈를 추가하여 노이즈 진폭 0.2, 초당 샘플 200Hz, 샘플개수는 1로 둔다.

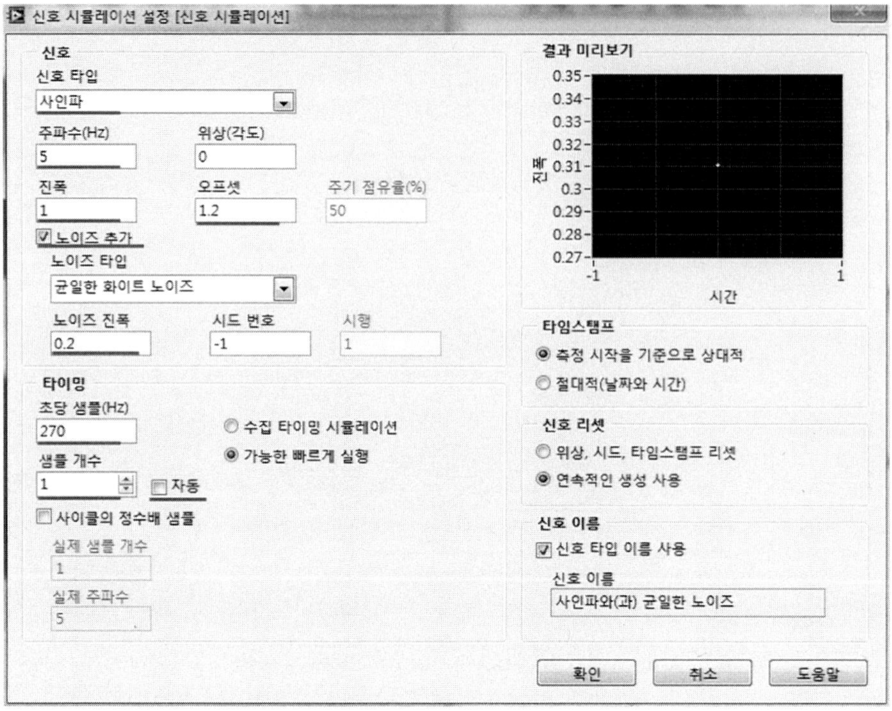

Low-pass filter의 수식은 "출력값=(1−α)×입력값 + α×전출력값이며, 아래 그림과 같이 VI를 작성을 한다.

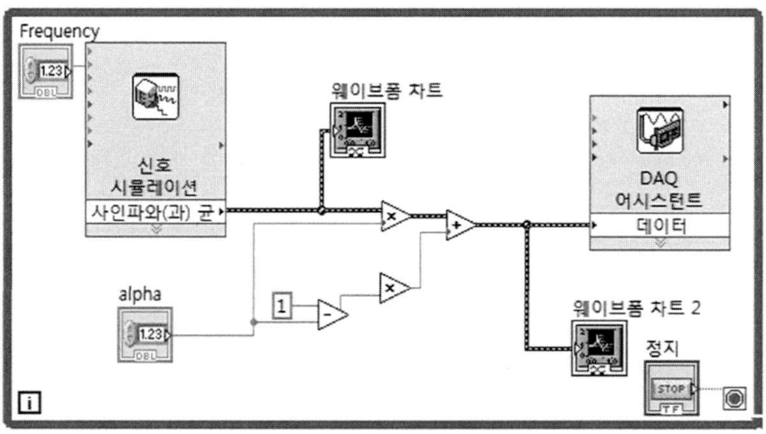

전출력값을 얻기위하여 While루프에 시프트레지스터를 추가한다.

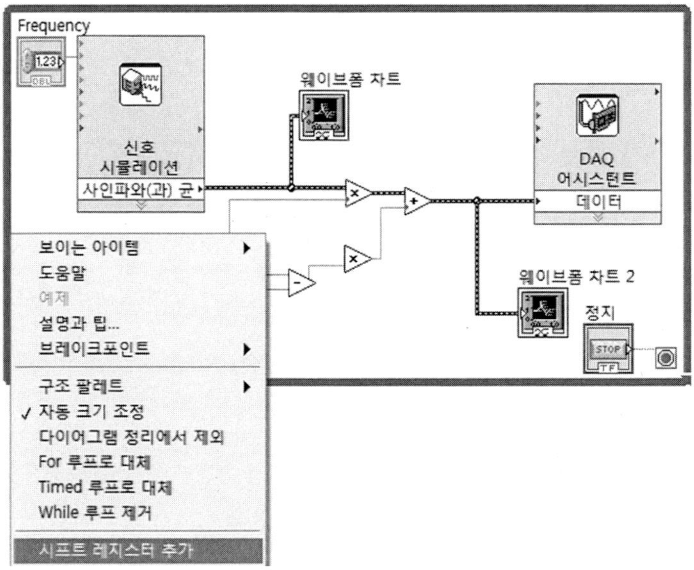

그 후 "함수 ≫ 익스프레스 ≫ 신호 조작 ≫ 다이나믹 데이터로부터 변환"을 While루프 안에 위치시킨다.

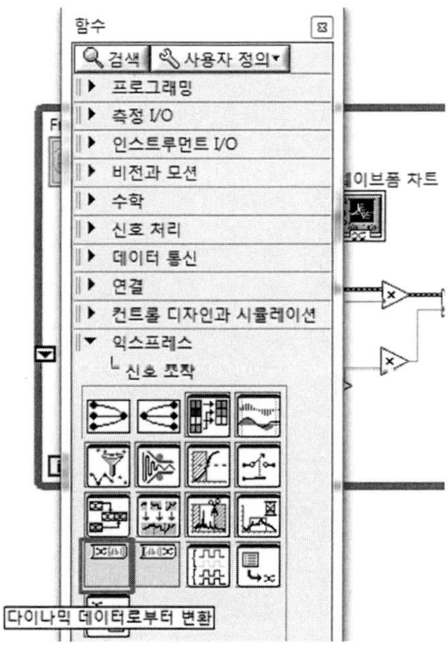

다이나믹 데이터로부터 변환 설정은 단일 스칼라로 바꾸고 확인을 누른다.

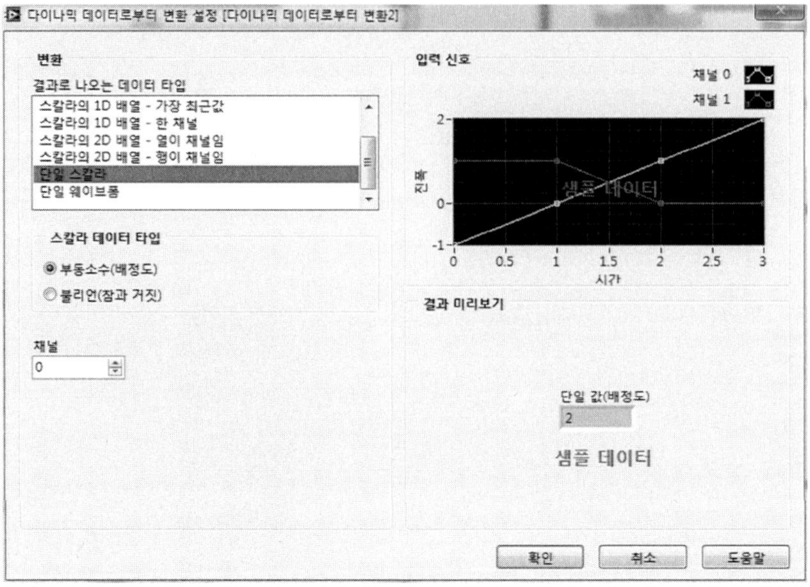

아래 그림과 같이 나머지 신호선들을 연결한다.

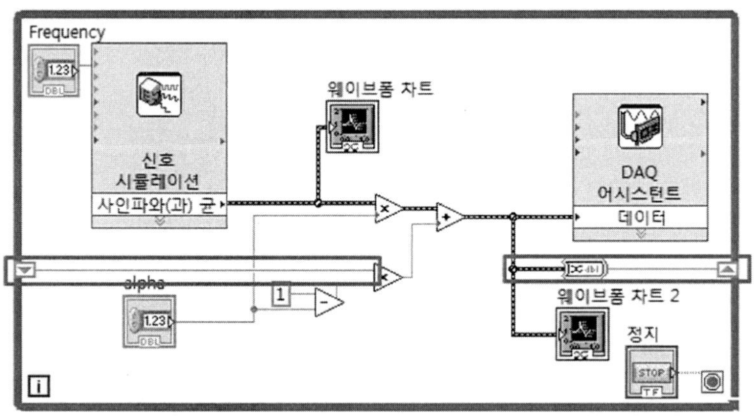

VI를 실행하여 확인하면 α값이 약 0.1부근에서 작아질수록 진폭이 줄어들고, 높아질수록 노이즈가 다시 심해지는 것을 확인 할 수 있다.

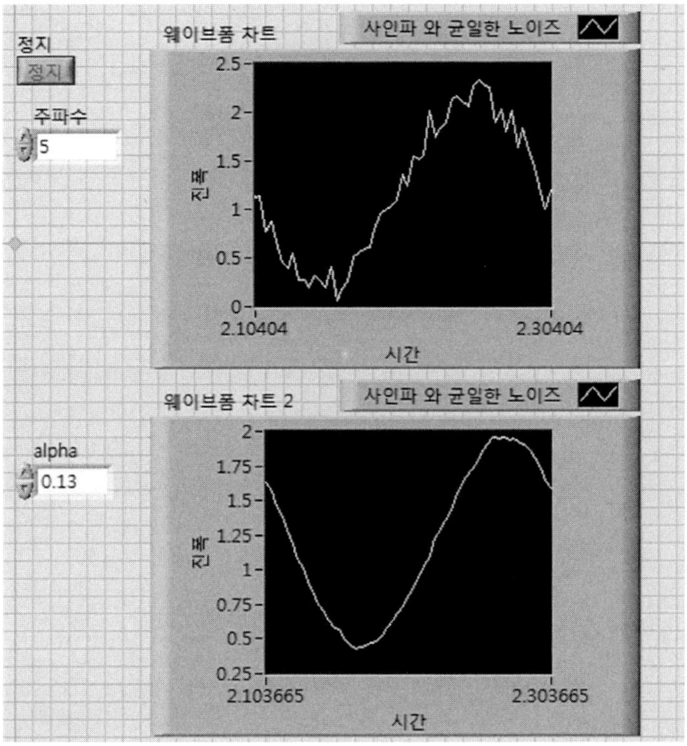

3 디지털 입출력 실습

(1) DAQ DO 사용

■ DAQ 어시스턴트의 출력, 채널 설정

"함수 ≫ 측정I/O ≫ DAQmx-데이터수집 ≫ DAQ 어시스턴트"를 블록다이어그램에 위치시킨다. 설정창에서 디지털 신호 출력을 위해 "신호 생성 ≫ 디지털 출력 ≫ 라인 출력"을 선택한다.

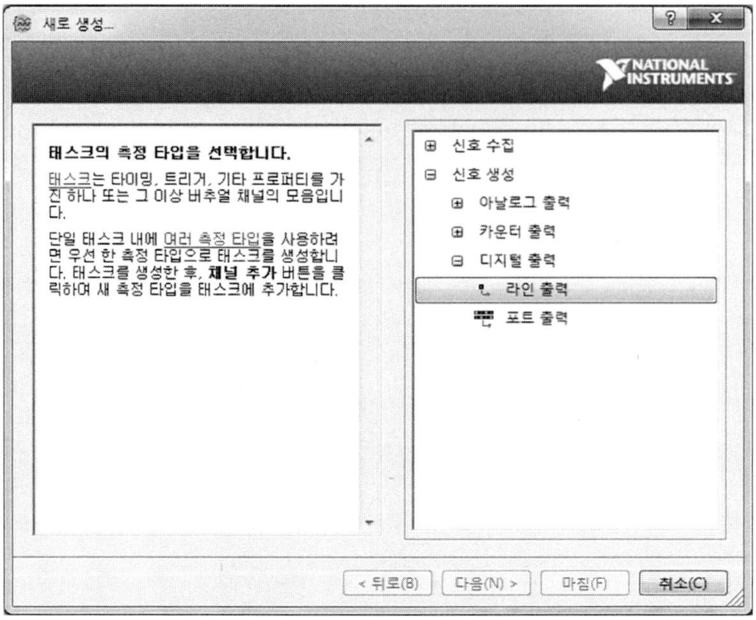

DAQ 디바이스(USB-6008)에서 port0/Line0를 선택하여 설정을 마친다.

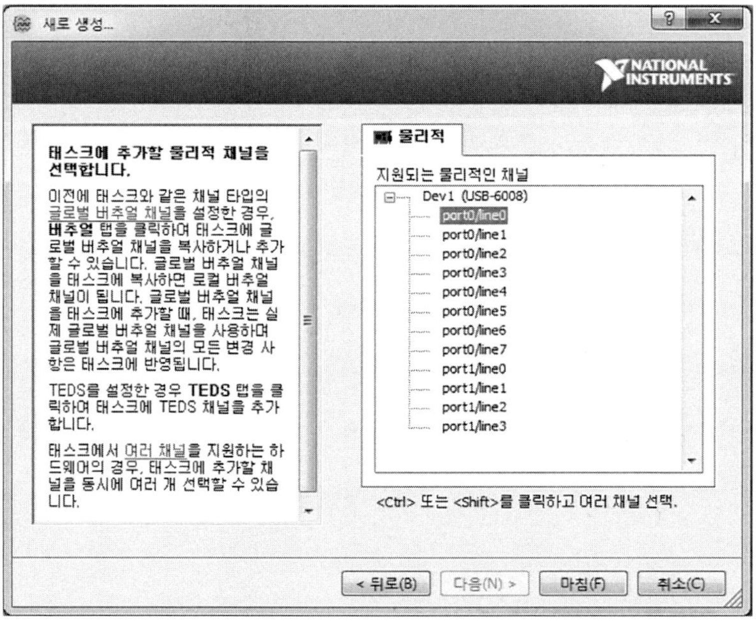

■ 세부 설정과 블록다이어그램

생성 모드는 1샘플(요청할 때)로 설정한다.

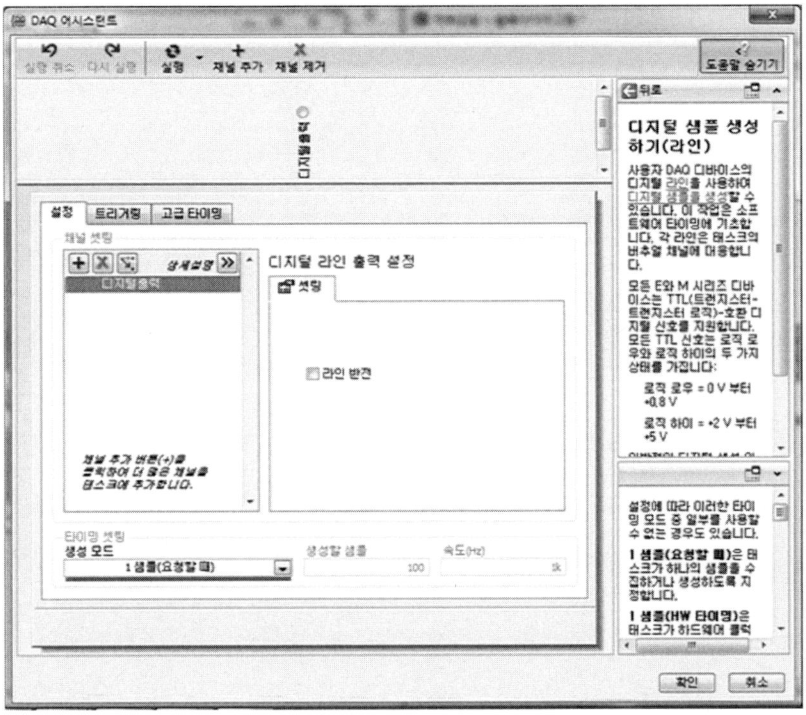

모든 설정을 마치면 신호 수집 DAQ 어시스턴트가 생긴다. While루프를 만들어 아래 그림과 같이 DAQ어시스턴트를 넣는다. "함수 ≫ 신호처리 ≫ 웨이브폼 생성 ≫ 신호 시뮬레이션"을 선택하여 While루프 안에 넣는다.

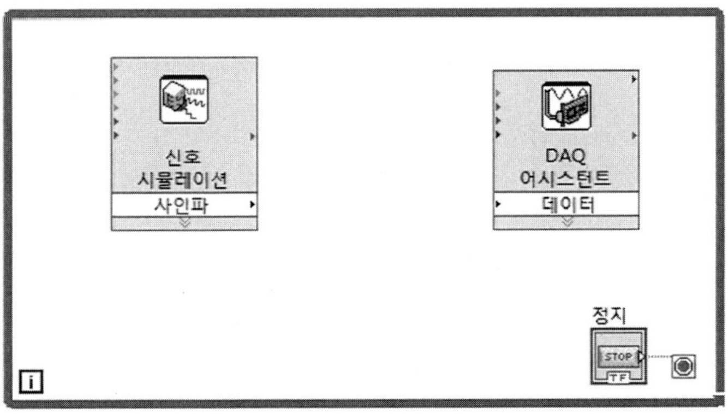

■ 신호 시뮬레이션 설정

"함수 ≫ 신호처리 ≫ 웨이브폼 생성 ≫ 신호 시뮬레이션"을 선택한다. 설정창에서 신호 타입은 사각파, 주파수는 5Hz, 진폭은 1, 오프셋은 1, 초당 샘플은 270Hz, 샘플 개수는 1로 설정한다.

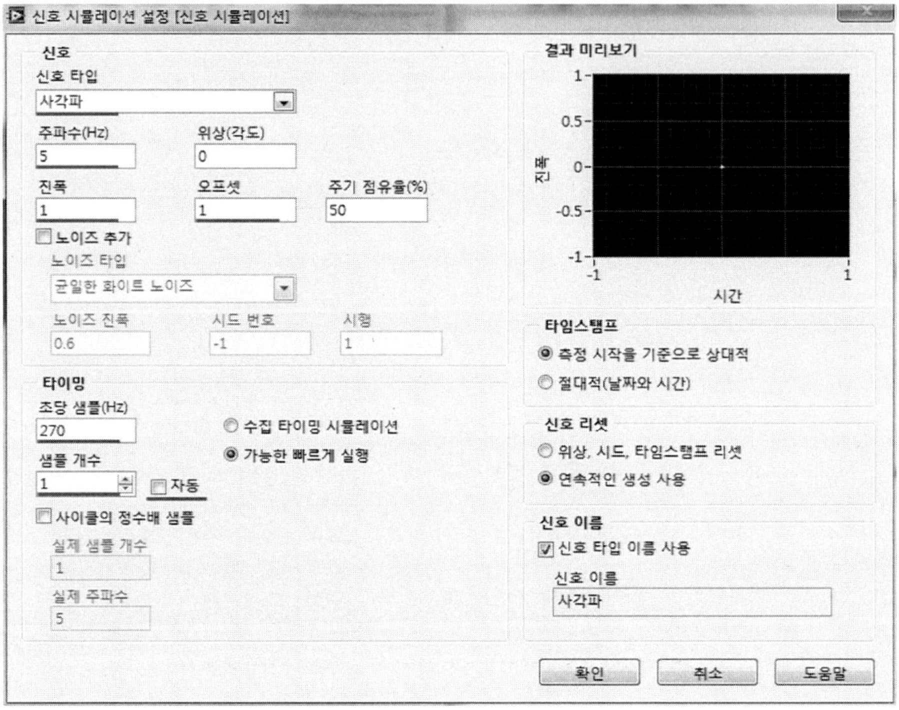

설정 후 앞서 만들어 놓은 While 루프문 안에 위치시킨다. 그 후 신호 시뮬레이션의 출력을 DAQ 어시스턴트 함수의 데이터 입력과 연결한다.

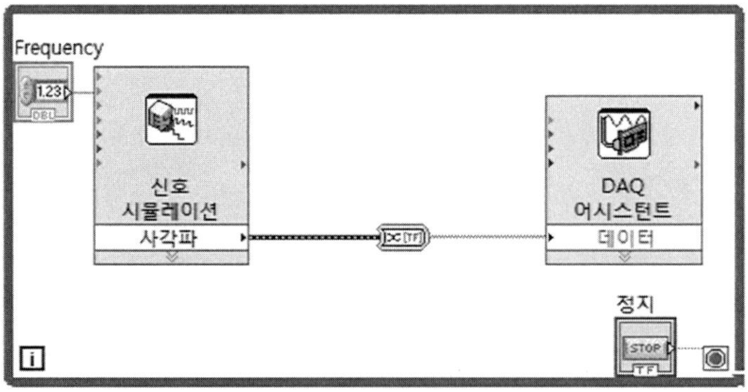

이 VI를 실행하여 확인하기 위해서 프론트패널에서 웨이브폼 차트를 만들고 X 오토스케일의 체크를 푼다.

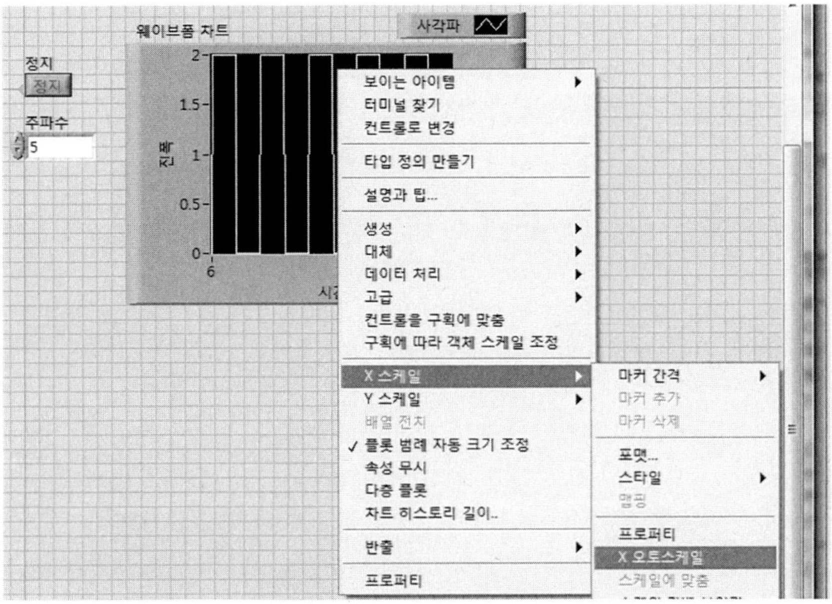

블록다이어그램에서 다음과 같이 신호 시뮬레이션 출력에 웨이브폼 차트를 연결한다.

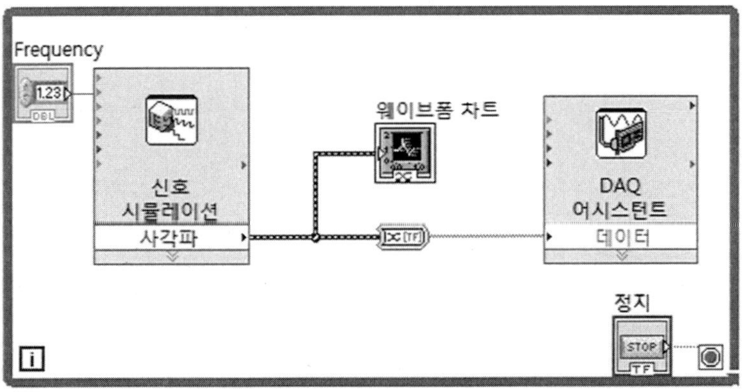

그 후 그래프에서 X축의 최소값은 0, 최대값은 1로 놓고 확인하면, 아래 그림에서 보는 바와 같이 0.2s를 주기(주파수 5Hz)를 갖는 사각파가 출력됨을 알 수 있다.

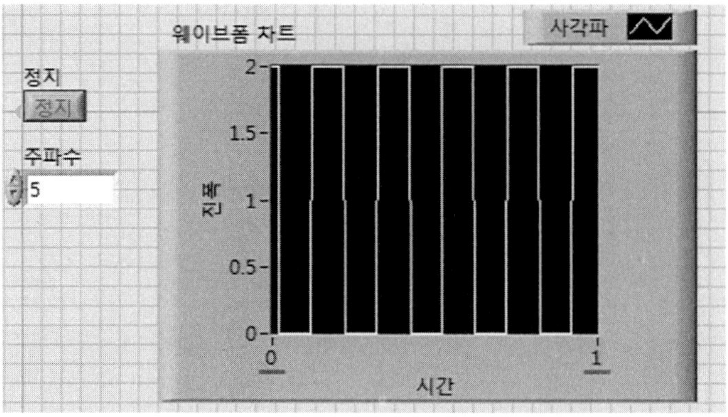

■ 출력 결과

출력되는 신호를 오실로스코프를 이용하여 직접 측정하여 보자. 오실로스코프 프로브의 +를 port0/Line0(P0.0)인 17번 핀과 연결하고, 프로브의 -를 GND와 연결시킨다.

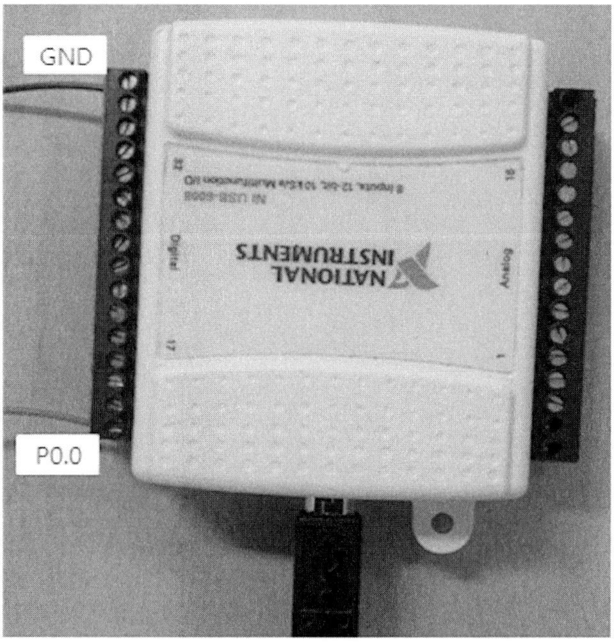

아래 그림은 오실로스코프로 측정된 신호의 모습이다. 최대 전압이 5V이고, 주기가 200ms인(주파수 1Hz) 사각파가 측정되는 것을 알 수 있다.

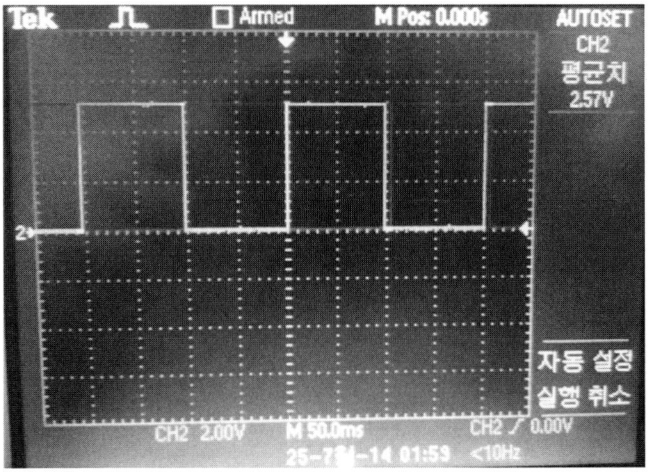

(2) DAQ DI 사용

■ DAQ 어시스턴트의 출력, 채널 설정

"함수 ≫ 측정I/O ≫ DAQmx-데이터수집 ≫ DAQ 어시스턴트"를 블록다이어그램에 위치시킨다. 설정창에서 신호 입력을 위해 신호수집 ≫ 디지털 입력 ≫ 전압을 선택한다.

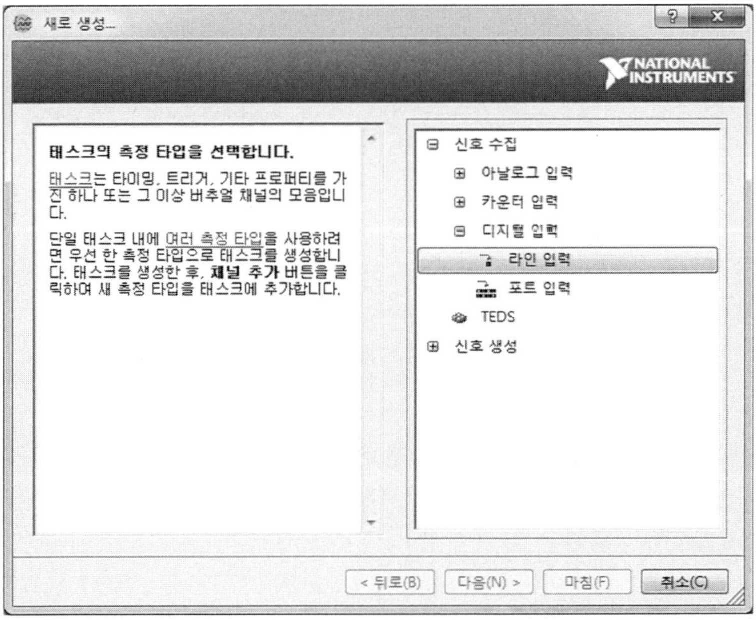

DAQ 디바이스(USB-6008)에서 port0/Line1를 선택하여 설정을 마친다.

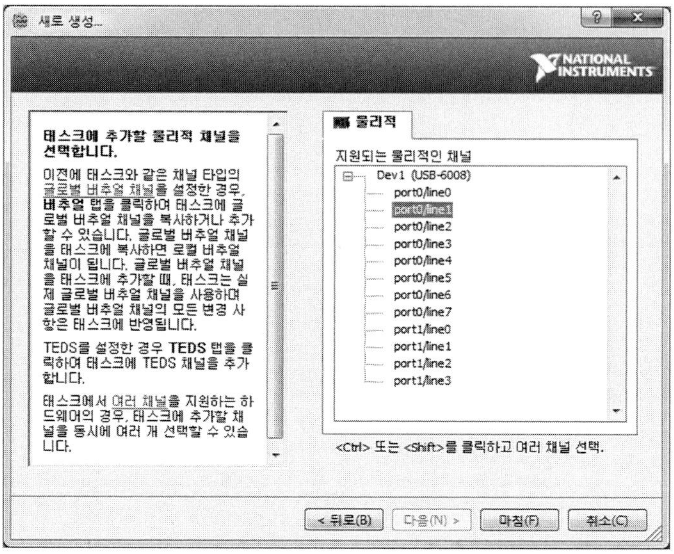

■ 세부 설정과 블록다이어그램

수집 모드는 1샘플(요청할 때)로 설정한다.

설정을 마친 후, 실행 중 입력 신호를 확인하기 위해 입력단에 컨트롤 함수를 생성한다. 아래 그림과 같이 신호 DAQ어시스턴트에서 오른쪽 마우스 클릭하여 "생성 ≫ 인디케이터"를 선택한다.

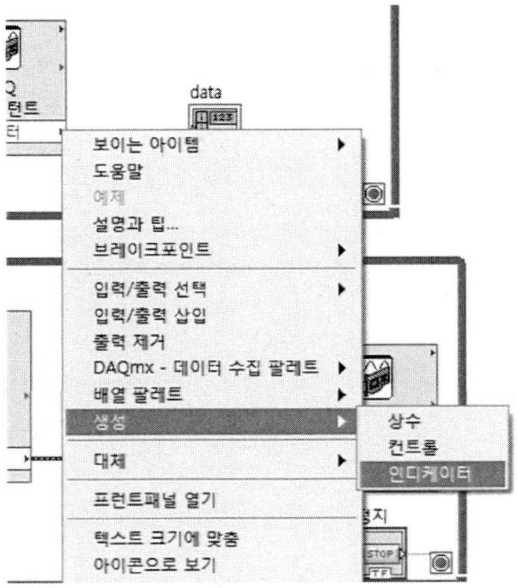

아래 그림과 같도록 신호 시뮬레이션의 출력과 DAQ 어시스턴트의 입력사이 녹색신호선에 오른쪽 마우스 클릭하여 "생성 ≫ 인디케이터"를 생성하여 출력 신호를 관찰할 수 있도록 한다.

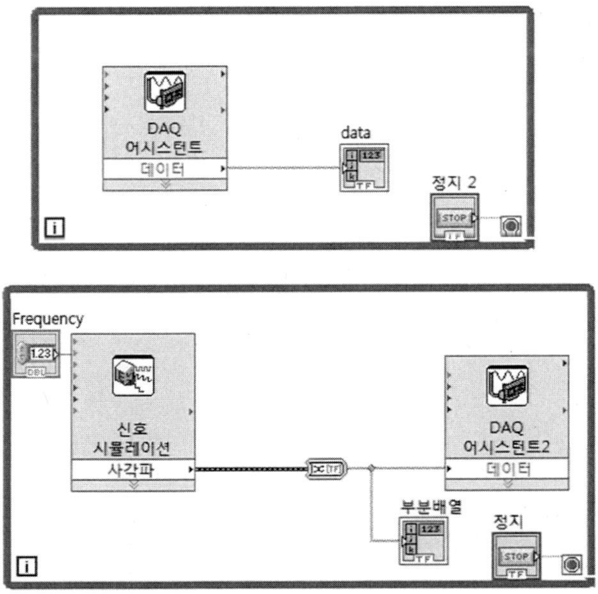

■ 하드웨어의 연결 및 결과 확인

전선을 이용하여, port0/Line0(P0.0) 출력핀과 port0/Line1(P0.1) 입력핀을 연결한다. 앞서 설명한 바와 같이 공통접지를 사용하므로 따로 접지를 연결할 필요가 없다.

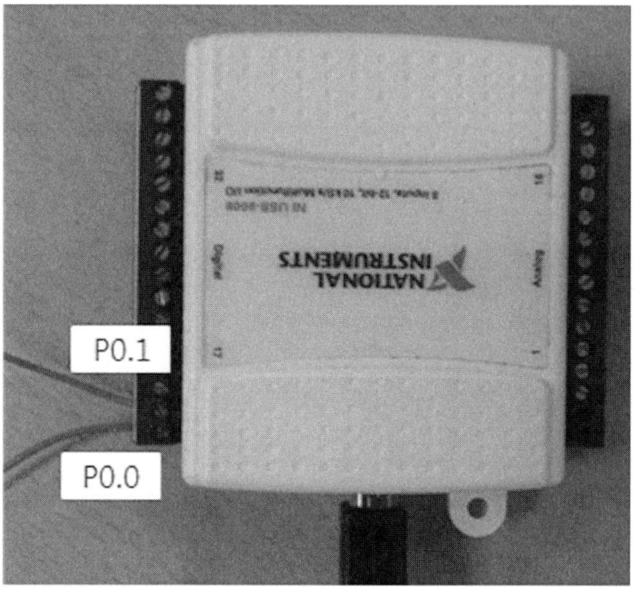

아래 그림은 VI를 실행시켜 주파수를 5Hz로 설정하여 디지털 신호를 출력하고, 다시 입력으로 받은 결과를 나타낸다. 두 신호가 동시에 주고 받는 것을 확인 할 수 있다.

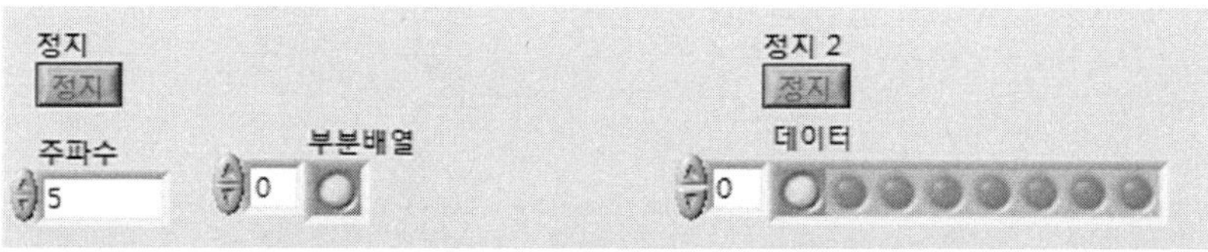

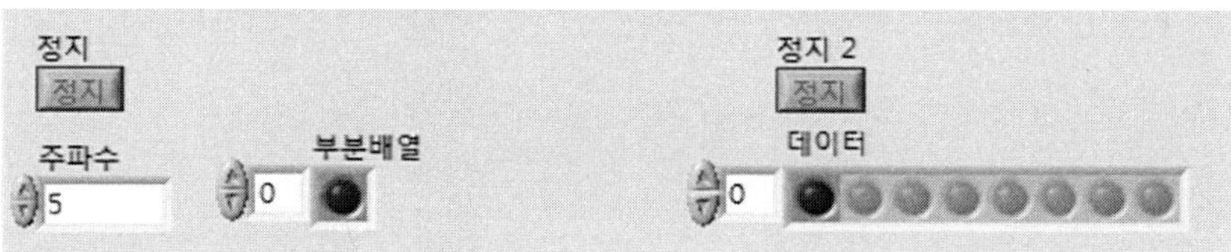

4 과제 내용

이상 실습한 내용을 보고서에 정리하고 관찰한 내용을 체계적으로 보고서로 작성하여 제출한다.

5 참고 문헌

- LabView 입문, 최성주 저, 동일출판사, 2001 년
- LabVIEW : 컴퓨터 기반의 제어와 계측 Solution, 곽두영 저, 오므사, 2002 년
- Learning with LabVIEW 6i, Robert H. Bishop, Prentice Hall, 2001년

CHAPTER 7 증폭기(Amplifier) 실험

1. 연산증폭기(Operational amplifier) 기초
2. 연산증폭기(Operational amplifier) 응용
3. 실습 준비물
4. 실습 내용
5. 과제 내용

1 연산증폭기(Operational amplifier) 기초

연산증폭기는 아날로그 회로에서 매우 널리 사용되는 유용한 소자로서 소비자 디바이스, 산업용 디바이스, 공학용 디바이스 등으로 다양하게 활용되며 OP amp라는 약칭으로도 불리고 있다. OP amp는 ＋입력단자와 －입력단자에 인가된 전압의 차이를 일정한 비로 증폭하여 출력단자로 보내는 기능을 갖고 있다. 증폭비가 10^5 수준으로 상당히 높기 때문에 회로 설계상 무한대의 증폭 비율을 갖는 이상적인 증폭기로서 취급할 수 있다. OP amp의 외형은 그림 1에서 볼 수 있듯이 다양한 형태를 가지며 내장된 증폭기 개수와 추가기능에 따라 핀수가 변한다. 그림 1의 ②는 4개의 증폭기를, 나머지는 1개의 증폭기를 내장하고 있다. OP amp의 회로 기호는 그림 2와 같으며 ＋입력단자, -입력단자, 출력단자 및 두개 전원단자(+, -)가 있다.

그림 1 OP Amp의 외형

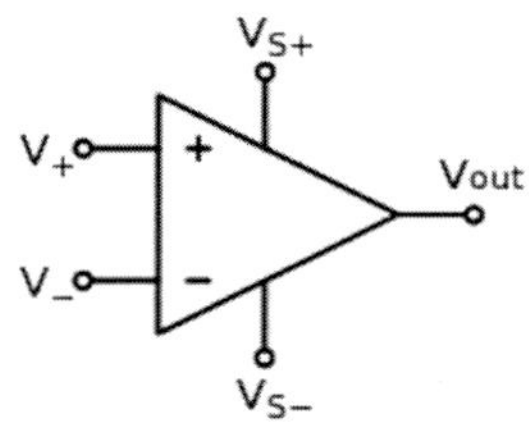

V_+ : + 입력단자
V_- : - 입력단자
V_{out} : 출력단자
V_{S+} : + 전원단자
V_{S-} : - 전원단자

그림 2 OP Amp의 회로 기호

OP amp의 특성을 나타내는 주요 변수는 증폭비(open-loop gain), 대역폭(bandwidth, 작동주파수영역), 입력인피던스(input impedance), 입력오프셋전압(input offset voltage), 슬루율(slew rate, 응답속도) 등이며 이상적인 OP amp와 실제 OP amp의 특성값을 표 1에 표시하였다.

표 1 이상적인 OP amp와 실제 OP amp의 특성

		Ideal OP amp	Real OP amp(LM 741)
open-loop gain	개방회로 증폭비	∞	10^5
bandwidth	대역폭	∞	1MHz
input impedance	입력인피던스	∞	2MΩ
input offset voltage	입력오프셋전압	0	5mV
slew rate	슬루율	∞	0.5V/μs

2 연산증폭기(Operational amplifier) 응용

(1) 반전증폭기 (Inverting amplifier)

표 1에서 open-loop gain(개방회로 증폭비)란 +입력단자와 −입력단자로 입력되는 전압 차에 대한 출력전압의 비를 말한다. 하지만 일반적으로 OP Amp는 closed-loop 회로를 구성하여 사용하는데 여기서 closed-loop 회로란 그림 3에서 볼 수 있듯이 출력전압을 다시 입력단자로 연결한 것을 일컫는다. 이를 feedback 증폭기라고 부르기도 한다. 이러한 방법으로 가장 널리 사용되는 증폭기는 반전증폭기인데 이는 입력된 신호에 대해 정해진 증폭도로 신호가 반전되어 출력되는 증폭기이다. 즉, 음전압은 양전압으로, 양전압은 음전압으로 신호의 모양은 유지하면서 극성만 바뀌어 증폭된다.

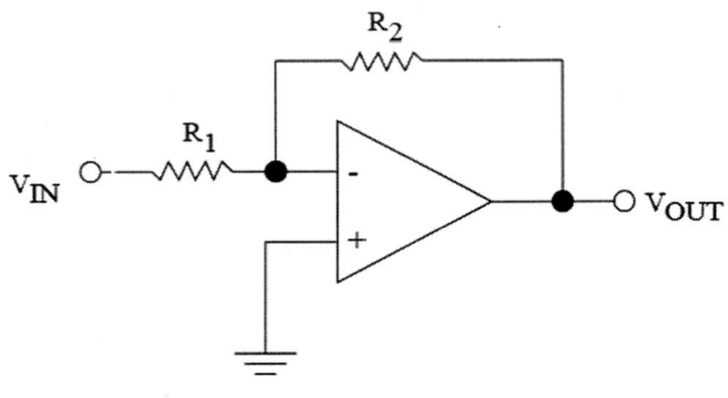

그림 3 반전증폭기 회로

OP amp의 회로를 간편하게 해석하기 위한 두 가지 단순화 규칙은 아래와 같다.

① + 입력단자와 - 입력단자의 전압은 같다. 이를 가상쇼트(Virtual short)라고 한다.

② 입력단자로는 전류가 들어가거나 나오지 않는다.

이를 이용하여 반전증폭기의 회로를 해석하여 보자. 먼저 + 입력단자가 접지(기준전압 또는 zero voltage)이므로 규칙 1에 의해 - 입력단자도 접지이다. 따라서 저항 R1 양단의 전위차는 V_{IN} 이고 마찬가지로 R2 양단의 전위차는 V_{OUT} 이다. 또한 규칙 2에 의해 - 입력단자로의 전류 유입/유출이 없으므로 Kirchhoff 법칙에 의해,

$V_{IN}/R1 + V_{OUT}/R2 = 0$ 이 된다. 따라서 이를 정리하면,

$V_{OUT} / V_{IN} = - R2 / R1$ 이 되고

이는 입력신호와 출력신호의 증폭비를 의미한다. 즉 반전증폭기는 입력신호를 R2 / R1 만큼 증폭하되 양전압은 음전압으로, 음전압은 양전압으로 바꾸어 출력한다. 사용자는 R1 과 R2 를 적절히 선정함으로써 원하는 증폭비를 얻을 수 있게 된다. 증폭비를 저항의 비로 설정할 수 있는 것이 연산증폭기 회로에서 가장 기본이 되는 반전증폭기로서의 동작이다. 위에서와 같이 단순화 규칙을 이용하면 매우 간단하게 OP amp 회로의 동작을 계산할 수가 있다. 다만 이것은 어디까지나 근사적 해법이므로 매우 정밀도를 요구하는 경우는 오차가 생길 수 있으므로 주의하여야 한다.

(2) 비반전증폭기 (Non-inverting amplifier)

반전증폭기와 달리 비반전증폭기는 입력전압을 극성 변화 없이 증폭한다. 입력전압은 + 입력단자로 인가되고 출력전압은 -입력단자로 feedback 된다. 그림 4에 비반전증폭기 회로를 나타내었다.

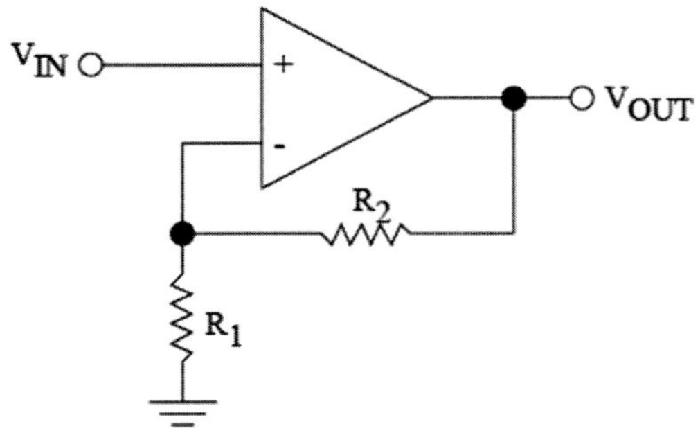

그림 4 비반전증폭기 회로

마찬가지 방법으로 회로를 해석하면, 규칙 1에 의해,

$V_{IN} = V_{OUT}$ [R1 / (R1 + R2)] 가 되며 증폭비는

V_{OUT} / V_{IN} = (R1 + R2) / R1 이 된다.

비반전증폭기도 저항의 비로 증폭비를 설정 할 수 있지만 반전증폭기와 달리 1이상의 증폭비 밖에 설정할 수 없다. 즉 반전증폭기는 R1이 R2보다 클 경우 증폭비가 1보다 작은 감쇄기로 작동할 수 있으나 비반전증폭기에서는 불가능하다.

위에서 살펴 본 바와 같이 일반적인 OP amp 회로는 저항값에 의해서 증폭비가 결정되는데 동일한 증폭비를 갖는 다양한 조합이 존재한다. 즉 10배의 증폭비를 갖는 반전증폭기를 구성하기 위해서는 R2 / R1 = 10을 만족하는 저항비만이 영향을 준다. 일반적으로 사용되는 저항값의 범위는 1kΩ에서 100kΩ까지이다. 저항값을 너무 낮출 수 없는 이유는 회로의 입력 임피던스 때문이다. 즉 낮은 값의 저항을 사용할 경우 입력임피던스도 낮아져 입력신호가 왜곡될 수 있다. 저항값을 너무 높게 할 수도 없는데, 그 이유는 고저항이 노이즈에 취약하며 적당한 feedback 전류를 흘릴 수 없기 때문이다. 즉, 너무 높은 저항을 사용하면 회로에 흐르는 전류가 적게 되므로 외부 노이즈의 영향을 받기 쉬워지거나 연산증폭기 자체의 바이어스 전류를 무시할 수 없게 된다. 그 때문에 연산증폭기 회로에서는 높아도 수백kΩ 이내의 저항을 사용하며 일반적으로는 수십kΩ의 저항이 많이 사용되며, 특히 10kΩ의 저항은 매우 잘 사용된다. 또한 연산증폭기는 내부에 몇 개에서 수십개의 트랜지스터가 사용되고 있는 복잡한 회로이다. 부품이 많으면 주파수대역이 낮아지므로 그다지 고속 동작은 할 수 없으며 주파수 특성이 그다지 높지 않은 것이 일반적이어서 오디오 대역 정도에서 사용한다.

(3) 차동증폭기 (Differential amplifier)

OP Amp는 그 자체로 + 입력과 - 입력의 차이를 증폭하는 차동증폭기이다. 하지만 위에서 살펴보았듯이 저항을 이용하여 반전증폭기, 또는 비반전증폭기 회로를 구성하면 증폭비는 원하는 대로 설정할 수 있지만 +, 혹은 - 입력단자 하나만 사용이 가능한 단점이 있다. 따라서 증폭비도 변경하면서 + 입력단자와 - 입력단자의 전압차이를 증폭할 수 있는 차동증폭기가 고안되었다. 그림 5에서 볼 수 있듯이 입력전압 V1과 V2를 모두 활용할 수 있으며 R1에서 R4까지 네 개의 저항이 사용된다.

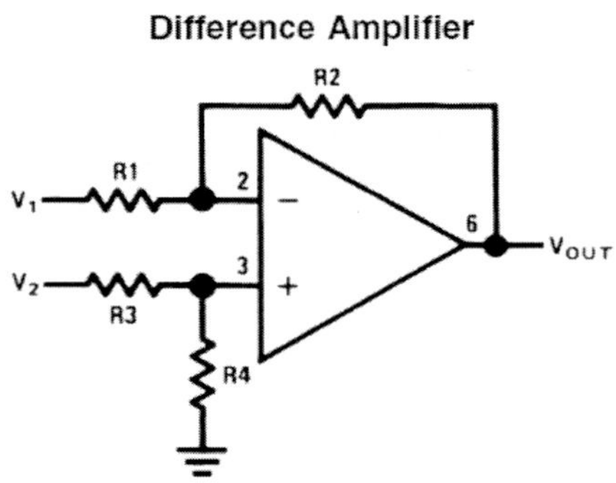

그림 5 차동증폭기 회로

회로를 해석하는 과정은 약간 복잡하므로 결과만을 정리하면 다음과 같다.

$$V_{OUT} = V2 \cdot [(R1 + R2) / (R3 + R4)] \cdot R4 / R1 - V1 \cdot R2/R1$$

한편 R1 = R3, R2 = R4 의 경우,

$$V_{OUT} = (V2 - V1) \cdot R2 / R1$$

따라서 저항비를 적절히 선정함으로써 V2와 V1의 차이를 원하는 증폭비로 출력하는 차동증폭기를 만들 수 있다. 차동증폭기는 특히 그림 6에서와 같이 Wheatstone bridge와 결합하여 스트레인게이지의 신호 증폭 등에 널리 활용된다.

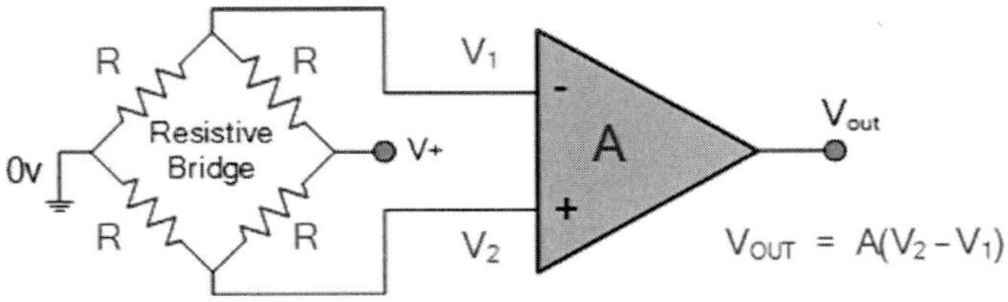

그림 6 Wheatstone bridge(휘스톤 브릿지) 회로

3 실습 준비물

본 실험을 위해서 다음과 같은 준비물이 필요하다.

- 브레드보드 (Breadboard)
- 전원공급장치 (Fixed Voltage Power Supply) - ±12V, 5V 전압
- 오실로스코프 (Oscilloscope)
- 함수발생기 (Function Generator)
- OP Amp
- 저항
- 브레드보드용 연결선

본 실험에 사용할 OP Amp는 LM358N으로서 다음과 같은 핀 배열을 가지고 있다. 본 소자는 내부에 2 개의 동일한 연산증폭기가 포함되어 있는 모델이다. 본 실험에서는 총 2 개의 연산증폭기가 사용되므로 LM358N 하나만 준비하면 된다.

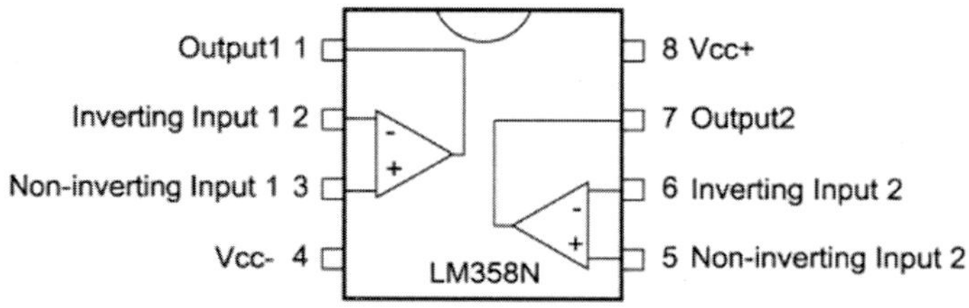

4 실습 내용

(1) 반전, 비반전증폭기 및 차동증폭기 실험

본 실험에서는 준비된 브레드보드에 1kΩ과 10kΩ 저항을 사용하여 반전, 비반전증폭기 및 차동증폭기를 구성한다. 실험 순서는 다음과 같다.

step 1 준비된 브레드보드에 OP Amp와 저항을 설치한다. R1은 1kΩ 저항을 사용하고 R2는 10kΩ 저항을 사용한다.

step 2 제공된 회로에 따라 저항과 앰프를 연결선으로 연결하여 반전증폭기를 구성한다.

step 3 구성된 반전증폭기의 회로가 올바르게 구성되었는지 전원을 연결하기 전에 꼼꼼하게 조사한다.

step 4 이상이 없는 것을 확인한 후 전원공급장치의 플러스와 마이너스 전압을 증폭기 회로의 전원 단자에 연결하고 접지선을 회로의 접지 단자에 연결한다.

step 5 함수발생기로 ±1V, 100Hz의 사인파를 만들어 반전증폭기의 입력에 연결하고 접지선을 전압공급장치의 접지선과 동일하게 연결하여 준다.

step 6 전압측정장치를 이용하여 반전증폭기의 출력에서 ±10V의 전압이 측정되는 것을 확인한다.

step 7 비반전증폭기도 동일한 저항을 사용하고 연결선을 변경하여 실험을 수행한다. 이 때 출력전압은 몇 volt 인가?

step 8 차동증폭기도 브레드보드에 구성하여 출력전압을 확인한다.

(2) 주파수 특성 실험

본 실험에서는 반전증폭기의 작동 주파수 영역을 파악하고자 한다. 입력 사인파의 주파수를 10Hz에서 1MHz까지 변화시키면서 증폭비를 조사한다.

step 1 입력전압 단자에 함수발생기로부터 진폭이 1V의 사인파를 입력하고, 증폭기 회로의 출력전압단자의 전압을 오실로스코프로 측정한다.

step 2 함수발생기의 주파수를 10Hz, 100Hz, 1kHz, 10kHz, 100kHz, 1MHz로 변화시키면서 출력전압의 크기를 측정하여 기록한다. 이 때 출력전압이 급격히 변화하는 구간은 주파수를 다시 5 구간으로 나누어 상세히 측정한다.

step 3 측정된 출력전압을 입력전압으로 나누어 출력비를 구하고 변화된 각 주파수에서의 출력비를 구하여 기록한다.

step 4 구성한 증폭기가 전 주파수 영역에서 고른 출력비를 만들고 있는지 검사하고 만약 출력비가 고르지 않다면 그 원인이 무엇인지 조사한다.

5 과제 내용

이상 실습한 내용을 보고서에 정리하고 관찰한 내용을 체계적으로 보고서로 작성하여 제출한다.

진동학의 기초와 가속도 측정 실험

CHAPTER 8

1 개요

가속도는 힘과 함께 동시에 정의되는 물리량으로서, 뉴튼의 운동법칙으로부터 정의된다. 뉴튼의 운동법칙에서는 운동하고 있는 물체에서 운동량의 시간 변화량은 외부에서 작용하는 힘으로 정의한다. 물체의 운동량은 질량에 속도를 곱한 것으로 정의되며 질량이 변하지 않는 경우 속도의 시간 변화량인 가속도에 질량을 곱한 결과가 힘으로 표시된다. 이렇게 힘과 질량 그리고 가속도는 함께 동시에 정의되는 물리량으로서 불가분의 관계에 있다.

가속도는 속도의 시간 변화량으로서 가속도를 측정함으로써 운동을 하고 있는 물체의 속도의 변화나 위치의 변화를 알아내는데 유용하게 사용된다. 가속도를 측정하여 시간에 따라 적분하면 속도가 계산되며 이를 다시 시간에 따라 적분하면 위치 변화를 알아낼 수 있다. 주위에서 가속도를 측정하는 예는 자동차의 에어백을 작동시키는 순간을 알아내기 위한 것과 자동항법 장치에서 위치 변화와 속도 변화를 측정하는 것 등이 있다.

2 목표

본 실험은 가속도를 측정할 수 있는 센서를 이용하여 단순한 운동상태의 가속도 변화를 측정하고 이론에 따라 분석함으로써 가속도에 관한 이해를 높이며 가속도 측정을 이용한 기계적인 응용 분야에 대한 적응력을 기르는 것을 목표로 한다. 세부적인 목표는 다음과 같다.

- 가속도 센서를 이용하여 가속도 측정원리를 이해한다.
- 이론과 실험결과를 비교 분석함으로써 실험과 이론의 상호보완적인 관계를 이해한다.
- 컴퓨터를 이용하여 가속도 측정 실험을 하면서 자료의 저장과 표시 그리고 분석에 Labview 프로그램을 사용하는 기술을 익힌다.

3 이론과 관련지식

(1) 배경설명

질량(m)을 가진 물체에 힘(F)을 주어서 움직이면 힘의 방향으로 움직인다. 이렇게 움직인 거리를 변위($x=s$)라 한다. 변위를 시간에 대해 미분하면 속도($\frac{dx}{dt}=\dot{x}=v$)가 된다. 이를 다시 시간에 대해 미분하면 가속도($\frac{d^2x}{dt^2}=\ddot{x}=a$)가 된다. 가속도를 질량에 곱하면 다시 처음에 주었던 힘과 같다. ($F=m\frac{d^2x}{dt^2}=m\ddot{x}=ma$)

이러한 이론은 물리학에서 배운 것이다. 물리학에서 배운 대표적인 가속도는 중력 가속도이다. 지구 위에 있는 물체는 지구가 중심방향으로 당기는 만유인력에 의한 힘을 받는다. 이 힘에 관계된 가속도가 중력 가속도(g=9.81 m/s^2)이다. 이 힘이 바로 물체의 무게가 된다. ($W=mg$) 이 힘과 가속도는 지구 중심방향 즉, 수직 높이의 반대 방향이다.

이 장에서 우리가 배우려는 가속도는 중력가속도와 같은 고정 값이 아니라, 변화하는 값이다. 물체의 변위가 시간에 따라 변하면, 속도와 가속도도 변화하게 된다. 예를 들어서, 물체의 변위가 시간에 대해서 사인파로 변화한다면($x=A\sin\omega t$), 그 속도($\dot{x}=\omega A\cos\omega t$)와 가속도($\ddot{x}=-\omega^2 A\sin\omega t$)를 간단히 미분으로 구할 수 있게 된다. 변위와 가속도 사이에는 미분 방정식($\ddot{x}+\omega^2 x=0$)의 관계가 생긴다. 여기서 우리는 물리학의 원리가 공업수학의 미분방정식으로 표현된다는 것을 알 수 있다. 이렇게 물리학과 공업수학의 원리를 이용하여 반복적인 물체의 시간적 변위의 변화 즉 진동을 공부하는 분야가 기계공학의 진동학이다.

진동학에서 물체는 두 가지 중요한 외부의 힘을 받는다고 생각한다. 하나는 스프링에 의한 힘이고 다른 하나는 마찰에 의한 힘이다. 예를 들어서 바람에 움직이는 나무 가지를 생각해 보자. 나무 가지가 바람에 흔들리면 변위 혹은 변형의 시간에 대한 변화가 있으므로, 속도와 가속도도 변화할 것이다. 여러분이 나무 가지를 당기면 제자리로 돌아가려는 힘(F_{spring})이 있음을 느낄 수 있을 것이다. 이 힘은 보통 당겨진 거리 즉 변위에 비례한다. 이때 비례 상수가 스프링 상수(k)가 된다 ($F_{spring}=kx$). 나무 가지를 흔들면 나뭇잎과 공기의 저항력 즉 마찰력이 있음을 느낄 수 있다. 나무 가지를 빨리 흔들려고 하면 더 힘이 들 것이다. 공기와 같은 유체에 의한 마찰력은 감쇠(damping)라고 부르는데 이는 보통 속도에 비례한다. 이때 비례상수가 감쇠계수(c)이다 ($F_{damping} = c\dot{x}$).

자동차를 탈 때 여러분은 모두 승차감을 느낄 것이다. 이 승차감에 중요한 요소가 가속도의 변화이다. 극단적으로 큰 가속도가 생기면 사람이 죽을 수 있다. 너무 느리게 변화하는 특정 가속도가 있으면 멀미를 할 것이다. 아기가 타고 있다면 부드러운 가속도의 변화가 중요할 것이다. 레이서라면 빠른 가속도 변화가 더 효과적이다. 자동차가 무겁다면 주어진 외력에 비해서 가속도가 적게 변할 것이다. 타이어, 서스펜션, 쿠션 등의 변위 혹은 변형은 이 가속도의 변화에 영향을 준다. 자동차를 둘러싸고 있는 공기 혹은 서스펜션의 감쇠기(damper)도 가속도에 영향을 준다. 이러한 것들이 종합적으로 작용하여 가속도가 생길 것이고 이 가속도의 변화가 승차감을 평가하는 중요한 요소가 된다. 그러므로, 물리학, 공업수학, 진동학을 통하여 배운 가속도를 측정하는 것은 기계공학에서 중요하다.

아래 그림은 대표적인 스프링인 코일 스프링과 대표적인 감쇠기인 대시 팟(Dash pot)을 보여주고 있다. 이 스프링은 두 걸쇠 사이에 힘을 가하면 길이가 변하고 이 변화에 비례하는 힘이 작용한다. 이 감쇠기는 둥근 고리를 당기는 속도에 비례하는 감쇠가 작용한다.

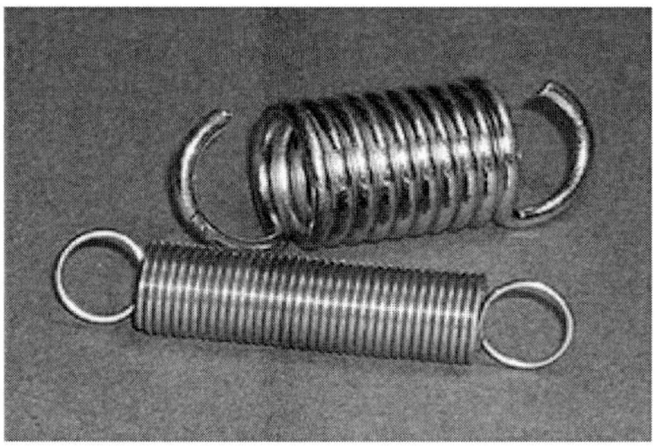

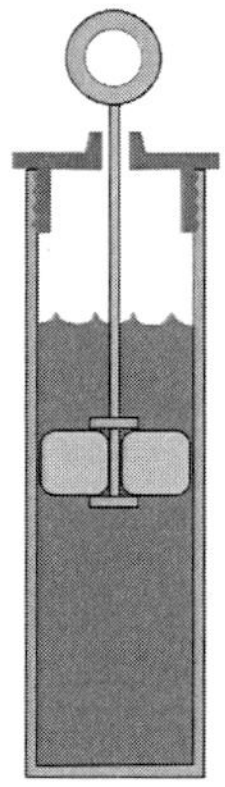

4 단순진동 모델

아래 첫 그림에 미끄러운 지면 위에서 마찰이 없이 움직이는 질량 m의 물체가 있다. 이 물체는 지면에 고정된 부분과 스프링 k와 감쇠 c로 연결되어 있다. 처음에 스프링이 늘어나지 않은 0위치에서 x_0만큼 이동시켰다가 부드럽게 놓아주면 지면 위에서 왼쪽과 오른쪽으로 변위 즉 진동이 발생할 것이다. 어느 특정 시간의 변위를 x라고 하면 이때 자유물체도(Free body diagram)는 두 번째 그림과 같다.

뉴턴의 제 2법칙에 의하면 외부에서 주어진 모든 힘의 크기는 질량과 가속도의 곱과 같아야 한다. 따라서, 다음의 식이 성립한다. 이식에서 x의 방향과 가속도의 방향은 오른쪽이고, 스프링과 감쇠에 의한 힘의 방향은 왼쪽으로 반대 방향이다. 음의 부호는 방향이 반대인 것을 나타낸다.

$$ma = \sum F,\ m\ddot{x} = -c\dot{x} - kx$$

위 식을 정리하면 다음과 같은 간단한 미분 방정식을 얻을 수 있다.

$$m\ddot{x} + c\dot{x} + kx = 0$$

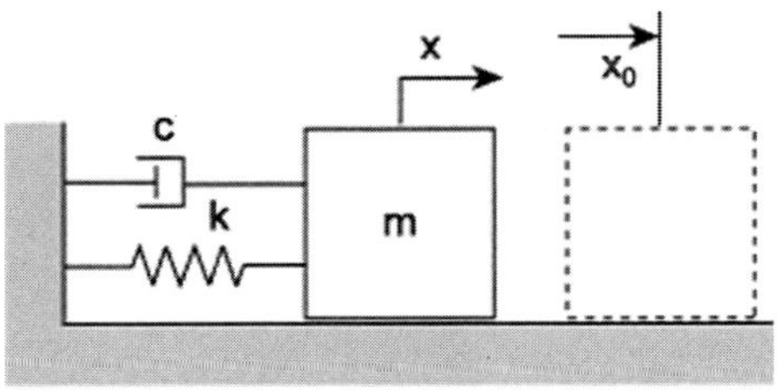

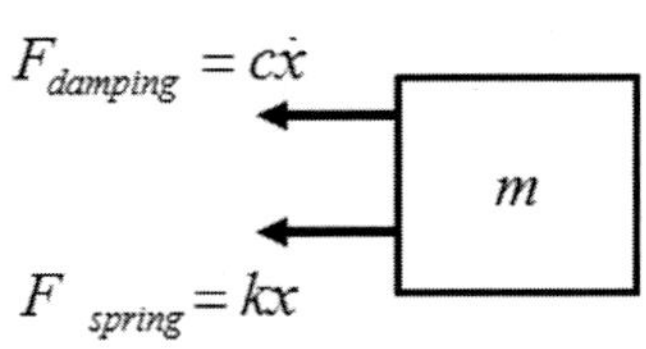

여러분은 이미 공업수학에서 다음과 같이 2계 미분방정식과 그 풀이를 다루어 보았을 것이다.

$y'' + ay' + by = 0$

Let $y = e^{\lambda x}$ then

$\lambda^2 e^{\lambda x} + a\lambda e^{\lambda x} + be^{\lambda x} = 0, \lambda^2 + a\lambda + b = 0$

$$\therefore \lambda_{1,2} = \frac{-a \pm \sqrt{a^2 - 4b}}{2} = \frac{-a \pm i\sqrt{4b - a^2}}{2} \quad when \quad a^2 - 4b < 0$$

$$\therefore y = C_1 e^{\lambda_1 x} + C_2 e^{\lambda_2 x} = e^{-\frac{a}{2}x}[A_1 \cos\frac{\sqrt{4b-a^2}}{2}x + A_2 \sin\frac{\sqrt{4b-a^2}}{2}x]$$

여기 λ의 분자의 첫 번째 항은 x에 따라 y가 지수함수로 감소하게 한다. 두 번째 항의 근호 안의 수가 음수이면 복소수 근이 생기고 이것은 사인과 코사인 함수를 만들게 된다. A_1과 A_2는 각각 x=0일 때의 y 와 y'에서 알 수 있다.

이 풀이에서 y대신 변위 x, x 대신 시간 t, λ 대신 S를 대입하면 이전 페이지의 미분 방정식과 같은 모양이 된다. 그러므로 주어진 미분방정식에 대한 해는 다음과 같다.

$$x = C_1 e^{S_1 t} + C_2 e^{S_2 t}$$

$$S_{1,2} = -\frac{c}{2m} \pm \sqrt{\left(\frac{c}{2m}\right)^2 - \frac{k}{m}} = -\frac{c}{2m} \pm i\sqrt{\frac{k}{m} - \left(\frac{c}{2m}\right)^2}$$

위의 식에 나타난 상수를 간결하게 나타내도록 진동학에서 사용하는 방식에 따라 아래와 같이 몇 가지 상수로 치환한다.

$$\omega_n = \sqrt{k/m}$$

$$\zeta = \frac{c}{2m\omega_n}$$

$$\omega_d = \omega_n\sqrt{1-\zeta^2}$$

위의 식에서 ω_n은 각속도로 표시한 고유진동수로서 고유각속도, ζ는 한계 감쇠계수에 대한 비율로서 감쇠율, 그리고 ω_d는 각속도로 표시한 감쇠진동수로서 감쇠각속도라고 하자. 본 실험에서 사용할 장치의 구성은 실험 목적에 맞추어 감쇠율, ζ가 1 보다 작도록 되어 있다. 감쇠율이 1 보다 작은 경우는 Underdamped 진동이라 하며 이에 관한 해는 다음과 같다. S의 해에서 근호 바깥의 수가 시간에 따라 변위를 감소하게 하고, 근호 안의 음수가 사인과 코사인 함수를 만든다는 공업수학의 원리에서 유추 할 수 있다. 보다 자세한 사항은 진동학 혹은 동역학 교과서를 참조하기 바란다.

$$x = e^{-\zeta\omega_n t}[A_1\cos(\omega_d t) + A_2\sin(\omega_d t)]$$

위의 식을 다음과 같이 특정한 초기 조건에 맞추어 정리한다. 초기에 질량을 일정 거리 만큼 움직인 후 놓아 진동을 시키는 경우의 초기 조건은 다음과 같다.

$$at\ t = 0, x = x_0, \dot{x} = 0$$

위의 초기 조건을 대입하여 해를 구해 보자.

$$x|_{t=0} = A_1 = x_0$$
$$\dot{x} = -\zeta\omega_n e^{-\zeta\omega_n t}[A_1\cos(\omega_d t) + A_2\sin(\omega_d t)] + \omega_d e^{-\zeta\omega_n t}[-A_1\sin(\omega_d t) + A_2\cos(\omega_d t)]$$
$$\dot{x}|_{t=0} = -\zeta\omega_n A_1 + \omega_d A_2 = 0$$
$$A_2 = \frac{\zeta\omega_n}{\omega_d}A_1 = \frac{\zeta\omega_n}{\omega_d}x_0$$

최종적으로 위의 초기 조건에 알맞은 해는 다음과 같이 정리된다.

$$x = x_0\, e^{-\zeta\omega_n t}[\cos(\omega_d t) + \frac{\zeta\omega_n}{\omega_d}\sin(\omega_d t)]$$
$$= x_0 A_0\, e^{-\zeta\omega_n t}\cos(\omega_d t - \alpha_d)$$
$$where\quad A_0 = \sqrt{1 + \left(\frac{\zeta\omega_n}{\omega_d}\right)^2},\quad \alpha_d = \tan^{-1}\left(\frac{\zeta\omega_n}{\omega_d}\right)$$
$$(\because \cos(\alpha - \beta) = \cos\alpha\cos\beta + \sin\alpha\sin\beta)$$

실제적인 질량의 움직임에 대한 이해를 돕기 위해 위에 나타난 해에 임의의 수치를 대입하여 그래프를 그려보면 다음과 같아진다.

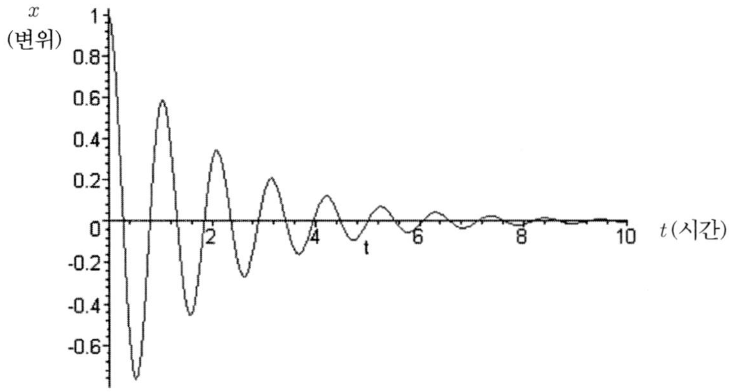

그래프를 보면 초기 거리에서 놓여진 질량의 위치가 시간에 따라 표시된다. 진동의 진폭이 시간이 흐를수록 작아져 가는 것을 볼 수 있다. 그러나, 본 실험에서 측정되는 것은 위치가 아니라 가속도이므로 위에서 구한 해의 2차 미분값을 구해서 가속도가 어떤 수학적인 형태로 표현되는가를 알아야 한다. 위의 식을 1차 미분하면 다음과 같다.

$$\begin{aligned}\dot{x} &= x_0 A_0\left[-\zeta\omega_n e^{-\zeta\omega_n t}\cos(\omega_d t-\alpha_d)-\omega_d e^{-\zeta\omega_n t}\sin(\omega_d t-\alpha_d)\right]\\ &= -x_0\omega_d A_0^2 e^{-\zeta\omega_n t}\left[\frac{\zeta\omega_n}{\omega_d A_0}\cos(\omega_d t-\alpha_d)+\frac{\omega_d}{\omega_d A_0}\sin(\omega_d t-\alpha_d)\right]\\ &= -x_0\omega_d A_0^2 e^{-\zeta\omega_n t}\sin(\omega_d t)\end{aligned}$$

$(\because \sin(\alpha+\beta)=\sin\alpha\cos\beta+\cos\alpha\sin\beta)$

이 식을 다시 미분하면 다음과 같아진다.

$$\begin{aligned}\ddot{x} &= -x_0\omega_d A_0^2\left[-\zeta\omega_n e^{-\zeta\omega_n t}\sin(\omega_d t)+\omega_d e^{-\zeta\omega_n t}\cos(\omega_d t)\right]\\ &= -x_0\omega_d^2 A_0^3 e^{-\zeta\omega_n t}\left[-\frac{\zeta\omega_n}{\omega_d A_0}\sin(\omega_d t)+\frac{\omega_d}{\omega_d A_0}\cos(\omega_d t)\right]\\ &= -x_0\omega_d^2 A_0^3 e^{-\zeta\omega_n t}\cos(\omega_d t+\alpha_d)\end{aligned}$$

$(\because \cos(\alpha+\beta)=\cos\alpha\cos\beta-\sin\alpha\sin\beta)$

실제 실험에서는 가속도 센서를 이용하여 위와 같은 식에 의한 곡선이 나오도록 되어 있다. 이해를 높이기 위해서 위의 그림과 동일한 수치를 넣어 가속도 그래프를 그리면 다음과 같아진다.

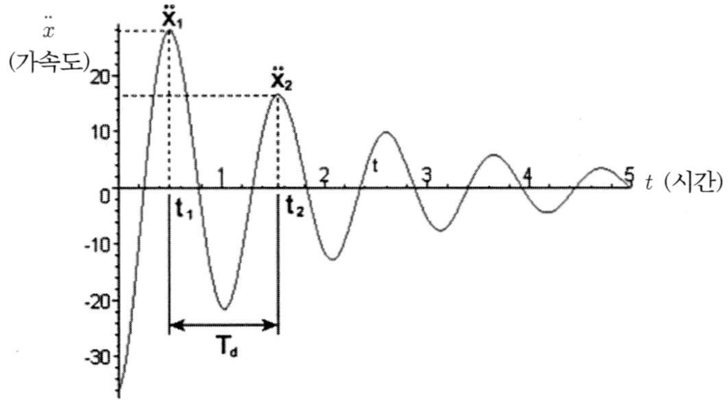

위와 같은 상태의 가속도가 측정된다고 하였을 때 실험에서 구할 수 있는 값들과 방법에 대해 알아 보자. 위의 그래프에는 실험에서 구해야 하는 값들이 표시되어 있다. 그림에서도 볼 수 있는 바와 같이 위에서 구한 식에 따라 가속도의 주기는 일정함을 알 수 있다. 주기는 각속도와 다음과 같은 관계를 가지며 실험 결과에서 구할 수 있다.

$$T_d = 2\pi / \omega_d = t_2 - t_1$$

주기와 함께 실험 결과로부터 진폭이 한 주기 동안 감쇠된 감쇠 진폭비를 구한다. 실험 결과에서 첫 번째 진폭과 두 번째 진폭을 구할 수 있으며 그 비율은 다음과 같은 관계를 가진다. 만약, 실험 결과의 진폭 변화가 작다면 몇 주기 후의 최대 진폭을 측정하여 이용할 수도 있다.

$$\frac{\ddot{x}_1}{\ddot{x}_2} = \frac{-x_0\omega_d^2 A_0^3 e^{-\zeta\omega_n t_1}}{-x_0\omega_d^2 A_0^3 e^{-\zeta\omega_n(t_1+T_d)}} = e^{\zeta\omega_n T_d}$$

$$\delta = \ln\left(\frac{\ddot{x}_1}{\ddot{x}_2}\right) = \zeta\omega_n T_d = \zeta\omega_n \frac{2\pi}{\omega_n\sqrt{1-\zeta^2}}$$

$$\therefore\ \delta = \frac{2\pi\zeta}{\sqrt{1-\zeta^2}} = 2\pi\zeta \quad \text{if} \quad \zeta \ll 1$$

감쇠율, ζ가 1 보다 무척 작다면 ζ^2는 무시할 만큼 작아지며 위식에서 계산의 편리를 위해 무시할 수 있을 것이다. 실제의 경우에도 ζ는 1 보다 무척 작다. 그러면 실험 결과에서 구한 δ를 이용하여 다음과 같이 감쇠계수를 구할 수 있다.

$$\zeta = \frac{\delta}{2\pi}$$

$$\zeta = \frac{c}{2m\omega_n} \Rightarrow c = 2m\omega_n \frac{\delta}{2\pi}$$

그리고, 주기와의 관계에서 다음과 같이 고유각속도, ω_n을 얻을 수 있다.

$$T_d = \frac{2\pi}{\omega_n\sqrt{1-\zeta^2}} \Rightarrow \omega_n = \frac{2\pi}{T_d\sqrt{1-\zeta^2}}$$

위와 같은 방법으로 실험 결과에서 시스템의 주요 특성인 고유각속도와 감쇠계수를 계산할 수 있다. 위의 식을 보면 초기 변위는 고유각속도와 감쇠계수를 구하는데 관계가 없음을 알 수 있다.

또한 부가 질량을 이용하여 실험을 진행하면 스프링의 탄성계수와 초기질량도 계산할 수 있다. 고유각속도, ω_n은 다음과 같이 정의되었다.

$$\omega_n = \sqrt{k/m}$$

$$\therefore\ k = m\omega_n^2$$

위에서 설명한 시스템에 동일한 스프링을 사용하면서 부가 질량을 더한다고 하자.

$$m_2 = m_1 + \Delta m$$

원래 시스템의 고유각속도와 부가 질량을 더하여 얻어지는 새로운 시스템의 고유각속도는 각각 ω_{n1}과 ω_{n2}라고 하자. 스프링은 동일하기 때문에 다음 관계식이 성립한다.

$$k = m_1\omega_{n1}^2 = m_2\omega_{n2}^2 = (m_1 + \Delta m)\omega_{n2}^2$$

$$= m_1\omega_{n1}^2 + \Delta m\omega_{n2}^2$$

$$\therefore\ m_1 = \frac{\Delta m\omega_{n2}^2}{\omega_{n1}^2 - \omega_{n2}^2}$$

$$\therefore\ k = \frac{\Delta m\omega_{n2}^2\omega_{n1}^2}{\omega_{n1}^2 - \omega_{n2}^2}$$

5 가속도 측정 원리와 센서

가속도의 측정 원리는 가속도에 의해 발생되는 힘이 물체 운동을 변화 시키거나 물체의 변형을 발생하는 것을 측정하는 것이다. 본 실험에서도 가속도에 의해 발생되는 힘이 물체 운동의 변화를 일으키는 것을 이용하여 가속도를 측정하는 센서를 사용한다.

(1) 사이즈믹형 가속도 센서

사이즈믹(Seismic)형 가속도 센서는 '사이즈믹 질량'의 움직임을 측정하여 가속도를 측정하는 센서이다. 사이즈믹 질량이란 아래 그림에 나타난 바와 같이 스프링과 대쉬포트로 모델링 될 수 있는 탄성 지지구조에 의해 지지되는 질량이며, 케이스와 상대운동을 통해 발생한 미세한 움직임을 측정하고 사이즈믹 질량의 크기, 지지구조의 탄성계수와 감쇠계수를 이용하여 운동의 가속도를 계산한다.

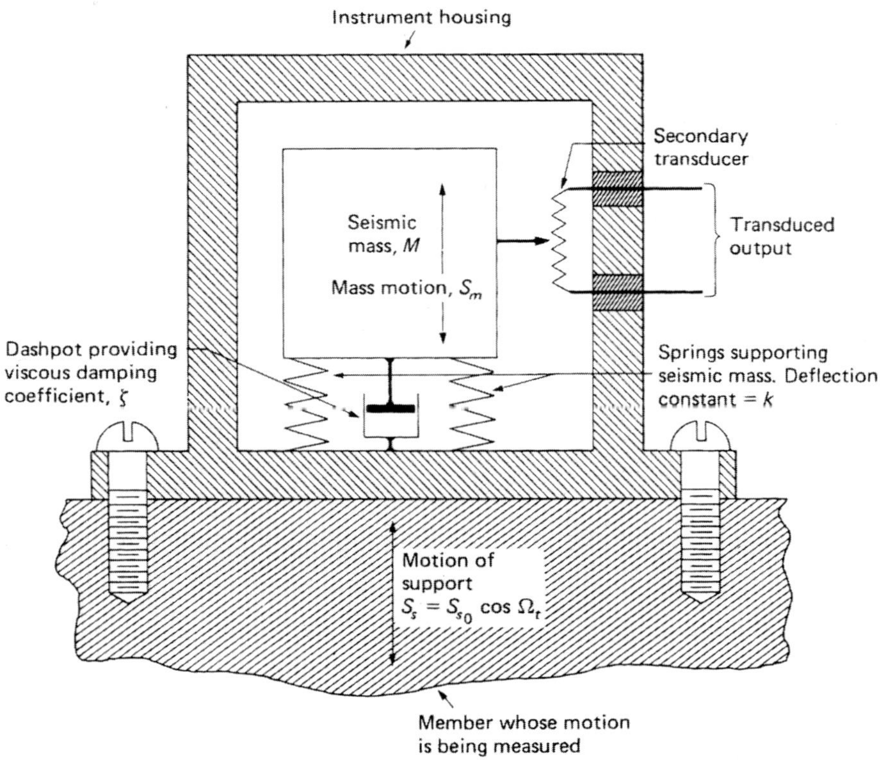

사이즈믹 질량의 움직임을 측정하기 위해 접촉식으로는 가변저항기가 사용되고 비접촉식으로는 LVDT(Linear Variable Differential Transformer) 형식의 위치검출기가 사용된다. 지지구조의 탄성계수와 감쇠계수는 가속도 센서의 측정 범위를 고려하여 적절하게 설계되어야 하며 이들 변수의 특성을 달리 하면 사이즈믹 형식의 진동 센서로 제조되기도 한다. 사이즈믹 가속도 센서는 압전형 센서에 비해서 측정 주파수 범위가 넓지 못하다.

(2) 압전형 가속도 센서

석영 결정을 포함하는 압전 재료의 양면에 전압을 걸면 두께의 변화가 나타나며, 반대로 기계적인 변형을 가할 때 양면에서 전압이 발생하는 현상을 압전(Piezoelectric) 현상이라고 한다. 압전 재료로는 석영 결정 이외에도 티탄산바륨, 지르콘산납, 티탄산납, 메타니오베이트납 등 다양한 것들이 사용된다.

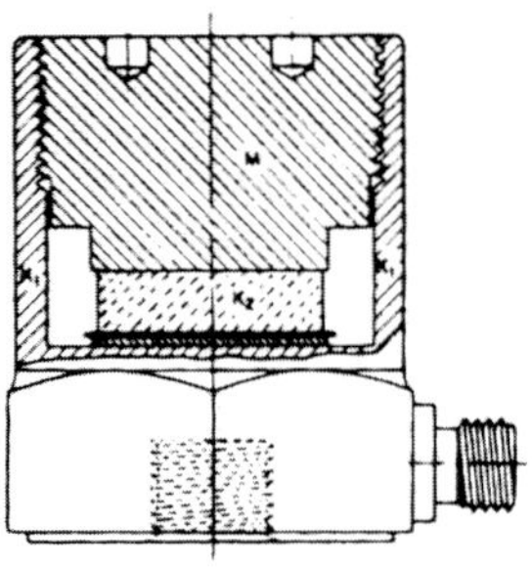

Basic compression design

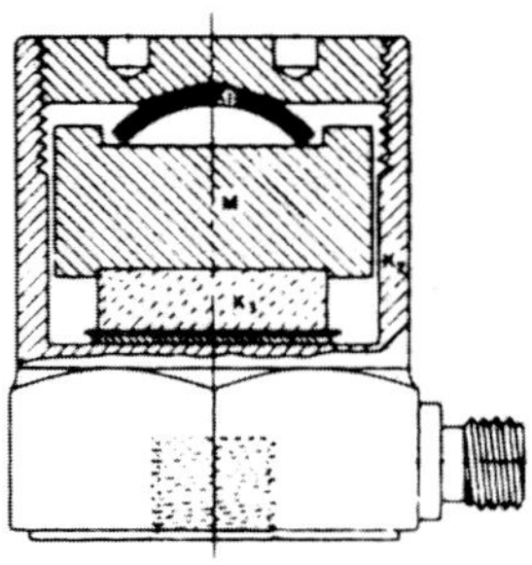

Isolated compression

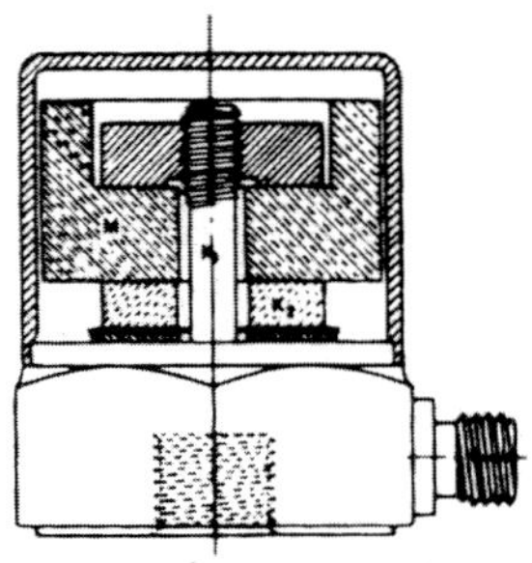

Single-ended compression

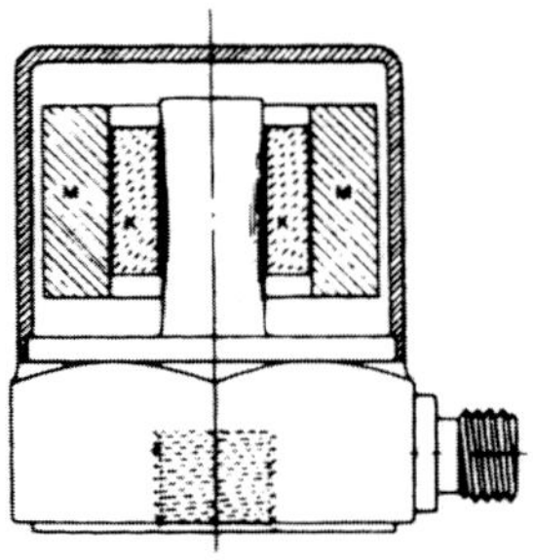

Shear design

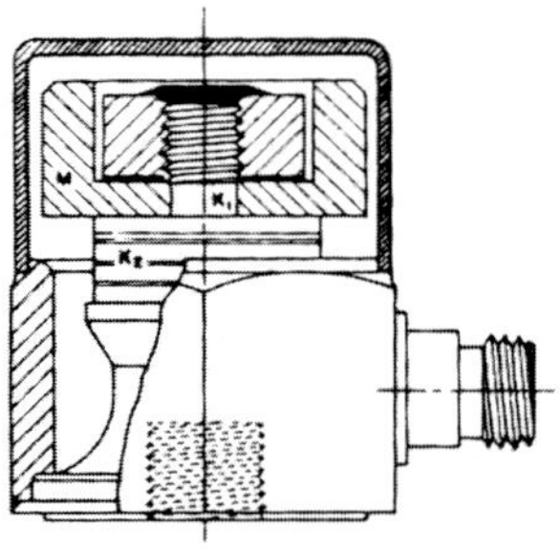

Isobase® design

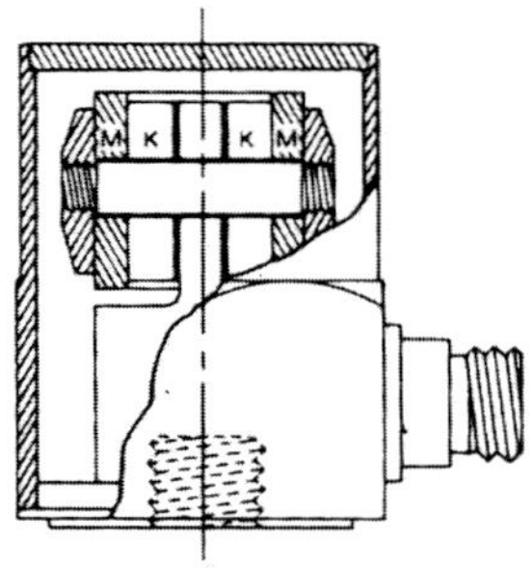

Isoshear™ design

일정 질량을 가진 추가 운동에 의해 가속도를 받아 발생하는 힘을 압전소자에 가하여 발생하는 압전 재료의 변형에 따른 전압의 크기를 측정하여 가속도를 측정하는 센서가 압전형 가속도 센서이다. 압전형 가속도 센서는 감도가 높으며 높은 고유진동수 덕분에 측정 진동수 범위가 대단히 넓고 구조적으로 견고하다. 그림에서 다양한 형태의 압전형 가속도 센서를 보여준다.

(3) 반도체형 가속도 센서

본 실험에서 사용할 가속도 센서는 반도체 제조기술을 이용하여 제작한 정전용량형 가속도 센서이다. 정전용량형 가속도 센서의 동작원리는 기본적으로 사이즈믹 가속도 센서와 동일하지만, 사이즈믹 질량의 움직임을 정전용량의 변화로 측정한다는 점이 특징이다. 정전용량형 방식으로 사이즈믹 질량의 움직임을 측정하게 되면 전체적으로 센서의 크기가 매우 소형으로 제작될 수 있는 장점이 있다. 이와 같은 특징으로 MEMS(Micro Electronic Mechanical System) 기술을 이용한 반도체형 가속도 센서가 제작되어 공급되고 있다. 정확하게 말하여 반도체는 아니지만 반도체 제조 기술과 반도체 재료를 이용하여 제작한 극소형 센서라는 의미에서 반도체형 가속도 센서라고 부른다.

본 실험에 사용할 정전용량형 가속도 센서는 다음 그림에 나타난 것과 같이 실리콘 반도체 재료에 에칭 기술을 이용하여 만든 중간판이 가속도에 의해 위와 아래로 움직이면 위와 아래에 있는 다른 판과의 거리가 변하게 되고 판들 사이의 정전용량이 변하게 된다. 움직이는 중간판이 사이즈믹 질량에 해당되며 위와 아래에 있는 판이 검출기에 해당된다. 반도체형 가속도 센서의 다른 특징은 센서칩 내부에 신호처리를 위한 전자 회로가 구성되어 있어 외부에 별도의 신호처리 회로를 구성할 필요가 없는 점이다. 이렇게 신호처리 회로가 센서 내부에 설치되면 전체적으로 측정 시스템이 간결하여 진다.

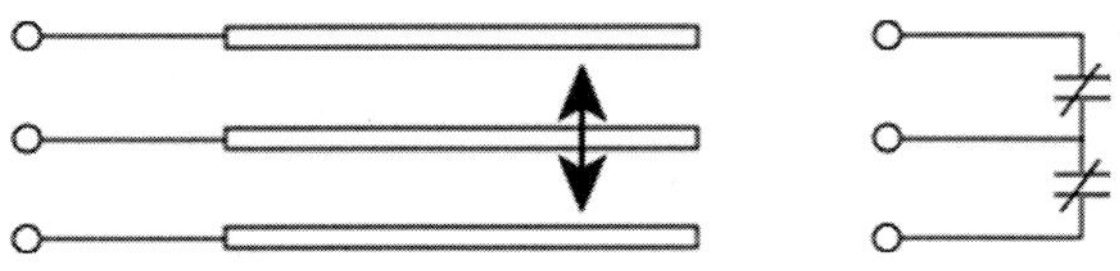

반도체형 가속도 센서는 내부 구조에 따라 한 방향으로만 가속도를 검출하는 방식과 2 - 3 방향에서 가속도를 검출하는 방식이 있다. 본 실험에 사용하는 반도체형 가속도 센서는 칩의 두께 방향, 즉 Z 방향으로만 가속도를 검출하도록 되어 있으며 가속도 측정 범위는 ±2.5g이고 측정 주파수 범위는 50 Hz 이하이다.

6 실험장치

본 실습에서는 반도체 방식의 가속도 센서를 이용하여 가속도를 측정하는 실험을 진행한다. 본 실험에 사용되는 반도체 가속도 센서는 MEMS 기술을 이용하여 제작된 것으로서 제작사는 미국 모토로라사이며 모델 번호는 MMA1270D 이다. 가속도 측정장치는 다음 그림에서 보는 바와 같이 코일 스프링에 일정 무게를 가진 추가 달려 있고 추는 상하 운동을 하도록 선형 베어링으로 구속되어 있다. 가속도 센서는 추의 아래쪽에 설치되어 있으며, 초기 위치를 측정할 수 있도록 추 옆에 바늘이 달려 있고 측정장치의 기둥에는 자가 설치되어 있다. 추의 다른 쪽 옆에는 추의 질량을 추가할 수 있도록 나사 가공이 되어 있고 이곳을 통해 추가 중량을 설치할 수 있도록 되어 있다. 가속도 측정장치에는 별도의 감쇠기(Damper)가 장착되어 있지는 않지만 직선 베어링에서 발생하는 마찰력은 건식 감쇠기 역할을 하고 있다.

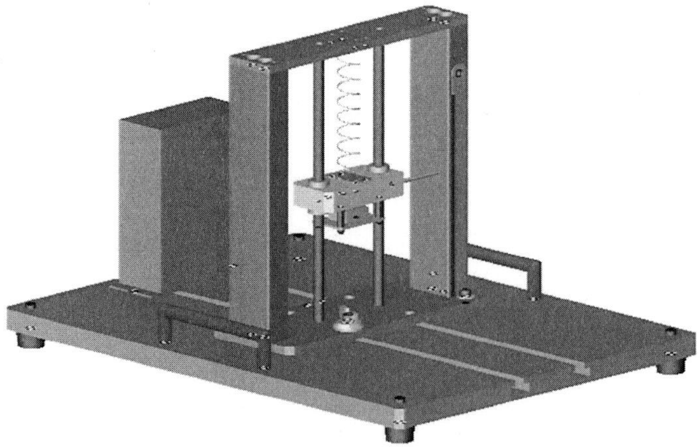

그림에 보이는 스프링과 추가 달린 모듈은 그림처럼 세워서 사용할 수도 있고 옆으로 뉘어놓고 사용할 수도 있다. 모듈을 세워놓은 상태에서는 가속도 센서에 항상 중력 만큼의 가속도가 작용하여 기본 중간값이 -g 인 상태이므로 원래 가속도 센서가 가진 ±2.5g 영역에서 아래쪽으로는 1.5g 만큼의 여유 밖에 없기 때문에 이보다 큰 가속도를 만들어낼 경우 센서의 오작동을 발생할 수 있다. 그러나, 모듈을 옆으로 뉘어놓은 상태에서는 중간값이 아무런 가속도도 작용하지 않는 상태가 되어 가속도 센서가 가진 모든 범위로 운동상태의 가속도를 측정할 수 있는 장점이 있다. 이때 질량의 진동 방향과 지면은 서로 평행해야 한다.

(1) 가속도 센서의 사양

본 실험에 사용하는 모토로라 MMA1270D 반도체형 가속도 센서는 다음표와 같은 사양을 가지고 있다.

공급전원	+5V	영점출력전압	2.5V
사용온도범위	-40 to +125℃	민감도	750 mV/g
파괴시 최대가속도	1500g	측정주파수범위	50 Hz
측정가속도 범위	±2.5g	교차축방향 민감도	최대 5% (전체 스케일 기준)
가속도측정 방향	z 방향 (센서 두께 방향)		

본 실험에서는 반도체형 가속도 센서를 기판에 납땜하고 부가 저항과 콘덴서를 설치한 후 기판을 추 밑쪽에 설치하였다. 필요한 공급전원과 신호선은 추의 운동에 방해되지 않도록 길게 하여 컴퓨터 자료획득 장치의 연결 보드에 연결되어 있으며, 공급전원은 컴퓨터에서 공급되는 +5V를 사용하였다.

7 실험용 프로그램

본 실험을 위한 Labview 프로그램은 2 개로 구성되어 있다. 첫번째 프로그램은 단순진동 상태에서 발생하는 가속도를 측정하고 측정된 가속도에서 최대진폭과 최대진폭 발생 시각을 추출하는 기능과 측정된 가속도를 저장하는 기능을 가진 것이며, 두 번째 프로그램은 초기질량을 이용한 실험 결과와 부가질량을 이용한 실험결과를 이용하여 초기질량과 스프링의 탄성계수를 계산하는 프로그램이다. 각각의 프로그램 사용에 대한 설명은 다음과 같다.

첫 번째 프로그램의 이름은 'Simple accelerometer.llb' 이며 초기 화면은 다음 그림과 같다. 프로그램의 사용 방법에 관해서는 프로그램 화면 상단에 간단하게 적혀 있다. 사용 설명이 적힌 바로 아래쪽에 입력되는 신호의 전압이 숫자로 표시되고 그래프로 나타나는 창이 있다. 이 부분은 처음 신호의 크기를 확인하는데 사용한다.

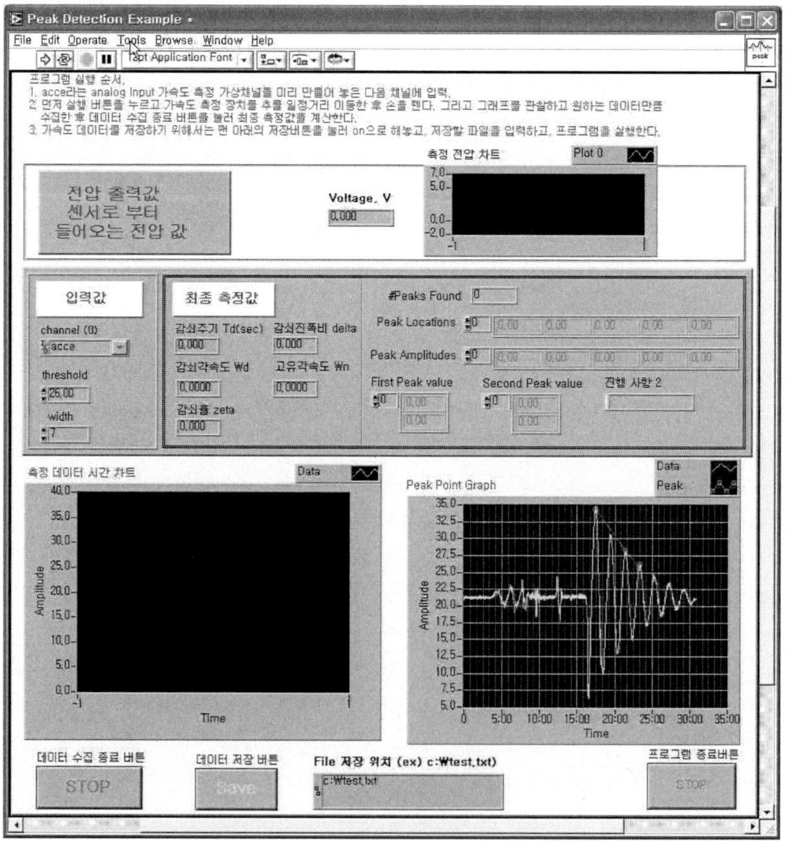

단순진동에서 가속도 변화를 기록하기 위한 방법은 다음과 같다. 단순진동을 발생하기 약 1~2 초 전에 상단에 있는 실행 버튼을 누르고 진동 측정장치의 진동추를 일정 거리로 당겼다 조용히 놓음으로써 단순진동을 발생한다. 프로그램 화면 왼쪽에 단순진동에서 얻어지는 가속도의 변화를 보고 있다고 충분히 진동이 멈추었다고 판단되는 시점에서 왼쪽 하단에 있는 데이터 수집 종료 버튼을 누르면, 단순진동에서 얻어지는 가속도 자료 수집을 종료하게 된다.

데이터 수집이 종료되면 바로 그 자료로부터 최대 진폭을 찾아내고 프로그램 화면 오른쪽에 있는 화면에 붉은 색으로 찾은 최대 진폭과 시점이 나타난다. 이 최대 진폭을 이용하여 감쇠주기, 감쇠진폭비, 감쇠각속도, 고유각속도 그리고 감쇠율을 계산하게 된다. 그러나, 프로그램에서는 최대 진폭을 찾아낼 때 정확한 시점과 최대 진폭을 찾기 위해 조절해 주는 변수가 있는데 이 값이 적절하지 못할 때 최대 진폭을 놓치게 되는 상황이 발생할 수 있다. 따라서, 프로그램 오른쪽 화면에 붉은색으로 나타난 최대 진폭과 시점을 확인하고 빠뜨린 최대 진폭이 있는지 확인할 필요가 있다. 만약, 예제 화면처럼 두번째 최대 진폭이 누락된 경우 화면 상단 왼쪽에 나타난 '입력값'의 세번째 항목인 'Width' 값을 조절하여 원하는 최대 진폭이 적절하게 잡히도록 하여야 한다. 이 값을 너무 작게 주면 잡음에 해당되는 피크까지 잡히게 되며 너무 크게 주면 예리한 최대 진폭을 놓치게 되므로 조금씩 조절하면서 최대 진폭을 분간해낼 수 있는지를 살펴야 한다.

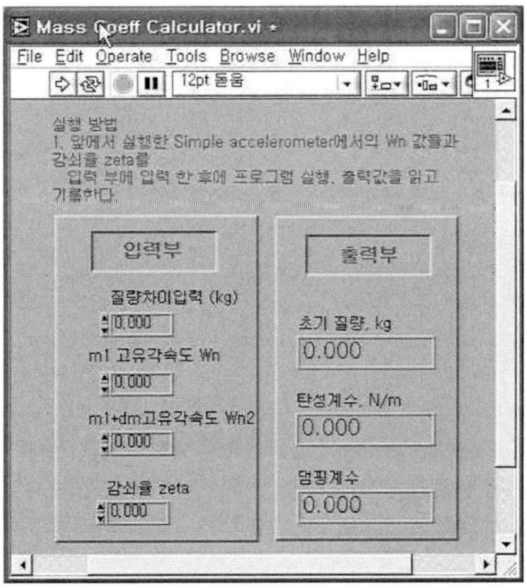

실험 목적상 가속도 변화를 파일에 저장하고 싶은 경우, 프로그램을 실행하기 전 데이터 저장 버튼을 눌러 'ON' 상태로 만들어 놓고 옆에 있는 칸에 저장하고 싶은 파일의 위치와 파일명을 적어 넣은 후 실행 버튼을 눌러 위와 동일한 방법으로 실험을 실시하면 된다. 한 조건에서 단순진동 실험이 종료되어 다른 실험을 진행하기 전 실험 종료 버튼을 눌러 프로그램의 진행을 종료한 후 새로운 실험은 다시 실행 버튼을 눌러 실행한다.

두 번째 프로그램의 이름은 'Mass coeff calculator.vi'이며 초기 화면은 위의 그림과 같다. 본 프로그램은 초기 질량을 이용한 단순진동 실험결과와 부가 질량을 이용한 단순진동 실험을 끝낸 후 초기 질량과 스프링의 탄성계수를 계산하고자 할 때 사용하는 계산용 프로그램이다. 입력부에 단순진동 실험을 통해 얻은 실험 결과를 입력한 후 프로그램 실행 버튼을 눌러 프로그램을 실행하면 오른쪽 출력부에 계산 결과가 나타난다. 본 프로그램은 강제로 종료 시킬 필요는 없다. 계산이 종료되면 자동적으로 프로그램이 종료된다.

(1) 준비사항

실험을 시작하기 전 실험을 진행할 학생들은 다음과 같이 점검하고 준비한다.

- 가속도 측정 장치를 확인하고 각 부품들이 정상적인지 확인한다.
- 가속도 센서가 설치된 센서보드를 확인하고 실험을 진행하면서 센서보드가 바닥이나 방해물에 닿아 파손되지 않도록 주의한다.
- 가속도 센서보드에 연결된 전원공급선, 접지선, 그리고 출력신호선을 확인하고 이들을 신호 연결보드에 연결한다.
- 연결 순서는 접지선을 AICH8 단자에 연결하고 출력신호선을 AICH0 단자에 연결한 후 마지막으로 전원공급선을 +5V 단자에 연결한다.
- 센서보드와 신호 연결보드 사이를 연결한 선이 넉넉하게 늘어지도록 하여 진동 실험을 진행하면서 진동에 방해가 되지 않는지 확인한다.
- 컴퓨터에서 가속도 측정실험을 위한 'Simple accelerometer.llb' 프로그램을 실행한다.

(2) 실험과정

실험은 가속도 측정장치에 부착된 초기질량을 이용한 단순진동 실험과 부가질량을 더한 후 동일한 방법에 따라 실시되는 부가질량을 이용한 단순진동 실험으로 구분된다.

■ 초기질량을 이용한 단순진동 실험

실험은 다음과 같은 순서로 진행하며, 실험 중 가속도 측정장치나 신호처리 장치에 무리가 가지 않도록 주의한다.

step 1 가속도 측정 모듈을 수직으로 세워 놓고 가속도 센서의 출력 신호가 얼마인지 측정한다.

step 2 다음으로 가속도 측정 모듈을 옆으로 뉘어 놓고 가속도 센서의 출력 신호가 어떤 값을 나타내는지 측정한다.

step 3 위에서 측정한 두 값의 차이를 확인한다. 세워 놓은 경우와 뉘어 놓은 경우의 출력 신호 차이는 이론적으로 750 mV가 되어야 하지만 미소한 차이는 가속도 센서의 오차로 발생할 수 있다.

step 4 옆으로 뉘어 놓은 경우 가속도 센서는 중력방향과 수직이 되어 아무런 가속도도 없는 상태가 되어 출력 신호가 2.5V가 될 것이다.

step 5 이후 모든 실험은 가속도 측정 모듈을 옆으로 뉘어 놓은 상태로 진행한다.

step 6 가속도 센서가 밑쪽에 설치되고 스프링이 연결된 진동추를 손으로 잡고 스프링이 늘어나는 방향으로 이동하여 임의의 변위가 되는 지점으로 옮겨 잡고 있는다.

step 7 초기 변위 지점에서 약 3 초 가량 진동추를 잡고 있음으로써 초기 속도가 영이 되도록 한 후 측정용 프로그램에서 기록 버튼을 누르고 약 1 - 2 초 내에 손을 놓아 추가 단순진동을 시작하도록 한다. 이때 실험에서 주의할 점은 손을 놓아 진동추가 단순진동을 시작하도록 할 때 될 수 있는 대로 손에 붙어 있는 시간을 최소로 하여야 초기 가속도 자료가 왜곡되지 않도록 한다.

step 8 진동추의 진동 상태를 보면서 충분히 감쇠가 이루어져 원래의 위치에 멈추었다고 생각되는 시점에 기록 단추를 다시 눌러 기록을 멈춘다. 기록된 자료를 저장할 파일의 이름을 넣어준다.

step 9 측정용 프로그램 화면에 나타난 가속도 기록 상태를 살펴보고 실험이 큰 오차 없이 이루어졌다고 판단되면 피크 버튼을 눌러 기록된 가속도 자료에서 최대 진폭이 발생한 시점과 최대 진폭의 크기를 찾아낸다.

step 10 찾은 최대진폭의 크기와 시점에 대해 기록한 후 프로그램 실행을 중단한다.

step 11 다시 측정용 프로그램을 실행하면 모든 상태가 초기화 된다. 위의 실험 순서 6번부터 10번까지 실험을 반복한다. 각 실험에서 초기 변위의 크기를 기록한다.

step 12 반복된 단순진동 실험을 최소 10 회 실행하고 결과를 정리하여 결과로부터 감쇠진폭비와 주기를 구하여 이에 대한 평균값과 표준편차를 구한다.

step 13 감쇠진폭비와 주기의 평균값과 표준편차를 보고 단순진동의 초기 변위가 감쇠진폭비와 주기에 대해 영향을 주지 못하는 것을 확인한다.

step 14 계산된 감쇠진폭비와 주기에서 감쇠계수와 고유각속도를 계산한다.

step 15 실험 순서 8번에서 저장한 여러 가지 실험 결과 중 하나를 선택하여 엑셀과 같은 그래프를 그릴 수 있는 프로그램 내부로 읽어 들여 점으로 이어진 그래프를 그려보아 실험 결과와 같은지 확인한다.

step 16 그래프를 그릴 수 있는 프로그램을 이용하여 실험에서 구한 감쇠진폭비와 주기, 그리고 읽어 들인 실험결과에 기록된 초기 변위값을 이용하여 가속도를 나타내는 식을 만들고 실험에서 실시한 시간 해상도와 전체 시간구간과 같은 값을 넣어 시간에 따른 가속도 변화를 계산한다.

step 17 실험에서 얻어진 가속도 변화와 계산식을 이용하여 계산한 가속도 변화가 어느 정도 일치하는지 조사한다. 이때 주의할 점은 실험결과의 진동 시작점은 실제 자료를 보면서 적절한 시점으로 지정하여 주어야 하지만 이 과정에서 다소의 시간 오차가 발생할 수 있다. 이렇게 발생한 시간 오차는 시간 축을 평행이동 함으로써 조절될 수 있다.

■ 부가질량을 이용한 단순진동 실험

부가 질량을 이용한 단순진동 실험 역시 위에서 설명한 실험과 동일한 과정을 통해 진행된다. 다만, 단순진동 실험을 실시하기 전 부가질량의 중량을 정확하게 측정하여 기록한다. 이번 실험에서도 가속도 측정 모듈을 옆으로 뉘어 놓고 실험을 실시한다.

step 1 가속도 센서가 밑쪽에 설치되고 스프링이 연결된 진동추를 손으로 잡고 스프링이 늘어나는 방향으로 이동하여 임의의 변위가 되는 지점으로 옮겨 잡고 있는다.

step 2 초기 변위 지점에서 약 3 초 가량 진동추를 잡고 있음으로써 초기 속도가 영이 되도록 한 후 측정용 프로그램에서 기록 버튼을 누르고 약 1 – 2 초 내에 손을 놓아 추가 단순진동을 시작하도록 한다. 이때 실험에서 주의할 점은 손을 놓아 진동추가 단순진동을 시작하도록 할 때 될 수 있는 대로 손에 붙어 있는 시간을 최소로 하여야 초기 가속도 자료가 왜곡되지 않도록 한다.

step 3 진동추의 진동 상태를 보면서 충분히 감쇠가 이루어져 원래의 위치에 멈추었다고 생각되는 시점에 기록 단추를 다시 눌러 기록을 멈춘다. 기록된 자료를 저장할 파일의 이름을 넣어준다.

step 4 측정용 프로그램 화면에 나타난 가속도 기록 상태를 살펴보고 실험이 큰 오차 없이 이루어졌다고 판단되면 피크 버튼을 눌러 기록된 가속도 자료에서 최대 진폭이 발생한 시점과 최대 진폭의 크기를 찾아 낸다.

step 5 찾아진 최대진폭의 크기와 시점에 대해 기록한 후 프로그램 실행을 중단한다.

step 6 다시 측정용 프로그램을 실행하면 모든 상태가 초기화 된다. 위의 실험 순서 1번부터 5번까지 실험을 반복한다. 각 실험에서 초기 변위의 크기를 기록한다.

step 7 반복된 단순진동 실험을 최소 10 회 실행하고 결과를 정리하여 결과로부터 감쇠진폭비와 주기 등 각 실험결과의 평균값과 표준편차를 구한다.

step 8 감쇠진폭비와 주기의 평균값과 표준편차를 보고 단순진동의 초기 변위가 감쇠진폭비와 주기에 대해 영향을 주지 못하는 것을 확인한다.

이상과 같이 부가질량을 이용한 단순진동 실험을 종료한 후 초기질량을 이용한 단순진동 실험결과와 함께 다음과 같이 비교 분석을 실시한다.

step 1 부가질량을 이용하여 실시한 단순진동 실험 결과에서 얻어진 감쇠계수와 초기질량만을 이용하여 실시한 단순진동 실험결과에서 얻어진 감쇠계수가 동일한지를 확인한다. 이론적으로 두 값은 변화가 없어야 한다.

step 2 부가질량을 이용하여 실시한 단순진동 실험에서 얻어진 실험결과를 초기질량을 이용하여 얻어진 실험결과와 함께 'Mass coeff calculator.vi'에 입력하여 가속도 측정장치에 설치된 스프링의 탄성계수와 진동추의 초기질량을 계산한다.

8 실험보고서

측정한 결과에 대해 실험에서 요구된 내용으로 자료 처리를 한 후 자료양식에 따라 정리한다. 각종 측정값의 통계처리 결과를 바탕으로 측정오차의 원인에 대해 논하고, 실험오차에 대해 그 발생 원인에 대해 조사하여 보고서를 작성 제출한다.

- 실습 과정에서 요구한 각각의 계산 과정을 정리하시오.
- 계산된 결과와 측정된 결과를 비교 분석하시오.
- 실습한 내용을 체계적으로 정리하시오.

9 자료양식

* 엑셀로 미리 양식을 정리하여 작성할 것

CHAPTER 9 온도 측정

1. 온도와 측정
2. 온도 측정 방법의 종류와 원리
3. 온도 보정과 냉접점 온도보상 (Cold-junction Calibration)
4. 시간에 따른 물체의 온도변화
5. 온도 측정장치
6. 온도 측정 실습
7. 과제 내용

1 온도와 측정

온도(temperature)는 온도는 질량, 길이, 시간과 더불어 물리량의 기본적인 차원(primary dimension) 중의 하나로서, 미시적 관점에서의 원자 및 분자의 운동, 진동, 회전 등의 강도를 나타내는 물리량이다. 온도의 측정은 보통 온도 변화에 따라 변화를 보이는 물리 현상을 측정함으로써 가능하다. 온도 변화에 따라 변하는 물리 현상은 다양하며, 그 예로서 상태 변화, 체적 변화, 화학 반응, 전기적 현상의 변화, 복사능의 변화 등을 들 수 있다. 본 실습에서는 그 중에서도 실제 널리 사용되고 있는 대표적인 측정 방법에 대해 그 원리와 측정의 주의점에 대해 알아 본 후 열전대(thermo couple)를 이용하여 온도 측정 실습을 진행하고자 한다.

2 온도 측정 방법의 종류와 원리

(1) 유리관 온도계

여러 가지 온도 측정 방법 중에서 가장 쉽고 간단한 방법으로 오랫동안 사용되어 왔다. 가는 유리관 속에 온도에 따라 큰 체적 변화를 보이는 물질을 넣고 체적 변화를 측정하여 온도를 측정하는 방법이다. 내부에 들어가는 물질로는 알코올, 수은 등이 있다. 유리관 온도계에는 보통 액체 상태의 물질이 사용되므로 액체가 채우지 못한 관내의 공간에는 진공으로 하거나 불활성 기체를 넣어 사용한다. 또한 정확한 체적 측정을 위해 관 내부의 물질은 관 벽에 쉽게 달라 붙지 않아야 한다. 특히 알코올은 끓는점이 낮아 사용할 수 있는 온도 범위가 제한된다. 이런 점에서 알코올보다는 수은이 선호된다.

(2) 압력식 온도계

온도 변화에 따라 압력이 변화하는 성질을 이용한 온도계로서 밀폐된 관내에 미리 압축된 액체나 기체를 채우고 한쪽 끝에 압력계를 설치하여 온도 변화에 따라 압력 변화가 발생하면 이를 압력계로 읽어 온도를 측정한다. 가장 널리 사용되는 압력식 온도계는 다음 그림과 같다.

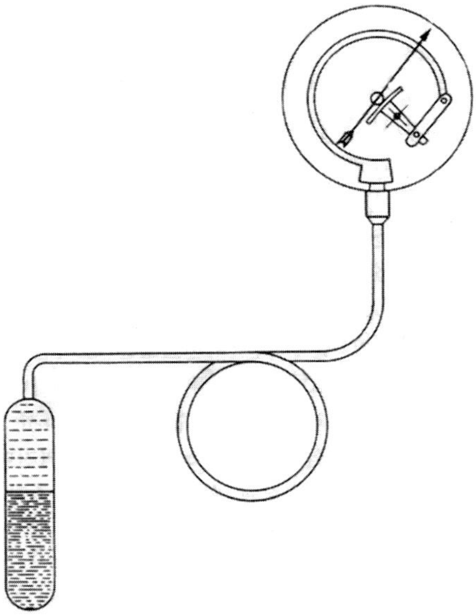

(3) 열저항식 온도계

온도가 변하면 전도체의 전기저항이 변화하는 특성이 있으며 이를 이용하는 것이 열저항식 온도계(Resistance Temperature Detector; RTD)이다. RTD에 사용되는 전도체는 동, 백금, 은 등이 있다. 최근에는 온도가 상승함에 따라 저항이 감소하는 음의 저항계수를 갖는 코발트, 망간, 니켈 산화물의 결합체와 같은 반도체 재료를 이용한 더미스터(Thermistor)라고 불리는 열저항식 온도계도 사용되고 있다. 다음에 몇 가지 기본적인 열저항식 온도계에 관해 알아 본다.

■ 저항 온도계

저항 온도계는 백금이나 니켈, 은으로 만든 가는 선을 이용하여 온도 변화에 따른 도선의 전기저항을 측정하여 온도를 측정한다. 시간 응답 특성을 향상하기 위해 매우 가는 도선을 사용하며 이 도선은 넓은 온도 범위에서 선형적인 저항 변화 특성을 보여야 한다. 이러한 조건을 만족하는 금속은 그리 많지 않으며, 그 중 우수한 특성을 보이는 금속으로서 백금, 니켈, 은 등이 많이 사용된다. 가장 일반적인 구조는 유리, 세라믹 또는 운모로 제작된 단열판이나 지주에 가는 도선을 감은 것으로서 다음 그림과 같은 구조를 가진다.

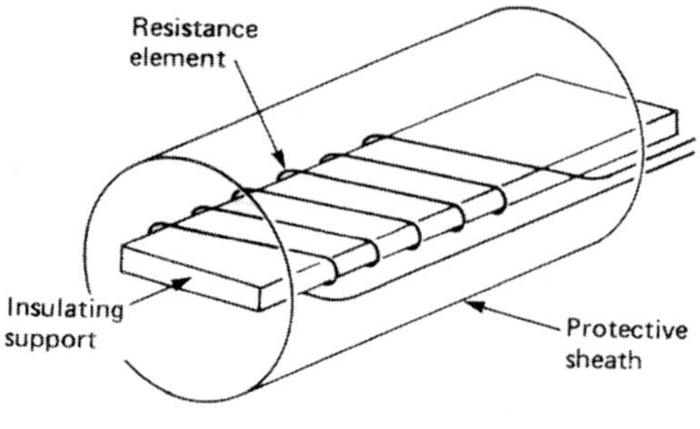

■ 더미스터 (Thermistor)

더미스터에 사용되는 반도체는 저항 온도계에 사용되는 금속보다 온도에 따른 저항의 변화가 급격하다. 예를 들어 백금 저항 온도계가 섭씨 100도의 온도 변화에 약 2배 정도의 저항 변화가 발생한다면 더미스터에 사용되는 반도체는 약 100배 이상의 저항변화를 나타낸다. 또한, 금속과는 달리 온도가 상승하면서 저항이 낮아지는 음의 저항계수를 보이는 특징이 있다. 어느 쪽으로 변화하던 온도에 따른 변화 폭이 크면 민감한 온도 센서를 만드는데 유리하다. 더미스터는 도선 형태로 만들어질 필요가 없으며 다음 그림에 나타난 것처럼 형태가 매우 다양하다.

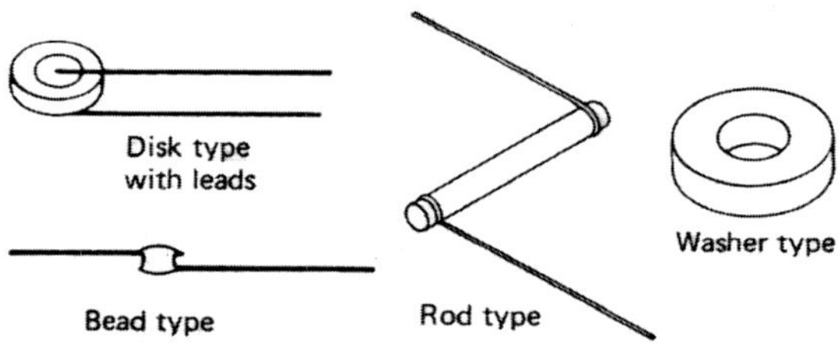

(4) 열전대식 온도계

1821년 T. J. Seeback은 두 가지 금속을 접합하게 되면 접점 사이에 기전력이 발생한다는 사실을 발견하였다. 그 이후 접점 사이의 전위가 단순한 금속 접점에서 발생하기도 하고 또한 도체 사이의 온도 차이에 의해서도 발생한다는 사실이 발견되었다. 이런 현상을 발견자의 이름을 따서 Peltier & Thomson 효과라고 부른다. 일반적으로 Thomson 전위는 Peltier 전위에 비해 대부분의 재료에서 무시될 만큼 작다. 이러한 원리에 의해 온도 측정을 하는 센서를 열전대(thermo couple)라고 한다.

보통 열전대는 이종 금속선을 접합시키고 한쪽 접점을 온도를 측정하고자 하는 곳에 위치하고 다른 쪽 접점 사이에 전위계를 설치하여 열접점과 냉접점 사이의 온도 차이에 의해 발생하는 전위차를 측정한다. 열전대에서 주의할 점은 열접점의 절대적인 온도를 측정하는 것이 아니라 냉접점과의 온도 차이를 측정한다는 점이다. 따라서 냉접점의 온도를 알고 있어야 열접점의 온도를 알 수 있다. 열전대를 다룰 때 적용되는 중요한 기본적인 법칙은 다음과 같다.

■ 중간금속의 법칙 (Law of Intermediate Metals)

만약 열전대 회로의 중간에 이종 금속이 도입된다고 하더라도 양 접점에 접합된 금속이 동일하면 두 접점 간의 전위차는 변함이 없다. 다음 그림처럼 온도 T_1과 온도 T_2에 열전대의 열접점과 냉접점이 각각 놓여 있을 때 온도 T_3 지역에서 이종 금속으로 열전대 금속을 잇는 경우 결과에는 아무런 변화를 주기 못한다. 이와 같이 열전대의 신호를 거리가 떨어진 곳으로 전송하기 위해 연결선을 사용하는 경우 중간에 구리선과 같은 저항이 작은 금속으로 사용할 수도 있다.

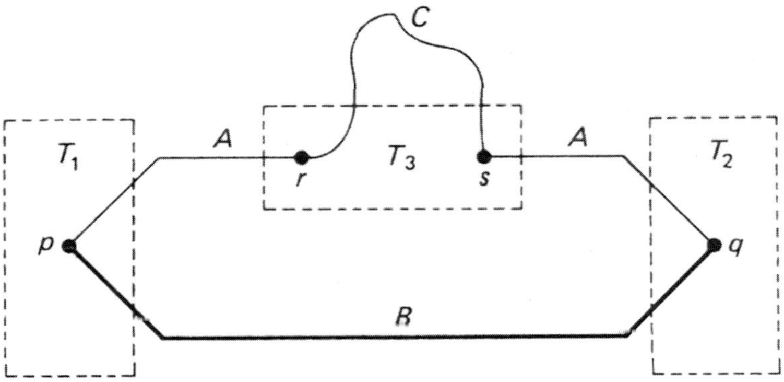

다음 그림처럼 열전대의 열접점이 온도 T_1 지역에서 이종 금속으로 연결되었다고 하더라도 이종 금속과 연결된 2개의 열접점 온도가 동일하다면 열접점과 냉접점 사이를 열전대로 연결한 상태와 결과의 차이는 없다. 이 법칙에 따라 열접점의 접합을 연납이나 경납과 같은 물질을 사용할 수 있으며, 측정 대상 표면이나 내부에 직접적인 접합이 없이도 묻혀서 사용할 수도 있다.

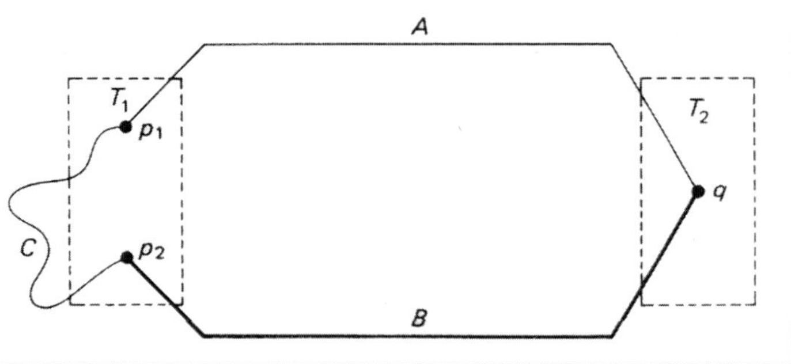

■ 중간온도 법칙 (Law of Intermediate Temperature)

간단한 열전대 회로에서 양접점의 온도가 T_1과 T_2 일 때, 기전력이 e_1이며 T_2와 T_3 일 때 기전력이 e_2 라고 한다면 온도가 T_1과 T_3 일 때의 기전력은 e_1+e_2가 된다. 이 법칙은 온도는 알고 있으나 직접적으로 조정할 수 없는 2차 접점에 대한 직접적인 보정이 가능하다. 또한 접점이 실제로 표준 온도에 있지 않더라도 표준 기준온도(0℃)에 의거한 열전대표의 사용이 가능하다.

■ 열전대의 종류

이론적으로는 어떤 종류의 금속도 열전대로 구성하여 사용될 수 있다. 그러나, 온도 센서로서 조건을 충족하려면 온도 변화에 따른 기전력이 클수록 좋고 넓은 온도 범위에서 선형성을 유지하는 것이 바람직하다. 현재 사용되고 있는 다양한 열전대는 온도 센서로서의 조건을 충족하는 금속으로 구성되어 있다. 다음 표에는 주요하게 사용되는 열전대의 종류와 구성 금속 그리고 사용온도 범위를 보여준다. 각 열전대는 기전력에 의한 음양 부호가 표시되어 있다.

열전대 방식	사용금속 (+)	사용금속 (-)	사용온도 범위, 섭씨
B	Pt. 30% Rh	Pt. 6% Rh	0 - 1820
E	chromel	constantan	0 - 1000
J	Fe	constantan	-210 - 760
K	chromel	alumel	0 - 1372
R	Pt. 13% Rh	Pt.	630 - 1665
S	Pt. 10% Rh	Pt.	630 - 1665
T	Cu	Constantan	0 - 400

■ 열기전력의 측정

열전대에 의해서 발생하는 기전력은 다른 센서들에 비해 매우 작다. 측정된 기전력으로 온도를 알아 내기 위해서는 미국 국립표준국에서 열전대의 기전력을 측정하여 표준으로 제정한 자료를 이용한다. 여기에서는 본 실습에서 사용하는 K 방식 열전대에 대한 자료만을 다음과 같이 나타내었다. 다음 표는 기준 온도를 섭씨 0도를 기준으로 작성한 것이다.

***미국국립표준국(NIST) 자료**

K 방식 열전대 변환식 [T: 온도 (섭씨), X: 밀리볼트]			
기준식	$X = a_0 + a_1T + a_2T^2 + \cdots + a_nT^n + b_0\exp[b_1(T-b_2)^2]$		
적용온도	0 – 500 (0 – 20.644 mV)		
a_0	-0.176004136860E-1	a_1	0.389212049750E-1
a_1	0.185587700320E-4	a_3	-0.994575928740E-7
a_2	0.318409457190E-9	a_5	-0.560728448890E-12
a_3	0.560750590590E-15	a_7	-0.320207200030E-18
a_4	0.971511471520E-22	a_9	-0.121047212750E-25
b_0	0.1185976E+0	b_1	-0.1183432E-3
b_2	0.1269686E+3		
K 방식 열전대 변환식 [X: 밀리볼트, T: 온도 (섭씨)]			
기준식	$T = a_0 + a_1X + a_2X^2 + \cdots + a_nX^n$		
적용온도	0 – 500 (0 – 20.644 mV)	적용온도	500 – 1372 (20.644 – 54.886 mV)
오차	- 0.05 ℃	오차	- 0.05 ℃
a_0	0	a_0	-1.318058E+2
a_1	2.508355E+1	a_1	4.830222E+1
a_2	7.860106E-2	a_2	-1.646031E+0
a_3	-2.503131E-1	a_3	5.464731E-2
a_4	8.315270E-2	a_4	-9.650715E-4
a_5	-1.228034E-2	a_5	8.802193E-6
a_6	9.804036E-4	a_6	-3.110810E-8
a_7	-4.413030E-5		
a_8	1.057734E-6		
a_9	-1.052755E-8		

열전대의 기전력 측정은 과거에는 전압평형전위차계(voltage-balancing poteionmeter)를 사용하였으나 요즘에는 디지털 표시 온도계 등을 사용한다. 전위차를 측정할 수 있는 어떤 종류의 측정기를 사용하더라도 기전력을 위의 표와 같은 변환식을 통해 변환하여 주어야 온도에 대한 측정값을 얻을 수 있다. 요즈음에는 컴퓨터를 이용한 자료획득장치(DAQ)를 사용하여 측정된 전위를 소프트웨어를 이용하여 손쉽게 온도로 변환할 수 있다.

열전대를 이용하여 온도를 측정할 때 잊지 말아야 할 것은 열전대에서 발생되는 전위차는 열접점과 냉접점 사이의 온도차이에 의해 발생하는 점이다. 전위차를 측정하기 위해서는 다음 그림과 같이 열전대를 구리 도선으로 연결하여 구리 도선이 측정기로 연결되어야 한다. 이 때 열전대에서 발생하는 전위차는 구리 도선과 열전대가 연결되는 냉접점과 온도를 측정하려는 열접점 사이의 온도차에 의해 발생되는 것이다. 만약 구리 도선과 열전대가 연결되어 있는 냉접점의 온도가 측정기가 놓여진 곳의 온도와 다를 때는 측정된 전위차를 이용하여 열접점의 정확한 온도를 측정할 수 없게 된다.

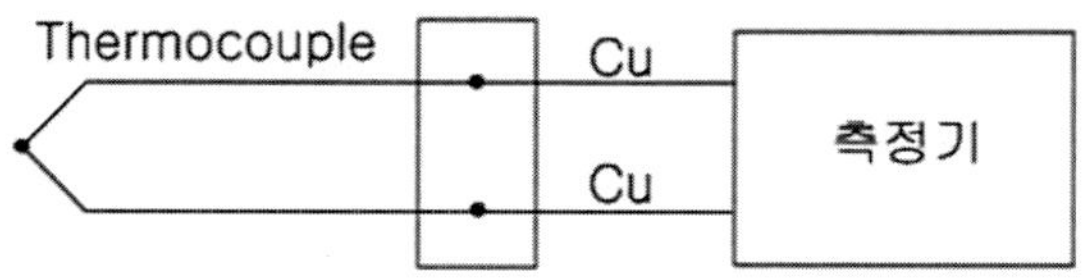

정확한 온도 측정을 위해 열전대와 구리 도선이 연결된 곳의 온도를 알아야 하고 이를 측정기에서 측정된 전위차에 적용하여 보상을 해주어야 하는데, 이 작업을 냉접점 온도보상이라고 한다. 일반적으로 냉접점 온도 보상은 얼음물을 이용하는 방법, 냉접점 온도 측정 방법, 전기적인 방법 등이 있다.

3 온도 보정과 냉접점 온도보상 (Cold-junction Calibration)

온도측정에 어떤 방법을 사용하더라도 오랜 동안 변함없이 특성을 유지하는 온도 센서는 없다. 정확한 온도 측정을 위해 온도 보정 작업은 반드시 거쳐야 하는 작업이다. 열전대의 경우 비교적 오랜 시간 동안 금속 재질의 변화가 크지는 않지만 사용 도중 발생하는 불순물과 접점의 상태 변화 등에 의해 측정 오류가 발생할 여지가 있다. 온도 보정은 이미 알고 있는 온도를 이용하는데, 가장 신뢰성 있는 온도는 물질에 따라 변하지 않는 고유 온도이다. 예를 들어 물의 빙점과 비등점은 순수한 물의 경우 변하지 않는 온도이다. 정밀한 온도 보정을 위해 특정 물질을 넣어 열을 가한 다음 해당 물질의 용융점을 측정하도록 되어 있는 보정기가 사용된다. 다음 표는 순수한 물질의 고유 온도를 보여준다.

고유 온도	섭씨 온도	화씨 온도
물의 빙점	0	32
물의 비등점	100	212.0
유황의 용융점	444.60	832.28
은의 용융점	960.78	1761.4
금의 용융점	1063.0	1945.4

열전대의 기전력은 열접점과 냉접점 사이의 온도 차이에 의한 것임을 이미 설명하였다. 따라서 어느 한 곳의 온도를 알고 있어야만 다른 곳의 온도를 알 수 있다. 측정하려는 곳에 열접점을 위치한다면 냉접점의 온도는 이미 알고 있는 온도이어야 한다. 냉접점에 대한 온도 보상을 냉접점 온도보상이라고 하는데 다음과 같은 방법들이 사용된다.

① 냉접점의 온도를 고유온도가 되도록 한다. 일반적으로 냉접점을 물의 빙점이 되도록 하는 방법이 가장 흔하게 사용된다.

② 냉접점의 온도를 측정하여 사용하는 열전대의 기전력 자료에서 냉접점 온도에 해당하는 기전력 값을 더해 준다.

③ 사용하는 열전대가 냉접점 온도와 기준 온도 차이에서 발생하는 기전력 만큼의 전위를 발생하는 보상회로를 열전대 회로에 포함시켜 측정기에는 자동적으로 냉접점 온도가 보상된 전위가 측정되도록 한다.

위의 어느 방법이던 냉접점의 온도를 정확히 알고 그에 알맞은 보상을 하도록 하는 것이다. 첫번째 방법은 과거에 흔하게 사용되었으나 얼음과 물을 준비하여야 하므로 요즘에는 광범위하게 사용하지 않는다. 두 번째 방법은 컴퓨터 자료획득장치를 사용하면서 소프트웨어로 보상할 수 있는 장점이 있으며 많은 열전대를 사용하는 경우 단 하나의 온도 센서로서 냉접점 온도를 측정하여 전체를 보상할 수 있는 장점이 있다. 세 번째 방법은 특별히 온도보상을 위해 소프트웨어를 사용할 필요가 없이 하드웨어로서 열전대 회로에 직접 구성할 수 있어 간편한 장점이 있으나 열전대 회로가 많아질수록 그 만큼 많은 보상회로가 필요하다.

본 실습에서 사용할 첫번째와 두번째 방식에 대해 조금 더 상세하게 설명하겠다. 냉접점이 항상 일정하고 이미 알려져 있는 온도로 유지되는 가장 간단한 방법은 섭씨 0 도의 물에 담구어 놓는 방법이다. 섭씨 0 도의 물은 순수한 물에 얼음을 띄어 놓은 상태에서 오랜 시간 유지될 수 있다. 장시간에도 일정한 온도를 유지하기 위해 보온병에 얼음을 넣고 물을 채워 놓으면 된다. 섭씨 0 도의 물에 열전대선과 구리 도선을 접합한 부분을 담가 놓으면 냉접점의 온도가 일정하게 유지된다. 전기 접점을 그대로 물에 담가 놓는 경우 발생할 수 있는 부식과 전기적인 문제를 방지하기 위해 유리관에 넣은 채로 물에 담가 놓으면 된다. 다음 그림은 물의 빙점을 이용한 냉접점 온도보상 상태를 나타낸다.

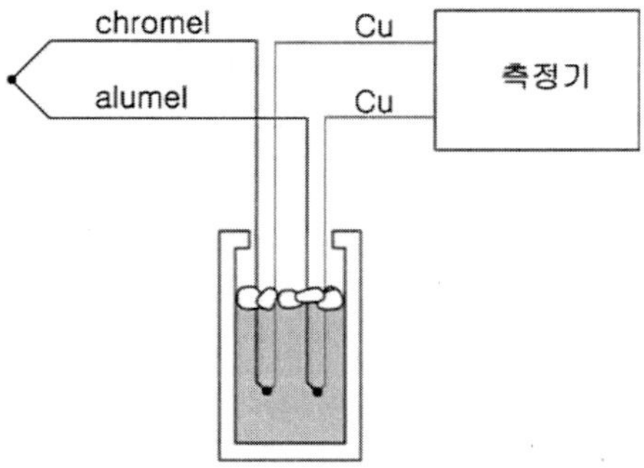

냉접점 온도보상을 위한 두 번째 방법은 냉접점의 온도를 측정하여 이에 대해 측정된 열전대의 기전력 값을 보상하여 주는 방법이다. 본 실습에서는 냉접점의 온도를 측정하기 위해 반도체 온도센서를 이용하는데 National Semiconductor사의 LM35를 사용하며 이를 위한 회로는 다음과 같다.

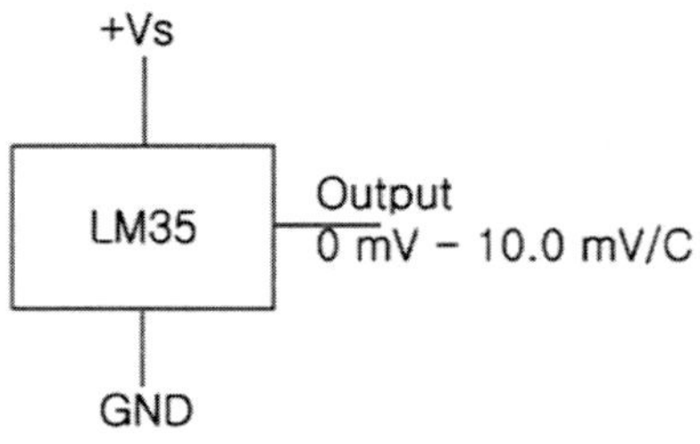

반도체 온도센서 LM35에 주어지는 전원은 컴퓨터에서 공급되는 +5V를 사용하며 출력은 바로 자료 획득장치로 공급되어 측정된다. 섭씨 1 도에 10 mV의 출력이 얻어지도록 되어 있어 매우 손쉽게 온도를 측정할 수 있다. LM35는 최저 −55 도에서 최고 150 도까지 사용할 수 있으며 상온에서 약 0.5 도의 정밀도를 가진다. 컴퓨터 자료획득장치는 본 회로에서 발생되는 전위값을 측정하여 온도로 변환한 후 해당 열전대가 냉접점 온도에서 발생하는 기전력을 위에서 주어진 변환식을 이용하여 계산한 다음 이 전위를 열전대에서 측정된 전위값에서 빼주어 전위값으로 실제 온도를 계산한다. 이렇게 하는 이유는 열기전력의 측정을 설명하는 부분에서 소개한 변환식은 섭씨 0 도를 기준으로 만든 자료이므로 모든 기준 온도가 섭씨 0 도인 것으로 가정하고 있기 때문이다. 이를 식으로 나타내면 다음과 같다.

$$\begin{aligned} V_{true} &= \alpha(T_{hot} - T_{ref}) = \alpha[(T_{hot} - T_0) - (T_{ref} - T_0)] \\ &= V_{measured} - V_{ref} \end{aligned} \tag{1}$$

위의 식에서 α는 전위-온도 변환을 위한 계수이다.

4 시간에 따른 물체의 온도변화

본 실험에서는 데운 물의 시간에 따른 온도변화를 측정할 것이다. 이에 컵에 담긴 물의 온도변화에 대한 이론적인 내용을 살펴 본다. 열전달 이론에 따라 컵에 담긴 높은 온도의 물은 주위로 컵의 벽과 물의 윗면을 통해 열을 빼앗긴다. 컵에 담긴 물의 위치에 따른 온도변화를 계산하는 것은 무척 어려운 일이다. 하지만 문제를 간단하게 생각하여 컵에 담긴 물의 온도가 위치에 따라 거의 같다고 가정하고 임의의 위치에서 시간에 따른 물의 온도변화를 계산하는 것은 Lumped-Heat-Capacity Method를 이용하여 가능할 것이다. 본 내용에 관한 자세한 사항은 열전달 교과서를 참조하기 바란다.

컵에 담긴 물의 온도가 위치에 따라 다르지 않다고 가정하고, 시간에 따라 변하는 온도를 T라고 하며, 주위의 온도를 T_∞라 한다. 또한 물의 초기온도를 T_0라고 한다면 컵의 물에서 주위로 전달되어 나가는 열량은 다음과 같이 표현된다.

$$q = hA(T - T_\infty) = -\rho CV \frac{dT}{dt} \tag{2}$$

위의 식에서 h는 열전도도, A는 열전달이 일어나는 단면적, ρ는 물의 밀도, C는 물의 비열, V는 물의 체적이다. 위의 미분방정식의 해를 초기조건을 대입하여 구하면 다음과 같아 진다.

$$\frac{T - T_\infty}{T_0 - T_\infty} = e^{-(hA/\rho CV)t} \tag{3}$$

위의 식으로 컵에 담긴 물의 온도변화는 시간에 따라 단순한 지수함수 형태를 나타낸다는 것을 알 수 있다. 위의 식에서 $R_{th} = 1/hA$를 열저항으로 정의하며, $C_{th} = \rho CV$를 열용량(thermal capacitance)으로 정의하고 두 상수의 비인 $\rho CV/hA$를 시정수(time constant)로 정의한다. 즉, 시간이 시정수와 같아지면 $(T - T_\infty)$가 $(T_0 - T_\infty)$의 36.8% 가 된다. 시정수는 현재 열 시스템의 전체 열저항에 대한 열용량의 비를 나타낸다. 시정수가 크면 열저항이 작거나 열용량이 큰 것을 의미한다.

5 온도 측정장치

본 실습에서는 열전대를 이용한 온도 측정 실습을 진행한다. 열전대는 K 방식의 열전대를 사용하며 냉접점 온도보상을 위해서는 물의 빙점을 이용한 방법과 냉접점의 온도를 측정하여 소프트웨어로 보상하는 방식을 사용한다. 온도 측정장치는 다음 그림에서 보는 바와 같이 냉접점이 동일한 모듈에 설치되어 있고 물의 빙점을 이용한 온도보상을 위한 보온병과 냉접점 온도를 측정하여 보상하기 위한 반도체 온도센서를 장착한 부분으로 이루어져 있다.

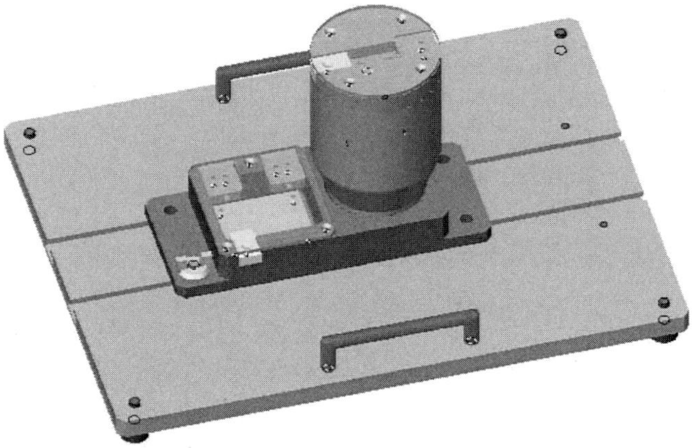

그림에 보이는 오른쪽 부분은 보온병이며 보온병 뚜껑에 열전대용 커넥터와 구리 도선을 위한 커넥터가 마련되어 있다. 그림 왼쪽에 보이는 부분은 반도체 온도센서를 장착하여 냉접점의 온도를 측정하도록 한 기판이 장착되고 동일한 부분에 냉접점이 마련되어 있다. 열전대에서 측정되는 전위는 증폭기를 거쳐 컴퓨터 자료획득장치로 공급된다. 사용되는 증폭기는 다른 실습에서 사용되었던 것과 동일한 증폭기를 사용하며 증폭비는 ×100 으로 맞추어 사용한다. 위의 그림에는 증폭기는 나타나 있지 않으나 실습을 진행할 때에는 증폭기를 설치하여 진행한다.

측정용 열전대는 한쪽 끝이 용접되어 있고 다른 쪽 끝은 연결용 커넥터가 달린 길이 약 50 센티미터 정도로 준비되어 있다. 방식은 K 방식이여 열전대 연결용 커넥터 역시 모두 K 방식 열전대 재료와 동일한 재료로 제작된 것을 사용한다. 측정을 위한 구리 도선 역시 보온병 뚜껑에 마련된 커넥터와 바닥쪽에 설치된 커넥터를 교체하여 연결할 수 있도록 커넥터를 설치하여 준비되어 있다.

6 온도 측정 실습

실습에 사용되는 열전대의 정밀도를 보장하기 위해서는 열전대를 우선 보정하여야 한다. 그러나, 일반적으로 공급되는 열전대의 정밀도는 허용할 만한 오차 범위를 가진 상태로 제작사에 의해 보장된다. 열전대의 정밀도는 열전대 재료의 순도와 따라 결정되며 접합 상태에 따라서도 영향을 받는다. 열전대의 보정을 위해서는 고유온도를 제공할 수 있는 장치가 필요하다. 열전대 보정장치는 매우 정밀하고 고가이므로 본 실습을 통해 제공되기에는 어려움이 있어 본 실습에서는 이 과정은 생략하고 진행하기로 한다.

실습은 냉접점 온도보상 실습과 온도 측정실습으로 나누어서 진행한다. 실습을 위한 Labview 프로그램은 미리 준비되어 있다. Labview VI의 첫 번째 출력은 단순히 측정된 전압값이며 두 번째 결과는 열전대의 전위-온도 간 변환을 자동적으로 계산한 후 온도로 변환된 값이다. 측정된 열전대 기전력을 실제 온도로 변환하여 주려면 위의 표에서 주어진 계산식에 따라 계산을 하여야 한다. 간단하게는 Excel을 사용하여 계산할 수도 있고, 휴대용 계산기를 이용하여 계산할 수도 있으며, 본 실습에서와 같이 Labview 프로그램을 이용하여 자동화할 수도 있다.

(1) 온도 신호의 잡음(noise) 방지 대책

컴퓨터 자료획득장치를 사용하여 열전대 전위를 측정할 때 주의할 점은 잡음에 대한 대책이다. 열전대에서 발생하는 신호는 매우 작은 신호이다. 열전대가 마치 안테나 역할을 하면서 열전대 주위를 지나는 전자기선에 의해 유도되는 신호는 미약한 열전대의 기전력에 무시하지 못할 정도의 잡음이 섞이게 한다. 이런 상태로 열전대의 기전력을 측정하면 어느 신호가 열전대의 기전력인지 구분할 수 없게 되어 매우 큰 실험 오차를 발생할 수 있다. 열전대 측정에서 가장 큰 영향력을 주는 잡음은 전원선에서 발생되어 열전대에 유도기전력을 발생하는 전원 잡음이다. 전원 잡음은 주기가 60Hz 이다. 또한 그 외의 많은 잡음원들은 열전대에서 측정되는 전압에 무수히 많은 잡음이 섞이게 한다. 전기적인 잡음의 특징은 순간적으로 매우 높은 전압을 나타내지만 전류값이 거의 0에 가까워 전력값은 극히 낮으며 높은 주파수 값을 가지고 있다.

컴퓨터 자료획득장치의 입력부는 매우 높은 임피던스를 가지고 있어 입력 신호 중에 섞여 들어오는 매우 작은 전력을 가진 잡음에 의해서도 쉽게 영향을 받아 매우 높은 전압값을 측정한다. 원하지 않는 잡음으로 인한 실험 오차를 발생하지 않으려면 잡음을 차단할 수 있는 대책을 세워야 한다. 잡음에 대한 대책은 대략 몇 가지 방법을 함께 사용한다. 첫째가 저주파 필터를 부착하는 방법이다. 대부분의 증폭기는 입력단에 저주파 필터가 설치되어 있다. 본 실습에서 사용하는 증폭기도 필터를 설치하여 규정 주파수보다 높은 주파수의 입력 신호를 차단한다. 온도 신호는 대개 낮은 주파수를 가진다. 온도를 측정하려는 대상체의 온도가 매우 빠르게 변하는 일은 거의 없기 때문이다. 따라서 10Hz 미만의 Cut-off 주파수를 설정하면 전원선에 의한 잡음을 포함하여 높은 주파수의 잡음을 걸러내는데 도움을 준다.

저주파 필터를 사용하여도 잡음을 완전히 걸러낼 수는 없다. 미리 설명하였지만 온도 신호는 높은 주파수를 가지지 않는 특징을 이용하여 소프트웨어를 이용해 잡음을 차단할 수 있다. 컴퓨터 자료획득장치의 입력신호 측정주기는 주어진 범위 내에서 자유롭게 조절할 수 있으므로, 낮은 주파수로 온도 신호를 측정하는 대신 높은 주파수로 온도 신호를 측정한 다음 일정한 주기로 측정된 신호의 평균값을 구하여 실제값으로 사용한다. 예를 들어 온도 신호를 1kHz로 측정한 후 이를 100개 단위로 평균을 취하여 결과를 내면 결과적으로 10Hz의 주파수로 신호를 측정한 것과 같아진다. 이렇게 함으로써 짧은 시간 동안 유지되는 잡음은 평균을 내는 과정에서 모두 걸러져 버리고 지속적으로 유지되는 전위값만이 유효한 신호로 남게 된다. 본 실습을 위해 준비된 Labview 프로그램도 이와 같은 방법으로 평균값을 이용한 잡음 제거 방식을 채용하였다. 물론, 증폭기의 입력단에 10Hz의 저주파 필터가 설치되어 있고 또한 컴퓨터 자료획득장치 내부에 저주파 필터가 장착되어 작동하지만 모두 완전한 방법은 없기 때문에 다시 한번 소프트웨어를 사용한 평균값 방법을 사용하고 있는 것이다.

준비된 Labview 프로그램은 2개의 서브 프로그램을 불러다 사용한다. 2개의 서브 프로그램은 위에서 설명한 기전력을 온도로 변환하고 온도를 기전력으로 변환하는 프로그램이다. 따라서 실습을 위해서는 기본 프로그램과 서브 프로그램이 모두 한 폴더 내에 있어야 한다. 프로그램 화면을 보면 왼쪽 하단에 온도보상용 센서 단추가 있는데 이는 기본적으로 OFF 상태로 되어 있으며 필요할 때 눌러서 ON 상태로 하면 된다. 그 오른쪽에 증폭기의 증폭비를 넣는 부분이 있는데 기본적으로 100으로 맞추어져 있다. 프로그램의 실행은 왼쪽 위의 실행 단추를 이용하지만 정지는 오른쪽 하단에 있는 STOP 단추를 누르면 정지하도록 되어 있다. 기본적으로 채널 0에 열전대의 입력 신호가 연결되도록 되어 있고 채널 1에 온도보상용 센서 신호가 연결되도록 되어 있으므로 이를 변경할 필요는 없다. 그 오른쪽에 나타나는 전위와 온도는 각각 열전대에서 측정되는 전위와 이를 바탕으로 계산한 온도 그리고 온도보상용 센서에서 측정되는 전위와 온도를 나타낸다. 시간에 따른 온도를 기록하기 위해 화면 하단에 기록용 버튼이 있다. 저장용 패스에 파일이름을 넣거나 오른쪽의 폴더 아이콘을 눌러 적절한 장소에 파일이름을 만든 후 자료 저장 버튼을 누르면 그 시점부터 자료가 저장된다. 저장을 멈추고 싶을 때에 다시 자료 저장 버튼을 눌러 OFF로 표시되도록 하면 된다.

프로그램 내부에서는 5 ms 당 하나의 온도를 읽어 모두 100 개를 읽으면 이를 평균하여 하나의 온도로 표시하도록 하였다. 그러므로 500 ms 에 하나씩의 온도가 표시된다. 즉 온도를 읽는 주기는 500 ms 인 것이다.

(2) 물의 빙점을 이용한 냉접점 온도보상 실습

물의 빙점을 이용한 냉접점 온도보상 실습을 위해서는 보온병에 물과 얼음을 섞어 넣어 물의 온도가 항상 섭씨 0도를 유지하여야 한다. 얼음은 너무 많아도 좋지 않으며 실습을 진행하는 동안 얼음이 녹아 없어지지 않을 정도만 넣은 후 보온병 뚜껑을 살짝 밀어 닫는다. 보온병 뚜껑에는 2 개의 커넥터가 설치되어 있다. 하나는 열전대용 커넥터이고 다른 하나는 신호를 증폭기로 연결하는 구리 도선용 커넥터이다. 뚜껑 아래쪽은 유리관이 2개가 설치되어 있고 각각의 유리관 속에는 열전대와 구리 도선을 접합시킨 접점이 위치한다. 빠르고 고른 열전달을 위해 유리관 내부는 열전달용 페이스트로 채워져 있다. 다음 그림은 보온병 뚜껑의 아래쪽 모습을 보여준다.

유리관은 쉽게 손상을 받을 수 있으므로 보호관에 의해 둘러싸여 있고 다시 보호관에 연결된 보호판에 의해 보호 받고 있다. 그러나, 실습 중 예기치 않은 일로 유리관이 파손될 우려가 있으므로 각별한 주의를 필요로 한다.

실습은 증폭기의 영점조절 및 스팬조절, 냉접점 온도보상 순으로 진행한다. 영점 조절 실습 순서는 다음과 같다.

step 1 실습에 앞서 증폭기의 전원을 켜고 약 2 - 3 분간 예열을 한다.

step 2 증폭비는 ×100, 필터의 값은 10Hz로 설정되어 있는 것을 확인한다.

step 3 SIG-와 GND를 연결하여 주고, SIG-와 다시 SIG+를 연결한다.

step 4 증폭기의 OUT은 LP68C 보드의 AICH0 단자에 연결하고 증폭기의 GND는 보드의 AICH8 단자에 연결한다. 그리고 LP68C 보드의 AIGND 단자와 AICH8 단자를 다시 연결한다.

step 5 전위 측정용 Labview 프로그램은 단순한 전압 측정용 VI를 사용한다. 화면에 있는 단추 중 온도보상용 온도센서 단추는 OFF 상태로 있는지 확인한다.

step 6 위와 같은 상태에서 ZERO 조절 가변저항을 조절하여 출력전압이 0이 되도록 한다.

스팬조절을 위해서는 이미 알고 있는 전압을 입력한 후 정확한 증폭비가 출력되는지 확인하여야 한다.

step 7 증폭기의 입력에 매우 미세한 전위를 입력하여야 하지만 현재는 정확한 전위를 발생하는 장치가 실습을 위해 마련되어 있지 않아 실습 전에 미리 정밀한 장치를 이용하여 스팬조절을 마친 증폭기를 준비하였으니 스팬조절 가변저항은 임의로 조절하지 않고 사용하면 된다.

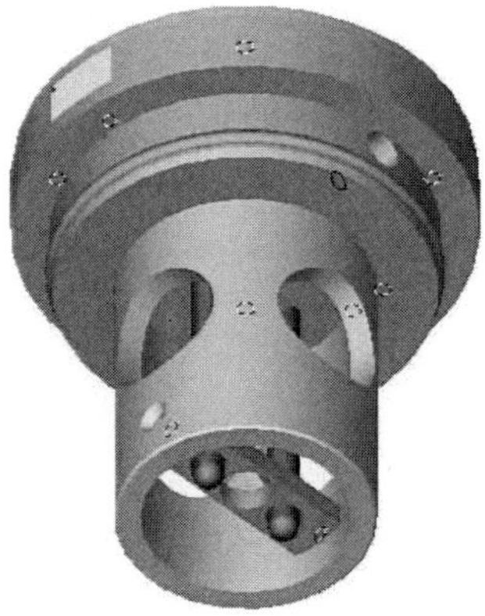

영점조절과 스팬조절이 끝난 후 냉접점 온도보상 실습을 다음과 같은 순서로 진행한다.

step 1 보온병 뚜껑을 열고 준비된 물과 얼음을 적당한 높이까지 채운다. 이때 너무 많은 얼음을 넣지 않도록 주의한다.

step 2 물과 얼음이 채워진 후 보온병 뚜껑을 조심해서 닫는다. 이때 보온병 뚜껑 밑부분에 설치된 유리관이 파손되지 않도록 주의한다.

step 3 보온병 뚜껑을 닫은 후 온도의 정상화를 위해 최소 3분 이상 기다린다.

step 4 측정용 열전대에 연결된 커넥터를 보온병 뚜껑에 설치된 열전대용 커넥터에 연결한다.

step 5 측정용 구리 도선에 연결된 커넥터를 보온병 뚜껑에 설치된 커넥터에 연결한다.

step 6 측정용 구리 도선 중 플러스 신호선을 증폭기의 SIG+에 연결하고 마이너스 신호선을 증폭기의 SIG-에 연결한다.

step 7 증폭기 출력신호를 컴퓨터 측정장치로 연결하는 상태는 영점조절 실습과 동일하게 유지한다.

step 8 측정용 열전대의 열접점은 그대로 상온 상태에 노출되도록 둔다. 열접점에 손이 닿거나 다른 열원에 노출되어 온도가 변하지 않도록 주의한다.

step 9 준비된 Lavbiew VI 의 출력값 전압 측정값을 읽는다.

step 10 측정된 전압값을 Excel을 이용하여 온도로 변환하여 기록한다.

step 11 Labview VI에서 출력되는 변환된 온도값을 읽어 위에서 계산한 온도값과 같은지 비교하고 기록한다.

step 12 다음으로는 열전대와 구리 도선이 모두 연결된 채로 보온병의 뚜껑을 열어 조심스럽게 물기를 닦아 내고 책상 위 통풍이 잘 되는 곳에 놓아 둔 채로 유리관의 온도가 상온과 같아지도록 약 5분 간을 둔다.

step 13 유리관의 온도가 상온과 같아졌다고 판단된 후, 위에서 실습한 대로 열전대의 기전력을 측정하여 온도를 구한다.

step 14 이렇게 측정한 온도와 유리관이 물과 얼음이 섞여 있는 보온병 속에 담겨 있을 때 측정한 온도와 비교한다.

(2) 반도체 온도센서를 이용한 냉접점 온도보상 실습

물의 빙점을 이용한 냉접점 온도보상 실습이 종료된 후 반도체 온도센서를 이용한 냉접점 온도보상 실습을 다음과 같은 순서로 진행한다.

step 1 측정용 열전대에 연결된 커넥터를 보온병에 설치된 커넥터에서 제거하고 블록의 낮은 곳에 마련된 열전대용 커넥터에 연결한다.

step 2 반도체 온도센서 기판이 설치된 곳에는 2 개의 구리 도선용 커넥터가 있다. 하나는 열전대와 연결되는 구리 도선을 위한 커넥터이고, 다른 하나는 반도체 온도센서 출력을 연결하기 위한 커넥터이다.

step 3 물의 빙점을 이용한 냉접점 온도보상 실습에서 보온병 뚜껑에 설치된 커넥터에서 제거하고 반도체 온도센서 기판이 있는 곳의 열전대 신호용 커넥터에 연결한다. LP68C 보드의 연결 상태는 그대로 둔다.

step 4 반도체 온도센서를 위한 연결선이 준비되어 있는데 한쪽 끝은 구리 도선용 커넥터가 설치되어 있고 다른 쪽 끝은 LP68C 보드에 연결할 수 있도록 개방되어 있다. 이 연결선의 LP68C 보드쪽 연결선 중 전원공급선을 LP68C 보드의 +5V 단자에 연결하고, 출력선을 AICH1에 연결한다. 그리고 GND 선을 AICH9과 AIGND 단자에 공통으로 연결한다.

step 5 반도체 온도센서를 위한 연결선의 연결 상태를 확인한 후 커넥터를 반도체 온도센서 기판에 연결된 커넥터에 연결한다.

step 6 Labview VI 화면에 있는 온도보상용 온도센서 단추가 OFF로 있는지 확인한다.

step 7 측정용 열전대의 열접점이 상온의 상태에서 온도가 변하지 않은 상태로 유지된 것을 확인하고 열전대의 기전력을 측정하여 온도를 계산하여 기록한다.

step 8 화면에 나타난 온도센서 단추를 눌러 ON 상태로 변경한다.

step 9 위와 같이 동일한 상온을 측정하였을 때 측정된 온도를 기록하고 온도센서 단추가 OFF 상태에서 측정한 결과와 비교한다. 또한 물의 빙점을 이용한 온도보상 실습에서 측정된 결과와 비교한 후 차이점을 분석한다.

(3) 물의 온도변화 측정 실험

냉접점 온도보상 실험이 종료된 후 물의 빙점을 이용한 방법과 반도체 온도센서를 이용한 방식의 결과가 차이를 비교하고 차이가 크지 않다면 온도 측정 실험에서는 반도체 온도센서를 이용한 냉접점 온도보상 방법을 이용하여 실제 온도를 측정하는 실험을 진행한다. 실험 순서는 다음과 같다.

step 1 측정을 위한 열전대의 연결과 반도체 온도센서 신호 연결은 반도체 온도센서를 이용한 냉접점 온도보상 실습과 동일한 상태로 유지한다.

step 2 Labview VI 화면에 온도보상용 온도센서 단추는 ON 상태로 한다.

step 3 열전대의 열접점을 상온에서 약 2-3분 가량 놓아둔 후 현재 실온을 측정하여 기록한다.

step 4 Labview 프로그램의 저장용 버튼을 눌러 자료를 기록하기 시작한다.

step 5 물을 데워 컵에 담은 후 열전대의 열접점을 담가 컵 속의 물의 온도변화를 측정하며 기록한다.

step 6 물의 온도 변화를 관찰하면서 실온과 어느 정도 가까워진 온도에서 자료저장 버튼을 다시 눌러 기록을 중단하고 열접점을 컵에서 제거한다. 식어진 컵의 물은 안전하게 폐기한다.

step 7 저장된 자료를 엑셀이나 그래프를 그릴 수 있는 프로그램으로 옮긴 후 초기 온도에 해당되는 시점 이전의 자료를 제거한 후 지수함수로 근사 시킨다.

step 8 근사 시킨 결과로부터 열전달 시정수를 구한다.

온도 측정 실험을 진행하기 위해 물을 가열하는 경우 안전에 특히 주의하여 실험을 진행한다.

7 과제 내용

각자가 속한 실습조에서 측정한 결과에 대해 실습 내용에서 요구된 내용으로 자료 처리를 한 후 측정 결과표와 함께 정리한다. 각종 측정값의 통계처리 결과를 바탕으로 측정 오차의 원인에 대해 논하고, 실험 오차에 대해 그 발생 원인에 대해 조사하여 보고서를 작성 제출하시오.

- 실습 과정에서 요구한 각각의 계산 과정을 정리하시오.
- 계산된 결과와 측정된 결과를 비교 분석하시오.
- 실습한 내용을 체계적으로 정리하시오.

스트레인게이지를 이용한 캔압력 측정 실험

CHAPTER 10

1. 실험 개요 및 목적
2. 배경 이론 및 지식
3. 실험 장치
4. 실험 방법
5. 과제 내용

1 실험 개요 및 목적

콜라, 사이다 등의 내용물을 포함하는 알루미늄캔 내의 압력은 이산화탄소 주입으로 인해 대기압보다 높다. 이는 높은 압력에서 더 많은 양의 이산화탄소가 용해될 수 있기 때문이다. 본 실험에서는 스트레인게이지를 이용하여 캔압력을 측정한다. 이를 통해 압력에 따른 실린더의 변형을 고체역학 관점에서 이해한다. 또한, 변형률(스트레인) 측정 방법, 스트레인게이지의 작동 원리 및 스트레인게이지 구동 회로 등을 익힌다.

2 배경 이론 및 지식

(1) 스트레인 게이지 기초

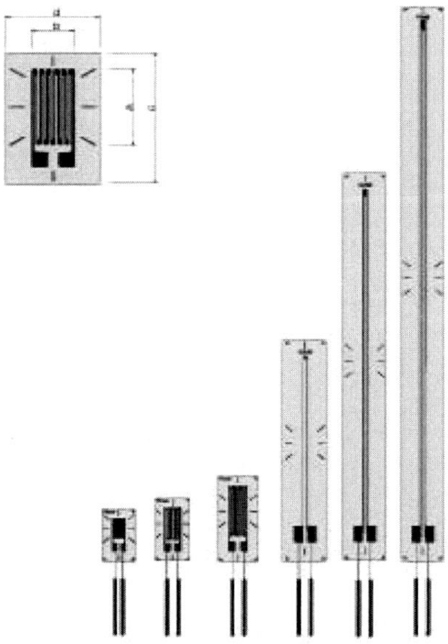

그림 1 다양한 스트레인게이지 형상

스트레인게이지는 기계공학에서 매우 널리 사용되는 센서 중의 하나로서 그림 1과 같은 형상을 가진다. 스트레스가 작용하여 변형이 발생하는 물체의 표면에 스트레인게이지를 부착하면 스트레인게이지에는 이 물체와 동일한 양의 스트레인이 발생한다. 한편, 모든 금속은 길이에 따라 전기저항이 변한다. 즉, 길이가 길어지면 전기저항이 증가하고 짧아지면 감소한다. 이 저항 변화를 측정하면 스트레인게이지가 부착된 위치에서의 변형을 측정할 수 있다. 일반적으로, 스트레인게이지는 한 방향의 길이 변화에만 영향을 받도록 설계되어 있다.

스트레인게이지의 변형률을 $\Delta l/l$ 이라 할 때 변형에 따른 전기저항 변화율, $\Delta R/R$과의 비를 GF(Gage Factor)라고 한다. 즉, $GF=(\Delta R/R)/(\Delta l/l)$ 로서 스트레인게이지의 감도(sensitivity)를 의미한다. 스트레인게이지의 GF는 일반적으로 2 정도의 값을 가지며 정확한 GF는 스트레인게이지의 datasheet을 통해 확인하여야 한다.

(2) 인장응력을 받는 알루미늄캔의 변형률

알루미늄캔의 내부 압력은 앞서 서술하였듯이 대기압 이상으로 가압이 되어있다. 따라서 캔은 원주방향 및 높이방향으로 인장력을 받고 있다는 것을 짐작할 수 있으며 이를 그림 2에 나타내었다.

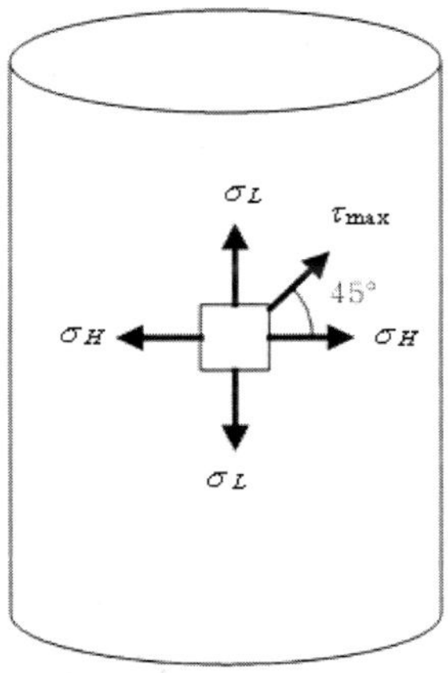

그림 2 알루미늄캔의 원주/높이 방향 응력 분포

이 때, σ_H 는 원주 방향으로의 응력(Stress), σ_L 은 높이 방향의 응력을 나타내며, 각각의 변형률은 ϵ_H , ϵ_L 이다. 캔 단면에서의 인장력과 압력의 분포는 그림 3과 같다.

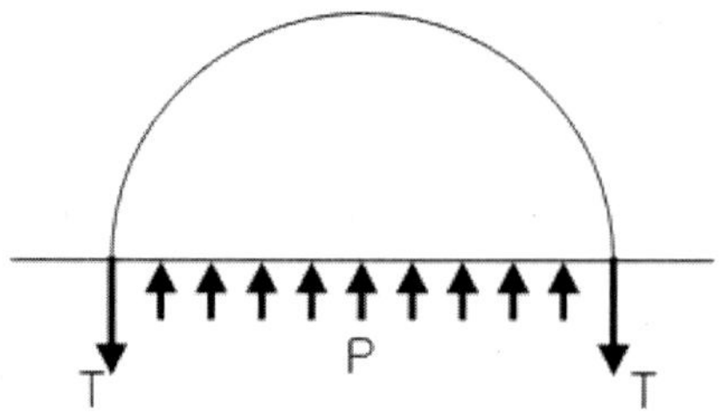

그림 3 캔 단면에서의 인장력과 압력 분포

여기서, 압력과 인장력, 응력 간의 관계를 살펴보면

$$\sigma_H = \frac{T}{t} = \frac{PD}{2t}, \quad \sigma_L = \frac{PD}{4t} \tag{1}$$

P: 캔 내의 압력

T; 단위길이당 인장력

D: 캔의 지름

t: 캔의 두께

이 때, 콜라 캔의 변형률과 응력과의 관계는 Hooke's law로부터 아래과 같이 표현된다.

$$\epsilon_H = \frac{1}{E}(\sigma_H - \nu\sigma_L), \quad \epsilon_L = \frac{1}{E}(\sigma_L - \nu\sigma_H) \tag{2}$$

E: Young's modulus

ν: Poisson's ratio (0.334 for Aluminum)

식 (2)에 식 (1)을 대입하여 정리하면, 아래 식 (3)과 같이 변형률과 캔 압력과의 관계식을 구할 수 있다.

$$\epsilon_H = \frac{PD}{4Et}(2-\nu), \quad \epsilon_L = \frac{PD}{4Et}(1-2\nu) \tag{3}$$

식 (3)과 스트레인게이지의 GF를 결합하면 최종적으로 캔 내부 압력은 식 (4)와 같이 표현된다. 이 때 스트레인게이지는 원주방향과 길이방향에 따라 다른 식으로 표현됨을 주의한다.

$$P = \frac{4Et\epsilon_H}{D(2-\nu)} = \frac{4Et\,[(\triangle R/R)/GF]}{D(2-\nu)} \quad : \text{원주방향 장착 시}$$

$$P = \frac{4Et\epsilon_L}{D(1-2\nu)} = \frac{4Et\,[(\triangle R/R)/GF]}{D(1-2\nu)} \quad : \text{길이방향 장착 시} \tag{4}$$

한편 캔의 변형이 발생하기 전, 즉 캔이 가압되기 전에 스트레인게이지를 장착하는 것이 불가능하므로 실제 실험에서는 가압된 캔에 스트레인게이지를 붙이고 캔을 오픈하여 변형 전의 상태로 만들어 스트레인게이지의 저항 변화를 측정한다.

(3) 브리지 회로의 원리

앞에서 살펴본 바와 같이 스트레인게이지의 저항 변화율, $\triangle R/R$를 측정하면 캔압력을 알 수 있다. 하지만 스트레인게이지의 저항 변화율은 10-5 ~ 10-3로서 매우 작기 때문에 별도의 측정회로가 필요하다. 이 때 활용되는 회로를 휘스톤 브리지(Wheatstone bridge)라고 하며 이를 그림 4에 나타내었다.

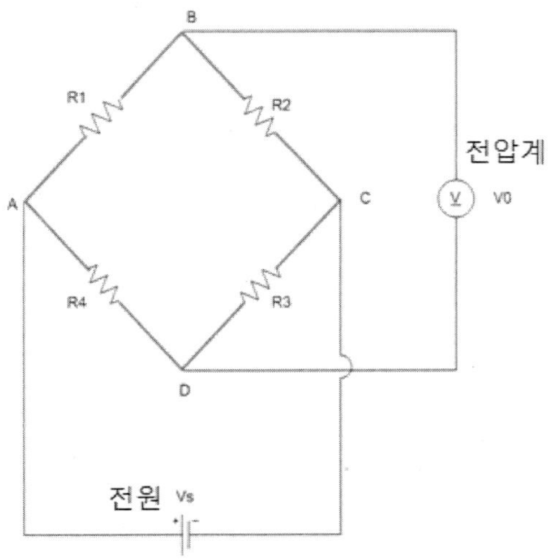

그림 4 휘스톤 브리지 회로

위 회로에서 B지점과 D지점의 전압을 구해보면,

$$V_B = \frac{R_2}{R_1 + R_2} V_s \,, \qquad V_D = \frac{R_3}{R_3 + R_4} V_s$$

가 되고 만약, R1/R2 = R4/R3를 만족하면 VB = VD 가 되어 전압계에 나타나는 전압은 0이 된다. 이 상태에서 R1값이 ⊿R1만큼 증가하였다면 VB는 감소하고 전압계에서는 VB 감소분만큼의 전압이 검출된다. 이 때 저항변화율이 매우 작으므로 전압변화도 매우 작다. 따라서 실제 스트레인게이지 사용 시에는 전압계 대신에 증폭기(일반적으로 1000배 이상)를 활용하여 먼저 전압을 증폭한 후에 측정을 수행한다.

한편, 스트레인게이지에 저항변화가 생기기 전 상태에서 출력전압을 0으로 맞추는 작업이 필요하며 이를 밸런스, 혹은 밸런싱(Balance, Balancing)이라 한다. 즉 브릿지 저항 중 하나를 가변저항으로 배치하고 그 값을 조정하여 출력전압이 0이 되도록 하는 과정이다. 일부 스트레인게이지 전용 증폭기의 경우 밸런스 기능이 내장되어 사용자가 별도의 저항 조정을 할 필요가 없는 경우도 있다.

브릿지 회로를 구성할 때 경우에 따라서 1개, 2개, 4개의 스트레인게이지가 사용되는데 스트레인게이지의 개수가 증가할수록 측정 감도가 높아진다. 브릿지 회로의 종류와 출력전압을 표 1에 나타내었다.

표 1 스트레인게이지의 브리지 회로와 출력 전압

Bridge Configuration	Description	Output Equation (Vout/Vin)
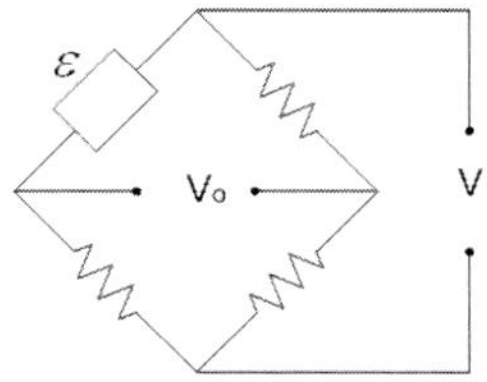	Single active gauge in uniaxial tension or compression	$\frac{K\epsilon}{4+2K\epsilon}$
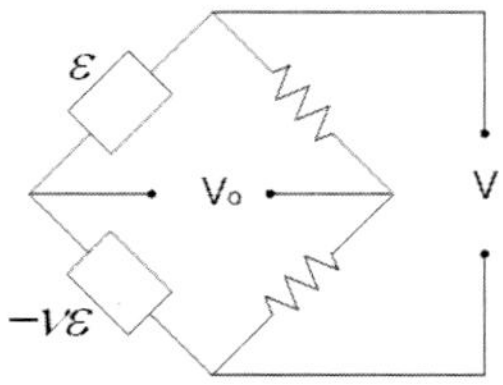	Two active gauges in uniaxial stress field one aligned with maximum principle strain, one 'Poisson' gauge	$\frac{K\epsilon(1+\nu)}{4+K\epsilon(1-\nu)}$
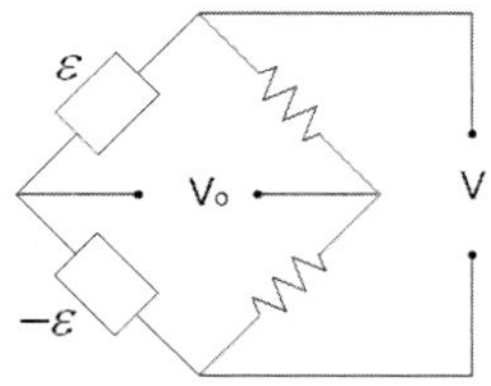	Two active gauges with equal and opposite strains: typical of bending-beam arrangement	$\frac{K\epsilon}{2}$

Bridge Configuration	Description	Output Equation (Vout/Vin)
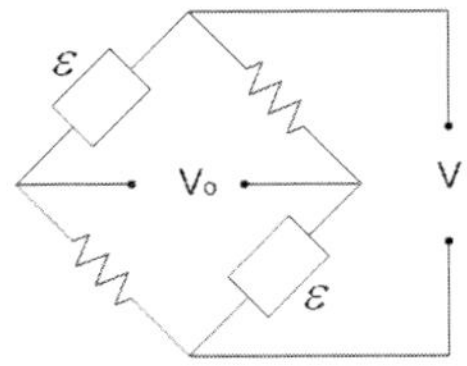	Two active gauges with equal strains of same sign: used on opposite sides of column with low temperature gradient	$\frac{K\epsilon}{2+K\epsilon}$
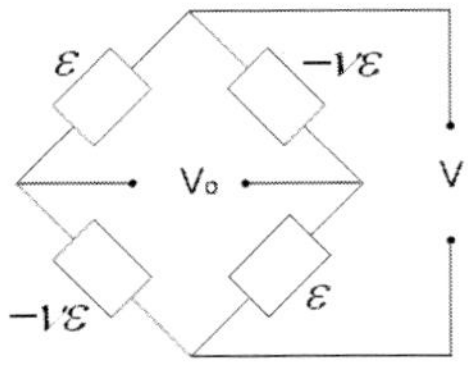	Four active gauges in uniaxial stress field two aligned with maximum principal strain, two 'Poisson' gauges (column)	$\frac{K\epsilon(1+\nu)}{2+K\epsilon(1-\nu)}$
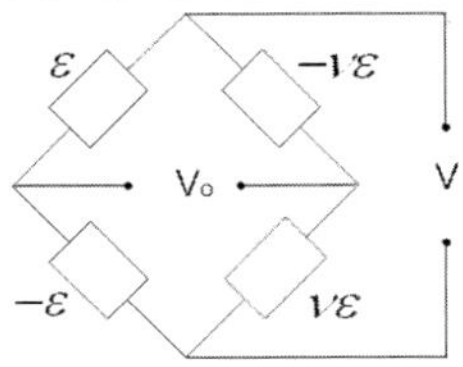	Four active gauges in uniaxial stress field two aligned with maximum principal strain, two 'Poisson' gauges (beam)	$\frac{K\epsilon(1+\nu)}{2}$
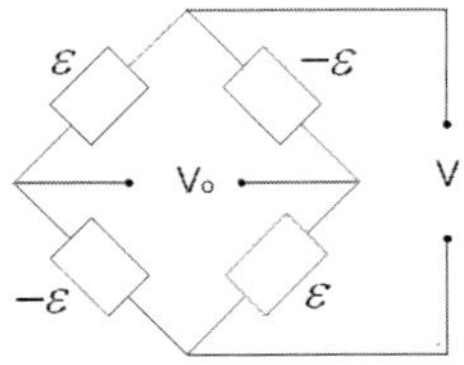	Four active gauges with pairs subjected to equal and opposite strains (beam in bending or shaft in torsion)	$K\epsilon$

3 실험 장치

(1) SC-2345

앞에서 설명하였듯이 스트레인게이지의 매우 작은 저항 변화를 측정하기 위해서는 증폭기가 필요하다. 또한 스트레인게이지에서 나오는 신호에 노이즈가 더해질 수 있고 이러한 노이즈가 합쳐진 신호를 증폭을 한다면 왜곡된 출력을 얻을 수 있으므로 노이즈 필터링이 필요하다. 이러한 증폭, 필터링 등의 일련의 작업을 Signal Conditioning 이라 한다. 본 실험에서는 National Instruments의 SCC-SG04 증폭기 모듈과 SC-2345 Signal Conditioning 장치를 사용한다. 그림 5에서 SC-2345를 볼 수 있다. 이 시스템은 오토 밸런싱 기능이 내장되어 있으므로 브릿지의 저항값을 정밀하게 조절할 필요가 없다.

그림 5 SC-2345 Signal conditioner와 SCC-SG04 Strain amp

(2) 스트레인 게이지와 기타 준비물

본 실험에서 사용할 스트레인게이지는 저항 120Ω, GF 2.1이며 표 1의 첫 번째 회로와 같이 하나의 스트레인게이지와 3개의 저항(120Ω)을 이용한다. 브릿지의 구성을 위해 브레드보드(Bread board)를 활용한다. 스트레인게이지와 캔과의 접착은 전용 접착제를 사용한다.

4 실험 방법

step 1 스트레인게이지를 캔 표면에 부착하기 위해 먼저 캔 표면을 사포로 깨끗이 문지른다. 스트레인게이지를 축방향이 아닌 둘레방향으로 부착하기 위해 접착제를 바른다. 스트레인게이지를 접착면에 위치시키고 손으로 눌러준다. 이 때 접착제가 마를 때까지 1분 정도 누른 상태를 유지한다.

step 2 스트레인게이지와 저항 3개(각 120Ω)를 이용하여 표 1의 첫 번째 그림과 같은 브릿지를 브레드보드 상에 구성한다. 스트레인게이지를 브레드보드에 연결하기 위해 전선을 각각 스트레인게이지의 양단에 납땜하여 사용한다.

step 3 SCC-SG04와 브릿지의 네 점을 연결한다. 브레드보드에서 SG04 모듈까지의 연결도 전선을 이용한다. 브리지회로의 전원부는 SG04 모듈의 1,2번 터미널과 연결하고 전압측정부는 SG04 모듈의 5,6번 터미널과 연결하여 준다. 여기까지 진행되면 하드웨어 설정이 완료된다.

step 4 다음으로 LabView를 이용한 데이터 확인 및 저장이 필요하다. MAX(Measurement and Automation Explorer)를 통해 Virtual Channel을 생성하고, LabView 프로그래밍을 통해 변형률 데이터를 수집하도록 한다. 여기까지 진행되면 소프트웨어 설정도 완료된다.

step 5 프로그래밍이 완료되면 실행시켜 데이터 표시창이 뜨는 것을 확인한다. 하드웨어와 소프트웨어 설정이 정상적으로 완료되었다면 스트레인게이지의 출력이 0 근처값으로 표시됨을 확인하라. 이 때 캔의 뚜껑 부위를 반복적으로 누르면 출력이 변화하게 된다. 변화되는 출력을 저장하고 저장된 데이터를 확인하라. 여기까지 완료되면 모든 준비가 끝난 것이다.

step 6 이제 마지막 단계가 남았다. 본 실험은 스트레인게이지를 이용하여 가압된 캔의 압력을 측정하는 것이다. 스트레인게이지는 가압 전과 후의 변형량만큼의 출력을 제공할 것이다. 본 실험에서는 가압 후 상태가 스트레인게이지 변형 전이므로 캔을 따서 변형 상태(스트레인게이지 수축)로 만들고 이 때의 스트레인게이지 변형량을 측정한다. 반드시 주의하여야 할 사항은 캔이 일단 개방되어 가압 전 상태가 되면 다시 가압 상태로 되돌릴 수 없으니 하드웨어 세팅 및 데이터 저장 등이 문제 없이 동작됨을 확인한 후 실시하여야 한다. 모든 준비가 끝났다면 먼저 데이터 저장을 시작한 다음 캔을 오픈하여 스트레인게이지의 출력 변화를 취득하라.

5 과제 내용

- 캔 오픈 전 후의 출력변화를 도시하라. 이 때 x축은 시간, y축은 스트레인게이지의 출력으로 한다.
- 캔 개방 전후의 스트레인게이지 출력 변화로부터 캔에 가해진 스트레스, 스트레인과 압력을 구하라. 이 때 캔 재질은 알루미늄으로 하고 캔의 두께와 외경은 버니어캘리퍼스를 이용하여 측정한다.

- 캔 압력과 높이 방향의 스트레스가 식 (1)과 같이 표현됨을 증명하고 하나의 스트레인게이지를 이용하여 압력을 측정할 때 원주방향으로의 부착이 더 유리한 이유를 제시하라.
- 표 1의 첫 번째 브릿지 출력이 $\frac{K\epsilon}{4+2K\epsilon}$가 되는 이유를 증명하라.

CHAPTER 11

Signal filter 실험

1. 실험 개요 및 목적
2. 배경 이론 및 지식
3. 실험 장치 및 방법
4. 과제 내용

1 실험 개요 및 목적

센서란 측정 대상의 물리량을 전기적 형태 등의 신호로 바꾸어 주는 장치를 말하며 이 신호를 취득함으로써 측정이 완료된다. 이 때 센서 출력, 즉 전기적 신호는 다양한 실험 환경에서 외부 노이즈에 영향을 받을 수 있으므로 이를 제거하기 위한 filter의 사용이 필요하다. 전기적 신호의 필터링은 저항(Resistor)과 커패시터(Capacitor)를 기본 부품으로 활용하여 구현할 수 있으며 이를 RC 필터라고 한다. 본 실험에서는 RC 필터의 동작 특성과 설계 요령을 익힌다.

2 배경 이론 및 지식

(1) 필터 기초

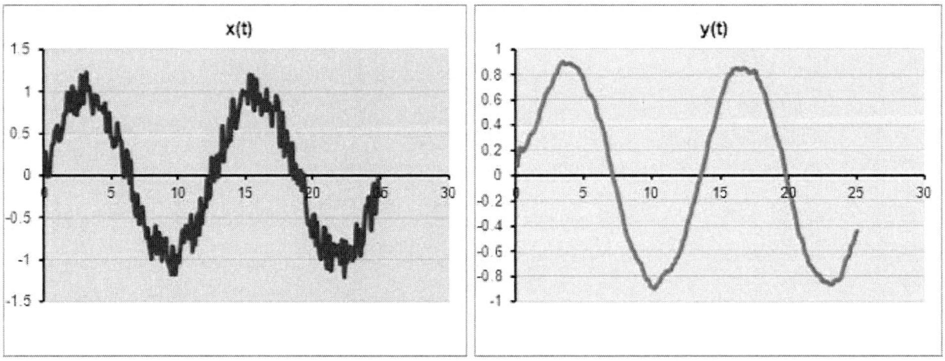

그림 1 Noise filter 사용 예

엔지니어는 센서를 이용한 측정이나 기기 사이의 통신 과정에서 다양한 형태의 노이즈를 접하게 된다. 노이즈는 원 신호를 왜곡하여 정밀한 측정이나 안정적인 통신을 방해하므로 이에 대한 대책이 요구된다. 필터는 측정 과정에서 노이즈 제거 등을 위해 널리 활용되는데 그림 1에 노이즈가 포함된 원 신호(x)와 필터링 된 신호(y)를 볼 수 있다. 이러한 기능은 그림 2에서 볼 수 있는 다양한 형태의 상용 필터를 활용할 수 있으며 이 외에도 간단한 수동 소자, 즉 저항, 커패시터, 인덕터 등을 이용하여 직접 구성할 수도 있다.

그림 3에 간단히 구성할 수 있는 RC(Resistor Capacitor) 필터와 RL(Resistor Inductor) 필터 회로를 제시하였다. 일반적으로 필터는 원하는 주파수만을 통과시키는 기능을 수행하며 Low pass filter란 저주파 신호를 통과시키고 High pass filter란 고주파 신호를 통과시키는 필터를 말한다.

그림 2 다양한 상용 필터

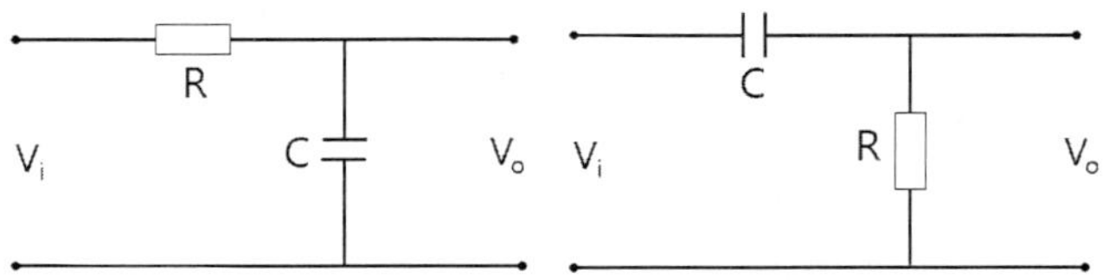

(a) RC low pass filter (b) RC high pass filter

(2) 필터의 종류와 특성

필터의 종류는 그림 4에 제시된 것처럼 Low pass filter, High pass filter, Band pass filter, Notch filter 등이 있다. 각각 통과시키는 주파수와 차단하는 주파수가 상이함을 알 수 있다. 사용자는 신호와 노이즈의 주파수 특성을 파악하고 용도에 적합한 필터를 선택하여 사용함으로써 노이즈가 제거된 신호를 얻을 수 있다.

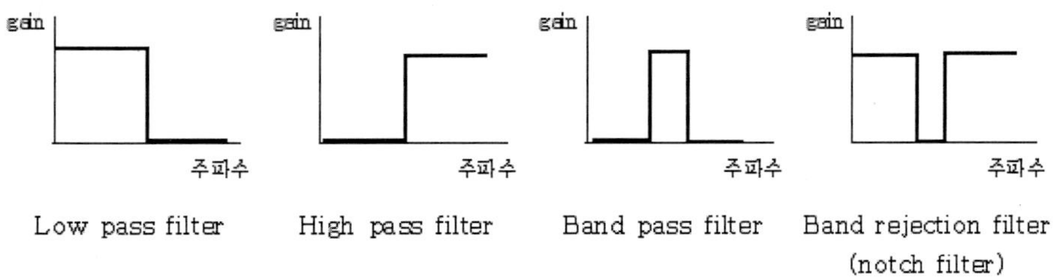

그림 4 필터의 종류(ideal filter)

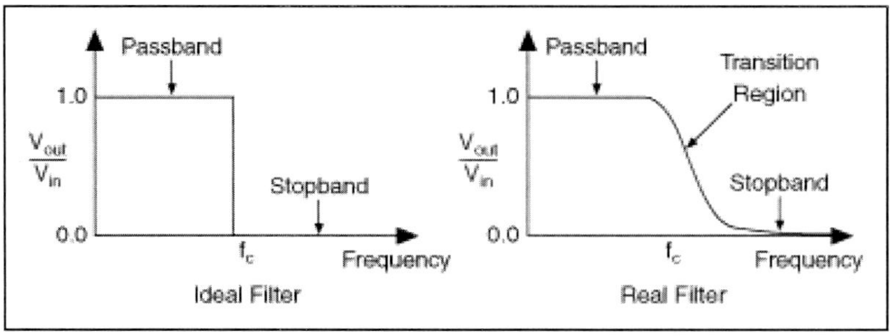

그림 5 이상적인 필터(ideal filter)와 실제 필터

그림 4에 표시된 필터는 이상적인 로패스 필터로서 설정 주파수를 전후로 통과와 차단을 완벽히 구분하지만 실제 필터는 그림 5에 표시된 것처럼 완전 통과도 완전 차단도 아닌 과도 구간이 존재한다. 이 구간에서는 입력전압에 비해 출력전압이 감소하게 되므로 필터를 설계/사용할 때 이를 고려하여야 한다.

(3) 필터의 차단주파수(Cutoff frequency)

과도 구간 내에서 입력 대비 출력 전압의 비가 -3dB, 즉 $1/\sqrt{2}$ (= 0.707) 이 되는 지점을 차단주파수(cutoff frequency)라고 하며 필터 주파수 특성의 기준으로 삼는다. 그림 6에서 로패스 필터의 주파수 특성 및 차단주파수 fc를 볼 수 있다. 이 때 차단주파수는 R과 C의 값으로부터 계산이 가능한데 그 관계를 식 (1)에 나타내었다. 100nF 의 커패시터와 10kΩ 의 저항을 이용하여 필터를 구성하게 되면 차단주파수, fc = 159.2Hz 가 되는 것이다. 따라서 적절한 저항과 커패시터 값을 선정함으로써 원하는 주파수 특성을 갖는 필터를 설계할 수 있게 된다.

$$f_c = \frac{1}{2\pi RC} \tag{1}$$

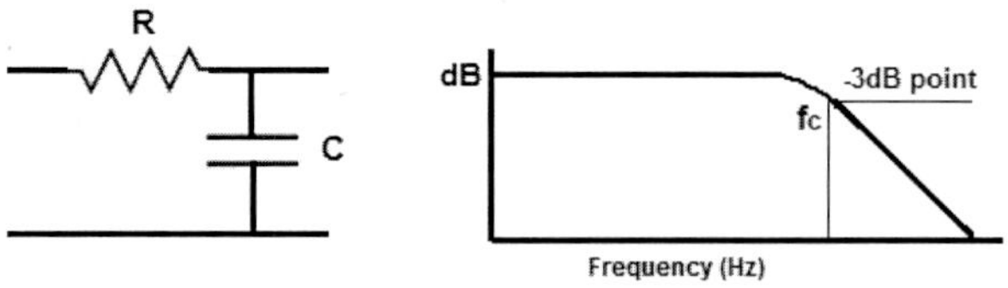

그림 6 로패스 필터의 cutoff frequency, fc

(4) 필터의 위상차(Phase lag)

한편, 필터를 사용하게 되면 출력 전압뿐만 아니라 출력의 위상도 영향을 받게 되는데 그림 7에서 볼 수 있듯이 위상 지연이 발생하게 된다. 이러한 위상차는 그림 8에 나타난 것과 같이 차단주파수에서 45도 만큼의 위상지연이 발생하고 주파수가 증가할수록 지연 값도 커지게 된다. 따라서 필터의 사용 시에는 원 신호의 왜곡이 존재한다는 것을 고려하여야 한다.

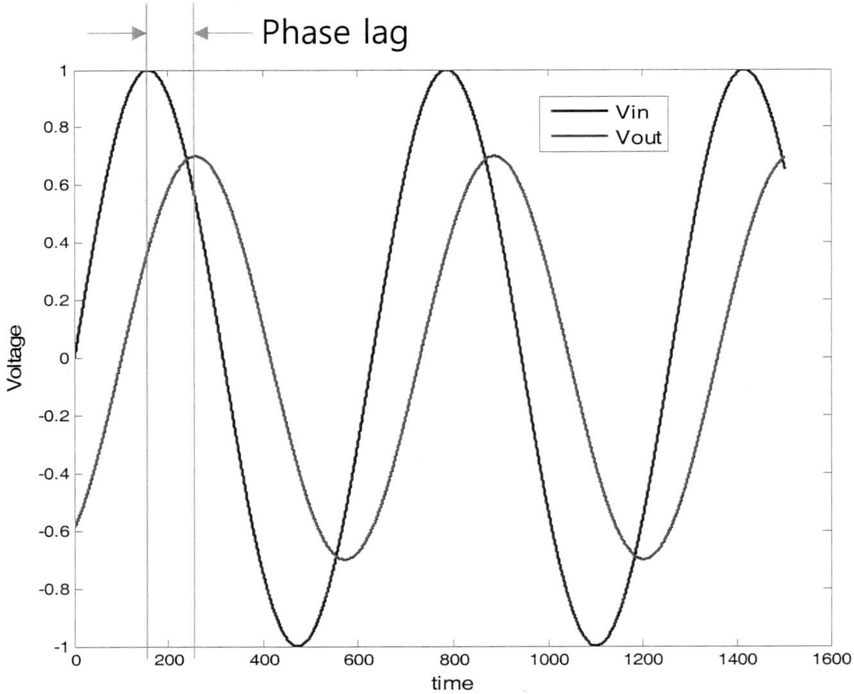

그림 7 필터에 의한 위상차(Phase lag)

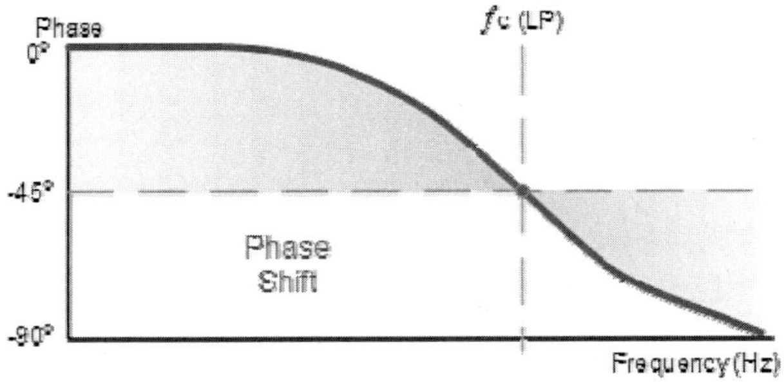

그림 8 로패스 필터에서 입력주파수와 위상차와의 관계

3 실험 장치 및 방법

(1) Low pass filter

step 1 주어진 저항과 커패시터를 이용하여 브레드보드 상에 2쌍의 로패스 필터 회로를 구성한다. 이 때 식 (1)을 이용하여 대략적인 차단주파수를 각각 계산한다. 각각의 로패스 필터에 대해 아래의 실험을 수행한다.

step 2 함수발생기(Function generator)를 이용하여 ±5V의 사인파를 필터 회로에 입력한다. 이 때 입력주파수는 차단주파수의 1/10 ~ 10 배가 되도록 한다.

step 3 주파수를 변경하면서 '입력전압과 출력전압의 비'와 위상차를 측정한다. 이를 위해 오실로스코프를 활용한다. 즉 입력전압과 출력전압을 오실로스코프로 측정하면서 위상차와 전압비를 확인한다.

(2) High pass filter

step 1 주어진 저항과 커패시터를 이용하여 브레드보드 상에 2쌍의 하이패스 필터 회로를 구성한다. 이 때 식 (1)을 이용하여 대략적인 차단주파수를 각각 계산한다. 각각의 하이패스 필터에 대해 아래의 실험을 수행한다.

step 2 함수발생기(Function generator)를 이용하여 ±5V의 사인파를 필터 회로에 입력한다. 이 때 입력주파수는 차단주파수의 1/10 ~ 10 배가 되도록 한다.

step 3 주파수를 변경하면서 '입력전압과 출력전압의 비'와 위상차를 측정한다. 이를 위해 오실로스코프를 활용한다. 즉 입력전압과 출력전압을 오실로스코프로 측정하면서 위상차와 전압비를 확인한다.

4 과제 내용

- 로패스 필터와 하이패스 필터의 입력 대비 출력전압 및 위상차를 주파수에 대해 도시하라.
- 필터의 차단주파수(Vout/Vin = 0.707)를 측정하고 이를 계산값과 비교하라. 또한 측정값과 계산값의 차이가 발생하는 이유를 논하라.
- 측정된 차단주파수에서 위상차를 측정하고 이론값(45도)과 비교하라. 측정값과 계산값의 차이가 발생하는 이유를 논하라.
- 차단주파수를 저항과 커패시터 값을 이용하여 계산할 수 있듯이 위상차도 이론적으로 구할 수 있다. 그 식을 유도하라.

DC Motor 구동 및 DAQ

CHAPTER 12

1. 소개(Introduction)
2. 실습내용
3. 과제내용
4. 참고문헌

1 소개(Introduction)

(1) BLDC motor

본 실습에서 사용하고자 하는 BLDC 모터(그림 1 참조)는 DC 모터 제어와 유사하나, 모터 구동 드라이브 특성상 약간의 차이가 있다. 아래 표에 각 모터의 장단점을 간단히 기술하였다.

DC 모터	BLDC 모터
• 플레밍의 왼손법칙을 이용 • 제어가 쉽고 가격이 저렴 • 급격한 가속성, 큰 토크, 선형적인 회전 특성 • 브러쉬를 사용, 브러쉬에 마모에 따른 성능저하 • PWM(Pulse Width Modulation)을 이용하여 제어	• 유도전류 이용(3상 유도전동기와 유사) • 수명이 길고 소음 및 전자적 노이즈가 거의 없음 • 효율이 좋고 토크가 크며 고속회전 및 제어에 용이 • 대용량 모터제작의 한계, 비싼 가격 • 3상 전류 제어형 PWM (Pulse Width Modulation) 인버터 구동

그림 1 BLDC motor

(2) 실시간 구동을 위한 소프트웨어

이 장에서 배우게 되는 Real Time Windows Target(이하 RTW)는 실시간 시스템을 테스트하고 Simulation하기 위한 프로그램이다. 실시간 시스템(Real Time System)이란 주어지는 실행 명령에 대해 이것이 어떤 정해진 시간 이내에 처리되는 것을 보장하는 시스템으로 명령에 대한 반응성이 빠르고, 중요한 명령이 덜 중요한 명령보다 먼저 수행되며, 실행 명령을 놓치는 일이 결코 일어나서는 안 되는 시스템을 말한다. 우리가 사용하는 PC는 최종 목표에 이르기까지 단위 연산 시간 동안 수행을 반복한다. 그러므로 실제 PC 상에서의 프로그램이 실행, 종료되는 시점이 어플리케이션 하드웨어의 시간과 다르다. 보다 고성능의 CPU에서 프로그램이 빠르게 돌아가는 것을 생각하면 차이를 이해할 수 있다. 그러므로 실시간으로 작동하는 어플리케이션을 시뮬레이션 하기 위해서는 PC상의 연산시간을 하드웨어의 실행 시간과 맞춰주어야 한다.

SIMULINK에서 제공하는 RTW는 Real-time으로 작동하는 커널(kernel)을 제공하고 200여개의 다양한 어플리케이션에 대한 I/0 driver를 제공한다. 즉 RTW를 사용하면 앞에서 배운 시각화된 SIMULINK의 Block들을 실시간 시스템 모델에 적용할 수 있다.

* 커널(kernel): 컴퓨터가 가진 resource를 모든 어플리케이션에서 같이 공유할 수 없기에 각 어플리케이션이 요청하는 명령을 인식하고 resource사용 시간을 결정하여 분배하는 역할을 담당하는 OS(운영체제)의 부분이다.

(3) RTW 설정

■ DAQ 보드: National Instruments 사의 PCI - 6221

외부에서 입력되는 디지털 · 아날로그 신호를 PC가 인식할 수 있는 신호로 바꾸어 주거나 PC에서 출력되는 신호를 외부로 전달한다.

■ Motor driver:

I/O 보드에서 나오는 전기적 신호를 모터에 사용되는 전압으로 바꾸어 준다.

시뮬레이션 하기 원하는 시스템을 Simulink 창에 구성한다. 여기서는 외부의 어플리케이션과 연결하기 위한 새로운 Real-time Windows Target 명령 블록을 소개한다. 먼저 MATLAB에서 model 창을 연다.

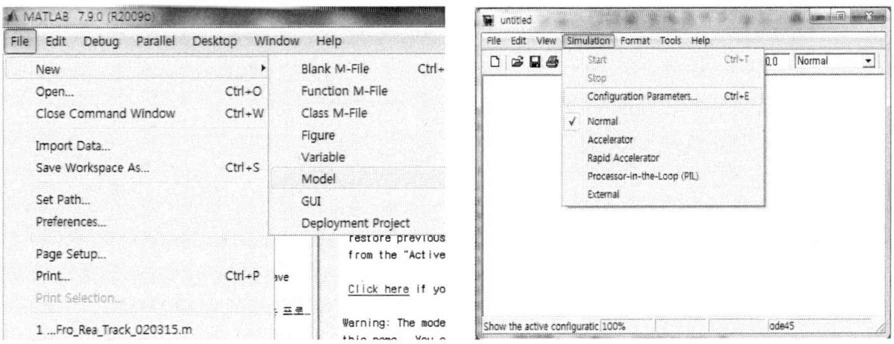

그림 2 Simulink실행법

다음으로 Simulation에 필요한 설정을 하기 위해 Simulation - Configuration Parameters 창을 띄운다. (단축키 Ctrl+E)

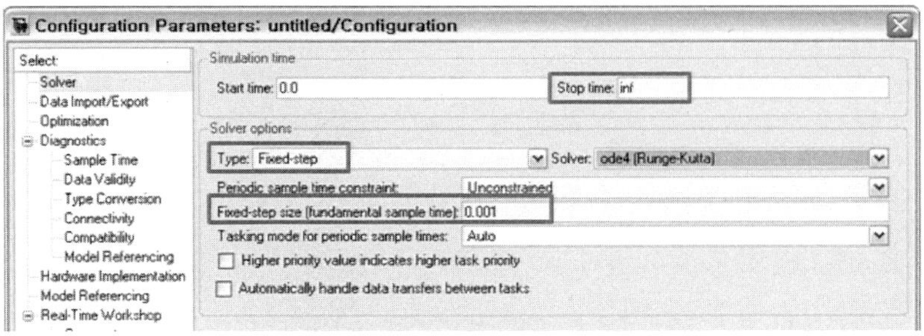

그림 3 Configuration Parameters

탐색 창에서 Solver 부분을 선택하고 Simulation time을 설정하고 Real-Time Simulation 이므로 Type은 Fixed - Step를, 신호가 불연속적인 값인 digital값을 사용하기 때문에 Solver 는 Discrete 을 선택한다. Step size는 앞서 설정한 Sampling time 보다 작거나 같게 설정하고 Tasking Mode는 Auto를 선택한다.

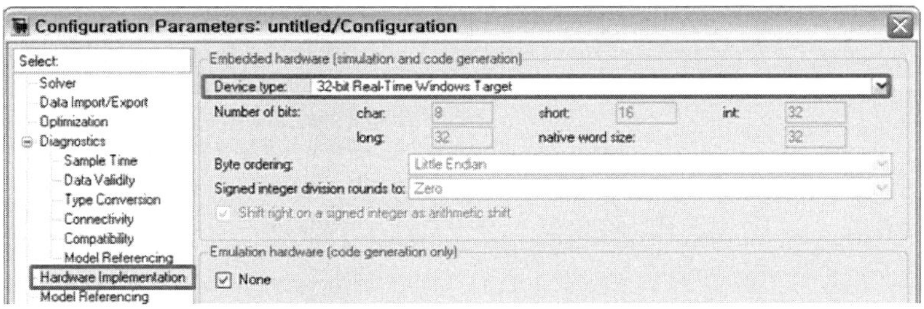

그림 4 Hardware Implementation

탐색창의 Hardware Implementation 에서 Device Type 을 32-bit Real-Time Windows Target 을 선택한다.

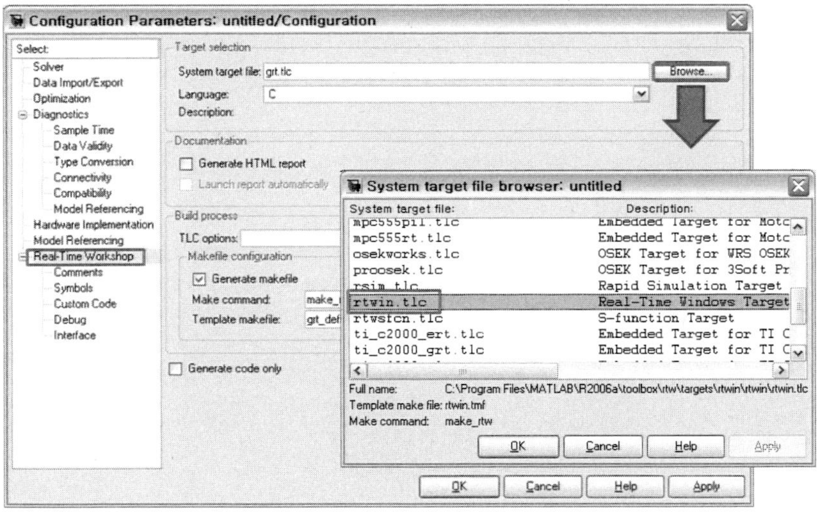

그림 5 Real-Time Workshop

탐색창의 Real-Time Workshop부분에서 RTW system target file을 rtwin.tlc 파일로 바꾼다.

지금까지는 사용하는 코드가 컴퓨터 내에서 구동하기 때문에 Normal mode로 사용하였다. RTW에서는 구동하는 model이 외부 system이어서 다음과 같이 Simulation Mode를 External로 바꾸어 주어야 한다. External mode는 SIMULINK를 model과 연결하여 우리가 구성한 코드를 target system에서 구동시키기 위한 명령어이다. Simulink toolbar에서 선택을 하거나 simulation mode menu에서 바꿀 수 있다. 변경 후 Connect to Target 커서가 생겨나는 것을 확인할 수 있다.

이제 code를 실행할 수 있다. 초반부에 언급되었듯 RTW는 C언어를 사용해 System을 제어한다. 마지막으로 실행하기에 앞서 SIMULINK model을 C 언어로 생성해주는 과정이 필요하다. Tool – Real-Time Workshop – Build Model (단축키 Ctrl+B) 을 선택해서 Model을 빌드한다. 끝으로 Simulation – Connect To Target 을 선택하거나 Connect To Target커서를 선택해서 Target system과 연결하고 Menu bar에서 ▶버튼을 눌러 프로그램을 실행하면 엔코더의 회전에 따라 들어오는 신호가 증가, 감소하는 것을 실시간으로 Display 블록에 표시되는 것을 화면에서 확인할 수 있다.

2 실습내용

(1) 모터 구동을 위한 하드웨어 구성 및 설정

본 실습을 위해 각 실습조는 DAQ 보드, BLDC 모터, 로터리 엔코더, Simulink 소프트웨어 등이 필요하다. 실습 시간에 필요한 준비물은 조교에 의해 준비되어 지급될 것이다. 실습에서는 Simulink를 이용한 모터 동작 및 모터의 Simulink 모델을 구성한다.

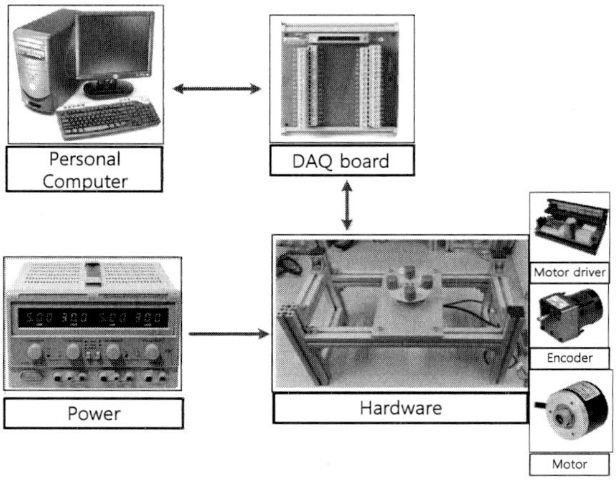

그림 6 하드웨어구성도

먼저 DAQ 보드는 각 번호마다 사용되는 부분이 다르다. 각 번호의 특징을 확인하기 위하여 'Measurement & Automation Explorer' 실행. '내 시스템'-'디바이스와 인터페이스'-'NI-DAQmx Devices'-'NI PCI/PXI-6221(68 핀)'의 단축메뉴에서 '디바이스 핀 출력'을 선택한다.

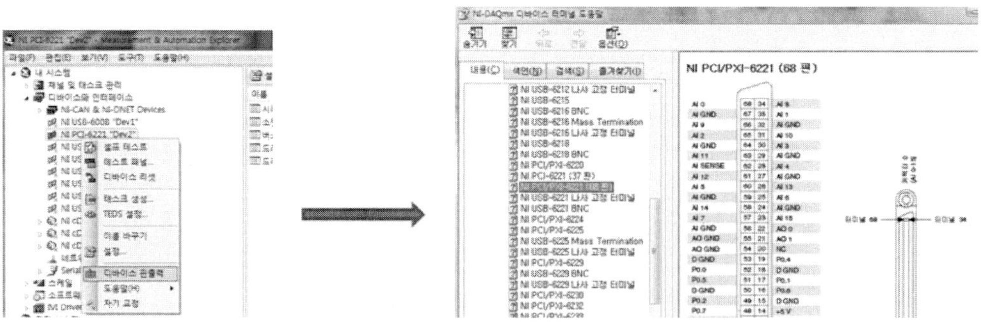

그림 7 Measurement & Automation Explorer

다음 표와 같이 핀의 번호에 따라 모터드라이버 및 엔코더를 DAQ보드와 전선으로 연결한다.

모터드라이버 Color	DAQ 보드포트번호	신호설명
갈색(초록색)	52번(P0.0)	: 모터의방향을제어
흰색, 검정색	55번 (AO GND)	: GND
분홍색(붉은색)	17번(P0.1)	: 모터정지
청색	50번 (DGND)	: GND
노랑색	22번(AO 0)	: 모터의속도제어(0~5v)

엔코더 Color	DAQ 보드포트번호	신호설명
붉은색	14번(+5V)	: 전원(5v)
초록색	37번 (PFI 8/P2.0)	: A상펄스
노랑색	45번 (PFI 10/P2.2)	: B상펄스
파랑색	54번 (AO GND)	: GND

(2) 모터 구동의 위한 소프트웨어 환경 구성

소프트웨어 환경 구성은 엔코더 값의 출력을 위한 구성과 모터에 전압을 입력해줄 구성으로 크게 2가지로 나눌 수 있다. 먼저, 엔코더 값의 출력을 위해서 먼저 Simulink를 구성한다. Simulink library 안에 Real-Time Windows Target에서 Encoder에서 신호를 받기 위해 Counter Input 블록을 선택하여 model 창에 drag & drop한다.

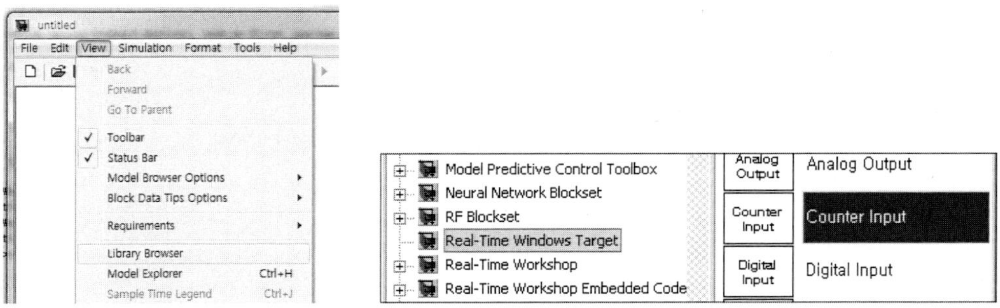

(a) SIMULINK Library Browser (b) Real-Time Windows Target block

그림 8 Counter Input

각 블록의 역할은 다음과 같다.

Block		내용
입력 블록	Counter Input / Digital Input Encoder Input / Other Input	• 입력 block에서 I/O 보드는 센서와 연결되어 센서에서 들어오는 전압을 수치 값으로 바꿔준다. • 실제 모델의 입력 신호와 같은 입력 block을 선택하여 해당하는 I/O 보드의 드라이버를 Install하면 RTW에서 장치를 사용할 수 있다.
출력 블록	Analog Output / Digital Output Other Output	• 출력 block에서 I/O 보드는 수치적인 값을 입력기에 전달할 수 있는 전압으로 바꿔주는 역할을 한다. • 실제 모델의 출력 신호와 같은 출력 block을 선택하여 해당하는 I/O 보드의 드라이버를 Install하면 RTW에서 장치를 사용할 수 있다.

원하는 신호와 일치하는 Block를 선택하여 SIMULINK Model 안에 Drag & Drop 한다.

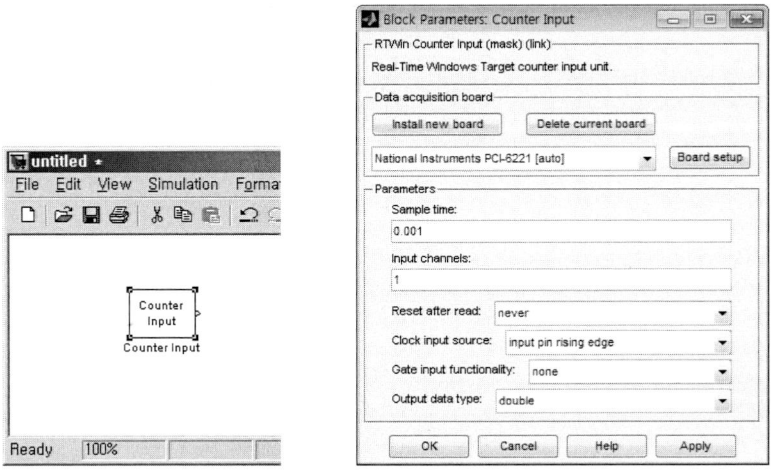

(a) Counter Input block (b) Counter Input settings

그림 9 Counter Input

model 창에서 선택한 블록을 double click하면 다음과 같은 창이 뜨는 것을 볼 수가 있다. Install new board를 클릭하여 사용하는 I/O board의 종류를 찾아 인스톨하고 board를 연결한 Input(Output) 채널을 설정하여 주면 block들을 시뮬레이션 모델에서 사용할 수 있다. 실습에서 사용하는 DAQ 보드는 National Instruments 사의 PCI - 6221 이다. PC가 신호를 받아들이기 위해 입력 신호를 시간적으로 불연속적으로 구분하여 digital 값으로 변환처리 하는데 걸리는 시간을 Sample Time이라고 한다. 사용자가 I/O board와 PC 성능에 맞춰 적합한 데이터를 얻을 수 있는 시간을 정한다. Block parameter 에서 원하는 Sampling Time과 장치가 연결된 Input채널을 설정한 후 창을 닫는다.

앞에서 encoder에서 들어오는 신호를 출력하여 보았다. 추가로 encoder가 돌아가는 각도를 화면에 출력하는 프로그램을 구성하여 본다. 먼저 앞의 Counter Input 블록을 출력되는 값이 각도가 아니라 신호 값이다. 이 신호 값을 각도로 변경하기 위하여 엔코더의 분해능 값을 나눌 필요가 있다. 또한 아래 그림과 같이 모터의 출력부분에는 모터의 회전 수를 기어 비에 따라 낮춰주는 기어박스가 장착되어 있어, 엔코더 신호 값에 기어 비를 나누어야 한다.

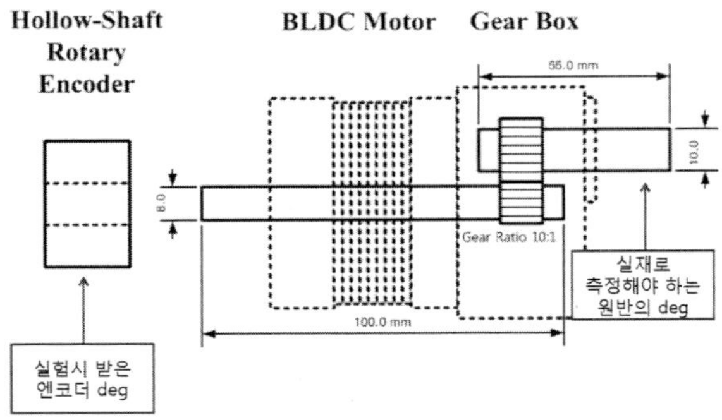

그림 10 엔코더의 장착

그러므로 엔코더의 회전각을 출력하기 위해 다음의 블록들을 추가한다.

Block	원 Block	Paramerter &실명
K- Gain	1 Gain	: Gain에 360/(엔코더 분해능*기어박스 기어 비)의 값을 넣어 주면 입력 신호에 따른 각도가 출력된다.
Scope1	Scope	: 출력 값을 그래프로 보여주는 블록이다. Scope의 설정 중 Limit data points to last는 체크를 푼다
theta To Workspace1	simout To Workspace	: 출력 값을 MATLAB의 workspace에 저장해주는 블록이다. 설정 중 Save format을 Array로 설정해야 손쉽게 사용할 수 있다.

다음으로 모터를 구동하기 위해서 입력단을 simulink로 구성한다. 이 Simulink model은 두 가지 Output이 있으며 Analog Output은 -5~5의 설정 값에 따라 모터의 회전 속도와 방향을 결정한다. 설정은 주기는 0.001 채널 1 범위 -10~10으로 각각 설정한다. Digital Output은 1과 0의 설정 값에 따라 모터의 회전 방향을 정하게 된다. Sine Wave의 설정 값은 아래그림의 오른쪽 창을 참고한다. 과전압이 입력되는 것을 막기 위해 Saturation의 upper limit을 4.5로 설정한다.

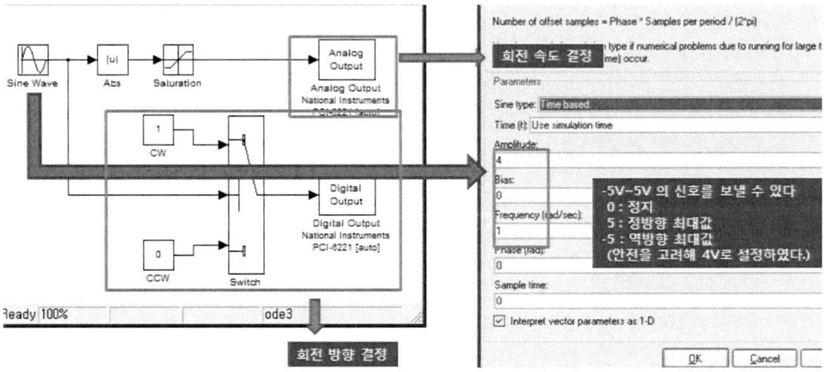

그림 11 Analog Output & Saturation settings

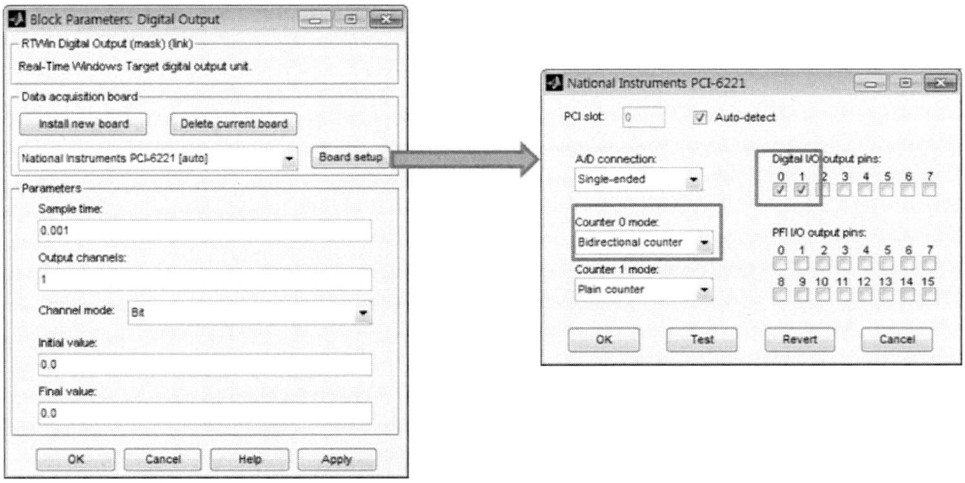

그림 12 Digital Output settings

다음 블록을 추가하여 Simulink model을 작성한다.

Block	원 Block	Paramerter &설명
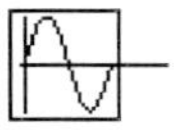 Sine Wave	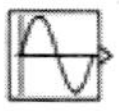 Sine Wave	: Sine파형으로 신호를 주는 블록이다. 진폭, 동수(rad/sec) 등을 설정할 수 있다.
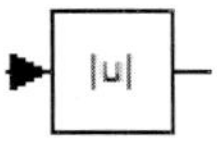 Abs	 Abs	: 들어오는 값에 대하여 절대값으로 신호를 주는 블록이다. 즉 양수는 양수로, 음수는 같은 크기의 양수로 신호를 준다.
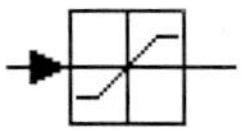 Saturation	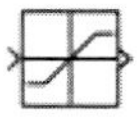 Saturation	: 최대(최소)값을 설정하여 들어온 값이 설정한 값보다 으면 최대(최소)값으로 신호를 주는 블록이다.
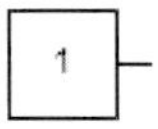 CW	 Constant	: 일정한 정수 값을 신호로 준다.
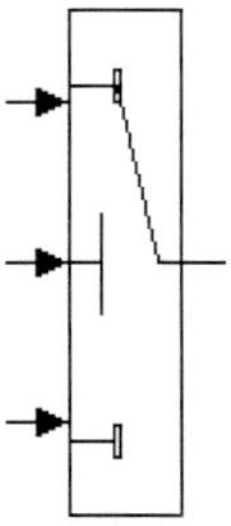 Switch	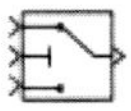 Switch	: 중앙의 값이 설정한 값보다 높으면 상단의 값을, 낮으면 단의 값을 선택하여 신호를 주는 블록이다.

다음 그림 13을 보면 완성된 형태의 코드를 확인 할 수 있다.

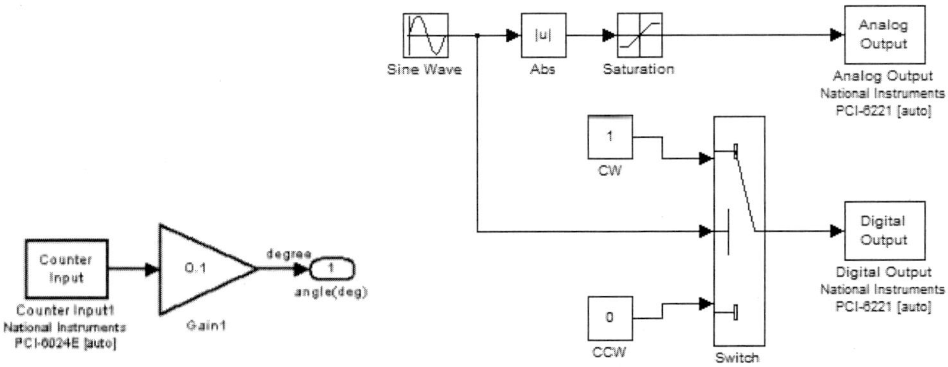

(a) encoder (b) motor

그림 13 SIMULINK code

(3) 실험 데이터를 이용한 시뮬레이션

아래 블록들을 이용하여 그림 15과 같이 시뮬레이션 코드를 작성한다.

Block	원 Block	Paramerter &설명
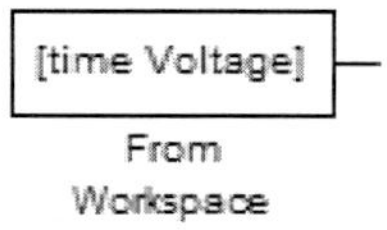	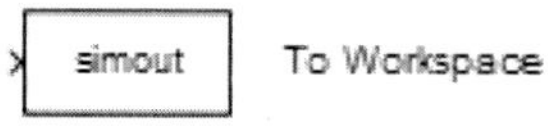	: Workspace에 있는 변수값을 불러오는 블록이다. Data에는 [시간변수값 불러오는변수값]을 설정하며, Sample time을 꼭 설정해주어야 한다.
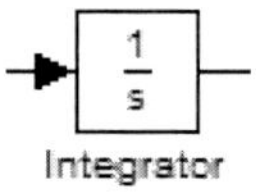	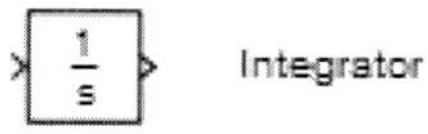	: 들어오는 값을 적분해주는 블록이다.
		: 시뮬레이션의 시간 신호를 주는 블록이다.

From Workspace 블록은 아래 그림과 같이 세팅한다.

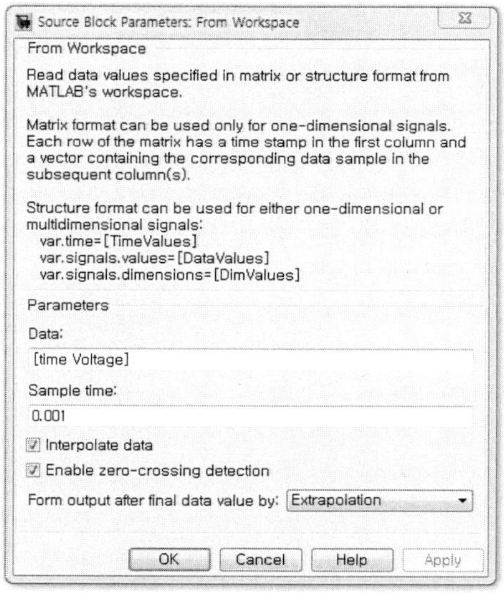

그림 14 From Workspace setting

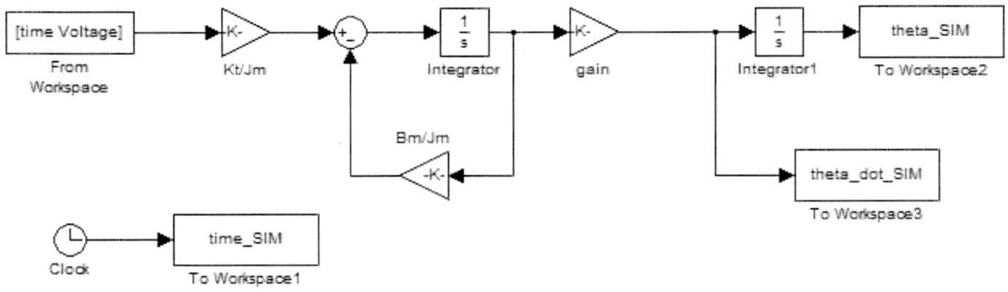

그림 15 Simulation code

3 과제내용

step 1 입력 값으로 Step신호 3V및 -3V를 주어모터의 회전각을 저장하여 그래프를 작성한다.

step 2 주어진 J_m, B_m, K_m 값을 이용하고 ①에서 주어진 입력값에 대하여 그림 15와 같이 시뮬레이션을 실행한다. 실험 데이터의 회전각과 시뮬레이션 결과를 비교하여 그래프를 작성한다.

step 3 주어진 B_m, K_m 값에 변화를 주어 시뮬레이션을 하여 실험데이터들을 포함할 수 있는 2개(low/high)의 경계선을 만든다. 변화된 B_m, K_m 값과 실험데이터들의 관계와 이를 통해 알아낼 수 있는 점과 최종적으로 B_m, K_m 값을 선정한 근거를 체계적으로 보고서로 작성하여 제출한다.

4 참고문헌

- Feedback Control of Dynamic Systems, Gene F. Franklin, PEARSON, 2010 년

BLDC 모터 검증

CHAPTER 13

1 소개(Introduction)

본 실험에서는 BLDC 모터 모델에 대해 다양한 정현 파 입력에 대한 출력을 이용하여 주파수 영역에서의 해석을 목적으로 한다. 주파수 영역에서 시스템의 응답 특성은 출력 대 입력의 진폭 비와, 출력과 입력간의 위상 각으로 완벽히 기술할 수 있다[1]. 우선적으로 넓은 범위의 입력 신호(sine)에 대한 데이터를 획득하고, 지난 시간에 구한 동역학을 기반으로 수학적 모델과 실제 모터에서 나온 출력 값들을 이용하여 주파수 응답 곡선을 비교하여 검증한다.

2 모터 검증을 위한 실습

(1) 주파수 응답 (frequency response)

'주파수 응답'이란 입력이 사인 파로 주어지는 시스템의 정상상태 응답을 의미한다. 그림 1에서 보는 바와 같이 선형 시스템에서 정현 파 입력을 주면 크기와 위상이 다른 정현파 응답이 나오며 주파수에는 변화가 없다. 이를 라플라스 변환을 통해 복소 평면에서 나타낼 수 있으며 이는 식(1)과 같다.

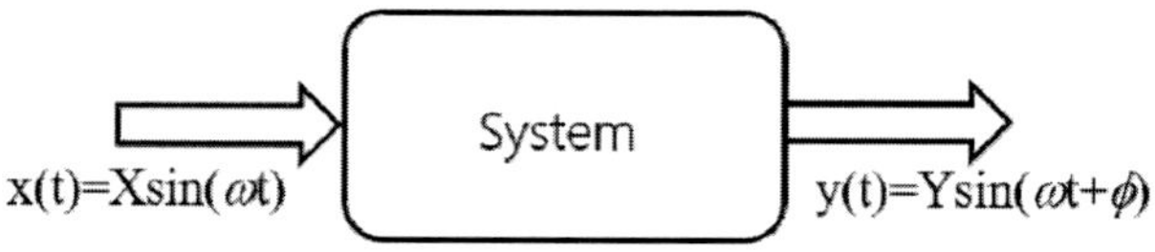

그림 1 선형 시불변 시스템

$$\frac{Y(s)}{X(s)} = G(s),\ x(t) = Xsin(\omega t)$$

$$X(s) = \frac{A\omega}{s^2+\omega^2} \tag{1}$$

$$Y(s) = G(s)\frac{A\omega}{s^2+\omega^2} = \frac{a}{s+j\omega} + \frac{\bar{a}}{s-j\omega} + \frac{b}{s+s_1} + \cdots + \frac{b_n}{s+s_n}$$

여기서 a와 b는 상수이고 는 a의 공액 복소수이다. 이를 다시 라플라스 역 변환을 취하면 식 (2)와 같다.

$$y(t) = ae^{-j\omega t} + \overline{a}e^{j\omega t} + b_1 e^{-s_1 t} + \cdots b_n e^{-s_n t} \quad (2)$$

이때 안정된 시스템일 경우에 t가 무한대로 갈수록 실수부가 음의 값을 가진 항은 0이 된다. 따라서 시스템의 정상상태의 응답은 순수한 정현파 응답만 남게 되고 식(2)는 식(3)과 같이 표현 할 수 있다.

$$\begin{aligned} y(t) &= ae^{-j\omega t} + \overline{a}e^{j\omega t} \\ a &= -\frac{X}{2j}|G(j\omega)|e^{-j\phi} \\ \overline{a} &= -\frac{X}{2j}|G(j\omega)|e^{j\phi} \end{aligned} \quad (3)$$

식(3)을 다시 정리하면 식(4)와 같이 정리된다.

$$\begin{aligned} y(t) &= MX\sin(\omega t + \phi) = Y\sin(\omega t + \phi) \\ M &= |G(j\omega)| = \left|\frac{Y(j\omega)}{X(j\omega)}\right|, \\ \phi &= \tan^{-1}\left[\frac{\mathrm{Im}[G(j\omega)]}{\mathrm{Re}[G(j\omega)]}\right] = \angle G(j\omega) = \angle\frac{Y(j\omega)}{X(j\omega)} \end{aligned} \quad (4)$$

이 때 M는 크기이며 출력 대 입력의 진폭 비로 계산 되며, ϕ는 위상각이다.

(2) Bode 선도 (bode plot)

Bode 선도란 입력 신호의 주파수를 0부터 무한대까지 변화시키면서 출력 대비 입력이 몇 배로 커지는지(Gain), 입출력간의 각도가 얼마나 차이가 나는지(Phase)를 그래프로 나타낸 것이다(그림2). Bode선도는 크기는 대수 스케일을 사용하고, 선형 스케일을 이용하여 위상곡선을 그린다. 크기에 대한 곡선은 각 주파수에 대한 입력 대비 출력의 크기를, 위상곡선은 입력 대비 출력 의 각도 차로 표현한다[2]. 이는 실험적으로 구해질 수 있으며, 대수 스케일을 이용하기 때문은 넓은 범위의 주파수를 한 개의 선도로 나타낼 수 있다. 또한 실험적으로 bode 선도를 구하고 역으로 시스템의 전달함수를 쉽게 구할 수 있다.

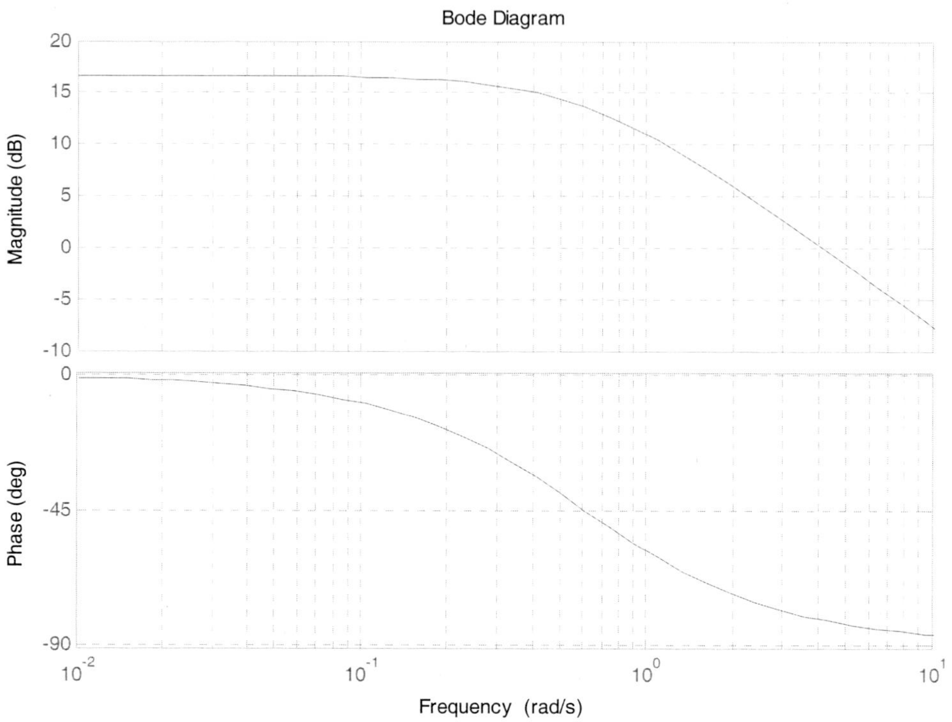

그림 2 Bode 선도

실험에 따른 Bode 선도를 작성 시에는 그림 3과 같이 정상상태(steady-state)에서 입력이 가장 높은 진폭(점 A)과 출력이 가장 높은 진폭(점 B)를 선정한다. 이 데이터의 크기 M과 위상 각 ϕ는 다음과 같다.

$$M = 20\,log(\frac{\text{amplitudeoutputsinusoid}}{\text{amplitudeinputsinusoid}}),\ \phi = 360(t_A - t_B)f \tag{5}$$

여기서 t_B와 t_A는 각 점에 대한 시간(s)이고 f는 주파수(Hz)이며 크기 M의 단위는 데시벨(dB)이다.

C는 변환 상수로 step 입력 전압에 따른 각속도의 실험 데이터를 이용하여 계산한다.

$$C = \left(\frac{\omega_B}{V}\right)_{step} \tag{6}$$

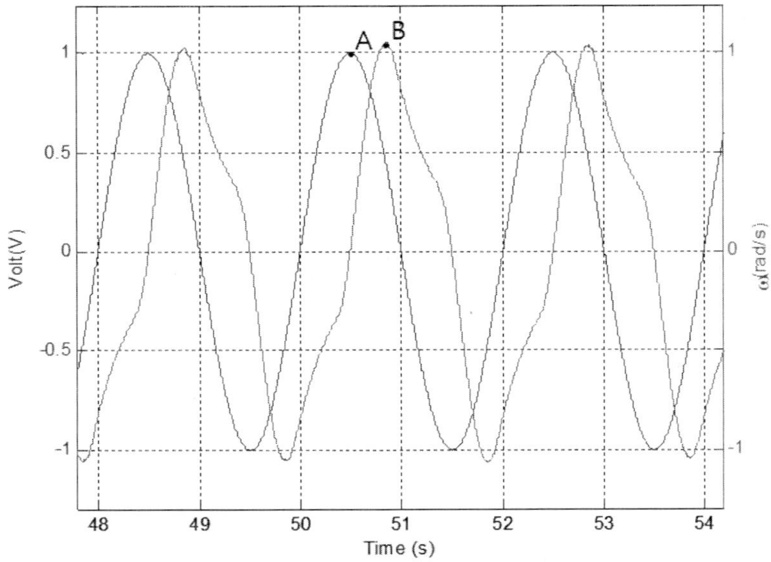

그림 3 Bode 선도를 위한 실험 데이터 plot

Matlab의 semilogx(x, y) 명령어를 이용하여 x축은 ω, y축은 M과 ϕ으로 그림 2와 같은 Bode 선도를 작성할 수 있다. 시뮬레이션에 대한 Bode 선도는 전달함수를 구하고 Matlab의 bode(sys) 명령어를 이용하여 작성할 수 있다. 여기서 모터의 전달함수는 아래와 같다.

$$G(s) = \frac{K_m}{J_m + B_m} = \frac{\frac{K_m}{B_m}}{\frac{J_m}{B_m} + 1} \tag{7}$$

이 전달함수로 bode 선도를 작성할 수 있으며, 실제 데이터를 이용한 Bode선도의 크기곡선을 이용하여 각 파라미터값을 구할 수 있다. 그림 4에서 $\frac{K_m}{B_m}$은 대역폭인 -7dB에서의 주파수 값의 역수로 계산된다. 또한 $\frac{J_m}{B_m}$은 1.0rad/s에서의 크기 값에서 구할 수 있다.

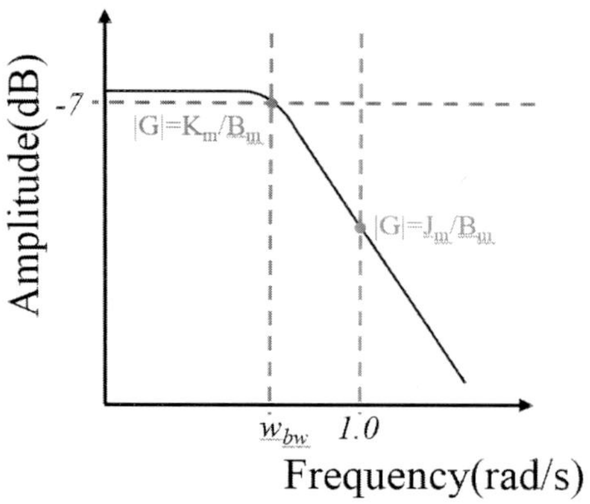

그림 4 Bode 선도의 크기곡선

(3) 대역폭(bandwidth)

주파수 응답에서 시스템 성능을 나타내기 위해 통상적으로 사용되는 사양은 대역폭이다. 이는 시스템의 출력이 정현파 입력을 만족스럽게 추적하는 최대 주파수로 정의되며 이는 시스템이 움직일 수 있는 범위를 알 수 있다. 시간영역의 해석은 파라미터를 찾을 때 단순히 그래프의 형태로만 판단 할 수 있었지만 주파수영역에서는 물리적으로 가능한지도 판단할 수 있다. 대역폭은 출력 값이 입력의 0.707배로 되는 입력의 주파수이다. 크기곡선에서 일반적으로 사용되는 단위인 데시벨(dB)로 나타내면 -3dB배이다(그림 5)

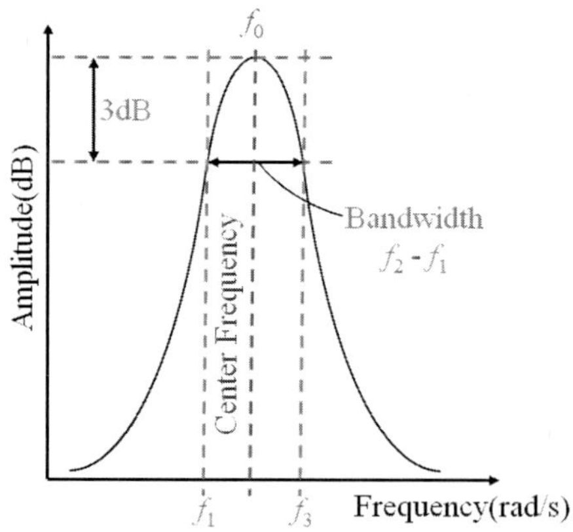

그림 5 대역폭의 정의

표 1 Bode 선도 표

ω	0.01	0.1	0.5	2	5
t_A					
t_B					
amp_{in}					
amp_{out}					
$M(\mathrm{dB})$					
$\phi(\mathrm{deg})$					

3 과제 내용

step 1 입력 값으로 sine신호 1V 및 표 1의 주파수(Hz)를 주어 실험 후 모터의 회전각, 회전각속도, 회전각가속도, 입력 볼트를 저장한다. 표1의 공란을 채우고 Bode선도를 작성한다.

step 2 이전 실험 sine, ramp 입력 값으로 구한 B_m, K_m값을 파라미터 값으로 3개의 sine신호의 입력 볼트에 대하여 시뮬레이션을 실행하여 실험 데이터의 회전각과 시뮬레이션 결과를 비교하여 그래프를 작성한다.

step 3 파라미터 값을 이용하여 전달함수를 계산하고, 실험 데이터와 시뮬레이션의 Bode 선도를 비교하여 그래프를 작성한다.

step 4 실험 데이터의 Bode 선도를 분석하여 K_m, B_m값을 구한다. 구한 파라미터 값으로 전달함수를 계산 후 실험 데이터와 시뮬레이션의 Bode 선도를 비교하여 그래프를 작성한다. 이를 통해 알아낼 수 있는 점을 체계적으로 보고서로 작성하여 제출한다.

4 참고 문헌

[1] System Dynamics, Katsuhiko Ogata, 2009년

[2] Feedback Control of Dynamic Systems, Gene F. Franklin, PEARSON, 2010년

CHAPTER 14 외팔보의 응력-변형과 DC 모터의 속도-전압 특성

1. 실험 개요 및 목표
2. 배경 이론 및 지식
3. 실험 장치
4. 실험 내용
5. 과제 내용
6. 기디 및 참고문헌

1 실험 개요 및 목표

어떠한 물체에 외력(P)이 가해지면 변형(δ)이 일어난다. 물체에 가해지는 외력은 어떠한 단면(A)에 대해서 분포한다고 생각할 수 있는데 이 물리량이 응력($\sigma = P/A$, Stress)이다. 물체의 변형(ΔL)은 원래 길이(L_0)에 대한 비로 나타낼 수 있는 데 이것이 변형율($\epsilon = \Delta L/L_0$, Strain)이다. 만약 외력과 변형이 선형적이라고 하면($P = k\delta$), 이 둘 사이의 비가 스프링상수(k, Stiffness)이다. 이러한 상황에서는 응력과 변형률도 선형적인 관계를 갖는다. 이는 물체를 구성하는 재료의 특성인데 주로 영 계수(E, Young's modulus)로 나타낸다. ($\sigma = E\epsilon$)

현대 사회에 있어서 전기모터의 사용이 확대되고 있다. 특히, 전기나 수소를 연료로 하는 자동차나 휴대폰과 같은 모바일 기기의 사용이 늘어남에 따라 점점 더 중요한 역할을 하게 된다. 전기모터의 가장 기본이 되는 것은 DC모터이다. 이는 모터에 발생하는 역기전력(E)에 비례하는 회전수(N)을 갖는다. 이 둘 사이의 비례상수가 모터상수($E = k_V N$)가 된다. 모터상수는 모터의 특성을 나타내는 지표가 된다.

본 실험은 물체로써 외팔보에 외력에 의해서 발생하는 변형률, 응력 및 스프링상수를 구하는 과정에서 고체역학을 통해서 배운 이론을 확인한다. 또한, 모터의 기본 특성을 이해하고 다음에 이어지는 진동학과 열전달 관련 실험을 준비하기 위하여 모터의 속도와 회전수의 관계를 구해본다. 요약하면 다음의 두 가지가 이번 장의 목표이다.

- 외팔보의 응력 변형률을 측정해 보고 이를 통해서 고체역학의 보의 굽힘 이론을 이해한다.
- 모터의 속도-회전수 특성을 측정하고, 이를 통해서 다음 실험을 준비한다.

2 배경 이론 및 지식

(1) 배경 이론

■ 보의 굽힘 이론과 스프링상수

외팔보는 한쪽이 고정되고 다른 쪽이 자유로운 보이다. 고정된 쪽을 고정단, 자유로운 쪽을 자유단이라고 한다. 그림 1의 외팔보가 단면적에 비해서 길이가 매우 길다고 가정하면 Euler의 이론에 의해서 외력과 변형을 나타낼 수 있다. 이 보가 단면적이 일정하고, 자유단에 외력 W를 받는다고 하면, 식 2.1과 같이 굽힘 모멘트를 받아 이 보는 아래 방향으로 처지게 된다.

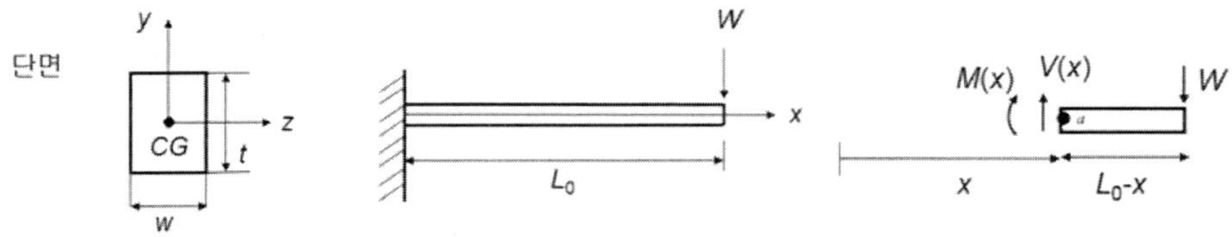

그림 1 외팔보와 외팔보의 굽힘 모멘트

$$(\sum M)_a = 0 : M(x) + W(L_0 - x) = 0$$

$$M(x) = -W(L_0 - x) \qquad \text{(식 2.1)}$$

고체역학 시간에 배운 내용을 통해 단면적이 일정하고 재료가 동일하다면 이 외팔보의 전단력과 굽힘 모멘트, 변형 사이에는 다음과 같은 관계가 성립한다는 것을 알 수 있다.

외팔보의 외력과 전단력의 관계는,

$$\frac{dV(x)}{dx} = p(x),\ V(x) = V_1 + \int_{x_1}^{x} p(\xi)d\xi \qquad \text{(식 2.2)}$$

외팔보의 전단력과 모멘트의 관계는,

$$\frac{dM(x)}{dx} = V(x),\ M(x) = M_1 + \int_{x_1}^{x} V(\xi)d\xi \qquad \text{(식 2.3)}$$

외팔보의 변형과 모멘트의 관계는,

$$\frac{d^2\nu(x)}{dx^2} = \frac{M(x)}{E(x)I(x)} \qquad (식\ 2.4)$$

즉, 모멘트와 변형의 관계는 다음과 같이 쉽게 나타낼 수 있다.

$$EI\nu'' = M \qquad (식\ 2.5)$$

상기 식들의 관계를 통해 외팔보의 처짐식을 유도할 수 있다. 이 유도 과정은 경계조건을 가지는 두 번의 과정이며, 다음과 같다.

$$EI\nu = -WL_0\left(\frac{x^2}{2}\right) + W\left(\frac{x^3}{6}\right) + C_1x + C_2$$

BC's : fixed end $\rightarrow \nu(0) = \nu'(0) = 0$

$$EI\nu'' = -W(L_0 - x)$$

$$EI\nu'|_{x=0} = 0 = C_1 = 0$$

where $\nu(0) = 0, \nu'(0) = 0.$

$$EI\nu|_{x=0} = C_2 = 0$$

$$\therefore \nu(x) = -\frac{Wx^2}{6EI}(3L_0 - x); \nu(L_0) = -\frac{WL_0}{3EI}; \delta = \frac{WL_0}{3EI} \qquad (식\ 2.6)$$

그러므로, 외팔보의 외력과 처짐 사이의 관계인 보의 스프링상수는 다음과 같이 표현된다.

$$k = \frac{W}{\delta} = \frac{3EI}{L_0^3} \qquad (식\ 2.7)$$

외팔보는 굽힘 모멘트 M을 받고 있다. 이는 보의 임의 단면적 A에 발생시킨다. 그림 1에서와 같이 여기서 y는 외팔보 단면의 면적중심에서 수직방향까지 높이가 된다. 외팔보의 두께를 t라고 하면, 외팔보의 임의 단면에서 윗면과 가장 가까운 부분의 굽힘 응력을 식 2.5를 이용하여 구할 수 있다.

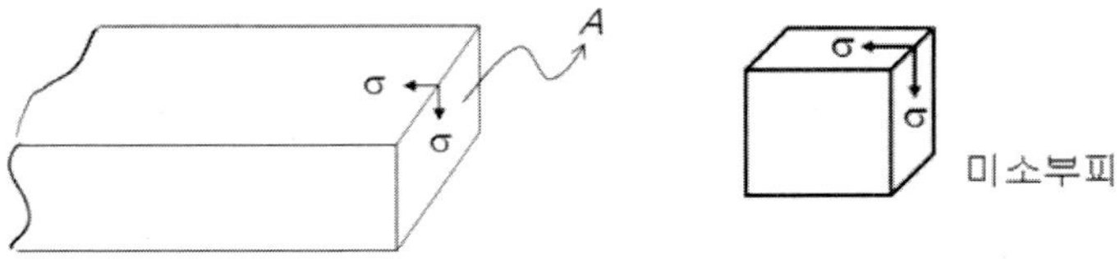

그림 2 외팔보의 임의 단면의 굽힘응력과 윗면의 응력

$$\sigma(x) = -\frac{M(x)y}{I} \qquad \text{(식 2.8)}$$

보의 상면에 외력이 없으므로 상면과 측변의 경계의 미소 부피에서는 다음과 같은 관계가 성립한다.

$$\sigma_{upper\,surface}(x) = \frac{M(x)t}{2I}$$
$$\sigma(x) = E\varepsilon(x)$$
$$\sigma_{upper\,surface}(x) = E\varepsilon_{upper\,surface}(x) \qquad \text{(식 2.9)}$$

위 관계는 상면 전체에 적용 되며, 이를 이용하여 상면의 임의 위치의 응력과 변형률을 구할 수 있다.

▪ DC모터의 원리와 특성

DC 모터는 그림 3과 같이 영구자석, 코일, 브러시, 정류자 및 철심으로 구성된다. 영구자석은 자속을 만드는데 이 자속을 받는 코일에 흐르는 전류가 그림 4의 플레밍의 왼손법칙에 따라 힘을 받게 되어 회전하게 되어 있다. 이때, 코일에 흐르는 전류는 브러시와 정류자에 의해서 일정한 토크를 받도록 유지된다.

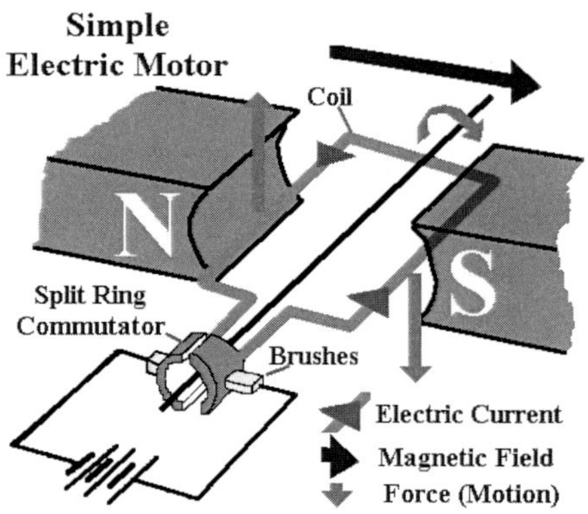

그림 3 DC 모터의 작동 원리 [1]

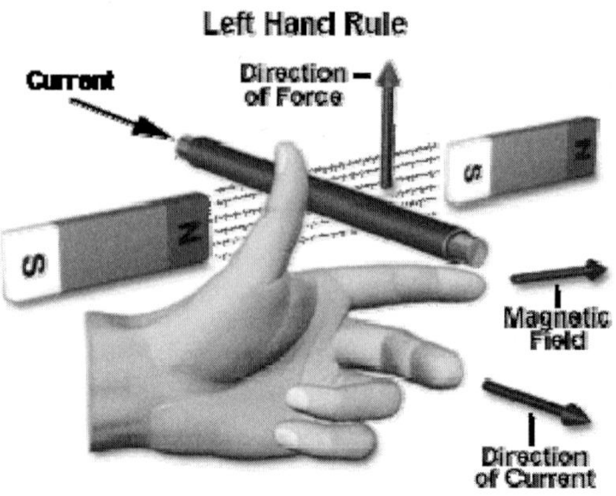

그림 4 플레밍의 왼손 법칙 [2]

전기 모터는 DC 모터, 스텝모터, 유도모터 등 여러 종류가 있다. 이 중에서 가장 기본이 되는 것이 DC 모터이다. 여기서 DC는 직류 (Direct Current)를 뜻 하는 것으로 교류(Alternating current)에 대비된다. DC 모터에서 중요한 것은 전류(I)-토크(T) 특성과 역기전력(E)-회전수(N) 특성이다. 여기서 말하는 회전수는 분당 회전수(N, 단위 rpm)는 회전 각속도(ω, 단위 rad/s)와 비례한다. 회전 각 속도는 다시 초당 회전수 혹은 주파수(f, 단위 cycle/s or Hz)와 비례한다. 이러한 관계는 아래 식들에 나타내었다.

$$f = N/60 \quad \text{(식 2.10)}$$

$$\omega = 2\pi f = \pi N/30 \quad \text{(식 2.11)}$$

DC 모터에 걸리는 회전 관성과 하중이 일정하면 일반적으로 전류와 토크가 비례하고, 역기전력과 속도가 비례하는 것으로 알려져 있다. 역기전력이란 모터의 회전에 따라서 모터가 발전기의 역할을 하여 입력 전압(V)에 반대로 발생한 전압이다. 모터 내부 코일이 저항(R)을 가지면 입력전압과 역기전력의 차이에 의해서 전류(I)가 흐를 것이다.

$$T = k_t I \quad \text{(식 2.12)}$$

$$E = k_v N \quad \text{(식 2.13)}$$

$$V - E = IR \quad \text{(식 2.14)}$$

식 2.10에서 분당 회전수(N) 대신 회전 각속도(ω)를 이용하면 두 비례상수는 이론적으로 같다. ($k_t = k_v$) 그러나, 이 실험에서는 현장에서 주로 쓰이는 단위인 분당 회전수(N)를 기준으로 하므로 같지 않다. 이러한 일련의 관계는 그림 5에 나타내었다. 이 관계를 거칠게 말하면 어떠한 일정한 조건에서 입력전압은 회전수와 비례 관계를 가진다고 할 수 있다. 물론 이론적으로 완벽한 비례관계는 아니고, 이 관계도 주어진 환경과 조건에 따라 달라진다.

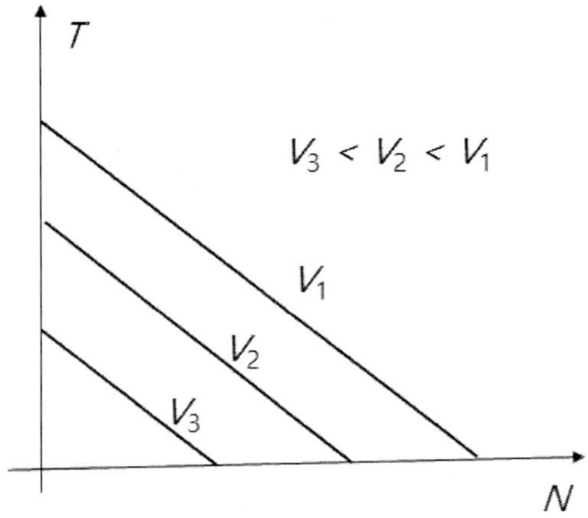

(a) DC 모터의 토크, 회전수, 전압 특성

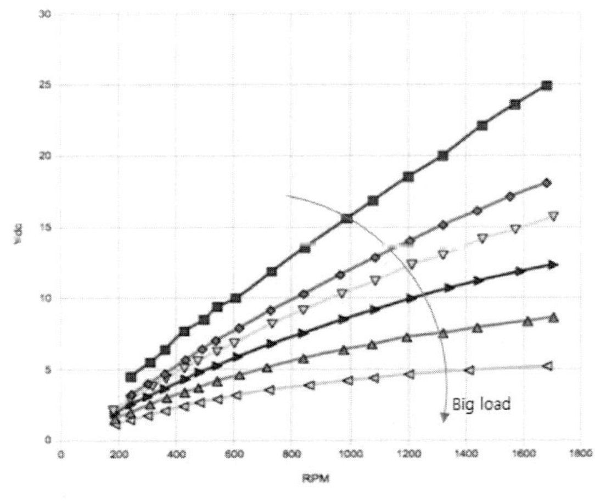

(b) DC 모터의 입력전압 vs. 회전수 특성

그림 5

(2) 스트레인게이지의 원리

■ 스트레인의 정의

구조물에 하중을 가하면 응력이 생겨서 이로 인해 변형이 생기는데, 구조물 내부에 나타나는 변형을 스트레인(ϵ)이라 하며, 또 스트레인의 크기도 스트레인이라고 한다. 길이 L_0의 선분이 변형하여 L이 되었다고 하면 그 늘어난 비율 $(L-L_0)/L$이 수직스트레인이다. ϵ이 (+)일 때를 인장 스트레인, (-)일 때를 압축 스트레인이라고 한다. 관계식은 다음과 같다.

$$\epsilon = \frac{\Delta L}{L_o} = \frac{L-L_o}{L_o} \qquad \text{(식 2.15)}$$

■ 스트레인 게이지(Strain gage)의 원리

도체 전선의 길이방향의 변형이 생기면 전선의 저항이 달라진다. 이 저항의 변화를 이용하여 변형률을 측정하는 센서를 스트레인 게이지라고 한다. 이 길이방향의 변형이 야기하는 저항의 변화를 식으로 나타내면 다음과 같다.

$$R = \frac{\rho L}{A} \qquad \text{(식 2.12)}$$

여기서 L은 도체 전선의 길이, A는 도체 전선의 단면, R은 도체 전선의 저항, 로는 저항률을 의미한다.

길이 방향의 변형률이$\Delta L/L$일 때 스트레인 게이지 감도는 다음과 같이 나타낸다.

$$\triangle R = \triangle \rho \frac{L}{A} + \triangle L \frac{\rho}{A} - \triangle A \frac{\rho L}{A^2} \qquad \text{(식 2.13)}$$

$$\frac{\triangle R}{R} = \frac{\triangle \rho}{\rho} = \frac{\triangle L}{L} - \frac{\triangle A}{A} = \frac{\triangle \rho}{\rho} + \varepsilon + 2\upsilon\varepsilon \quad \left(\because \frac{\triangle A}{A} = 2\frac{\triangle D}{D} = 2\varepsilon \frac{\frac{\triangle D}{D}}{\frac{\triangle L}{L}} = -2\varepsilon\nu \right)$$

게이지 팩터(Guage Factor)는 단위 변형률에 대한 저항 변화율을 나타낸다.

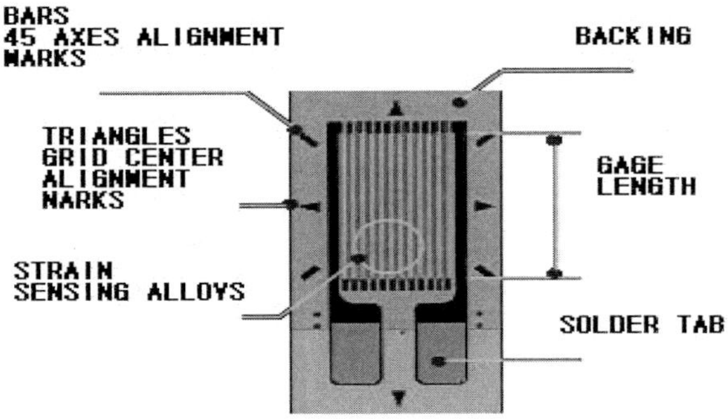

그림 6 스트레인 게이지의 구조

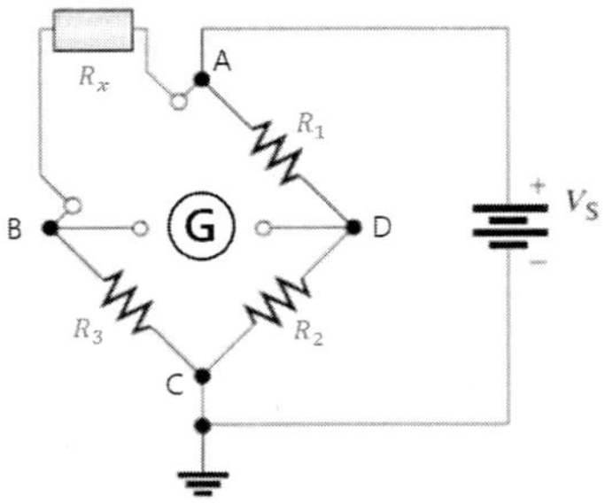

그림 7 휘트스톤 브릿지의 구조

■ 휘트스톤 브릿지(Wheatstone Bridge)

일반적으로 휘트스톤 브릿지 회로란 미지의 저항 값 R_X를 조사하고자 할 때 사용하는 회로이며, 키르히호프의 법칙을 따른다. 전류는 전위가 높은 곳에서 낮은 곳으로 흐른다. 그림 7에서 B와 D사이에 전위차가 없다면 전류의 흐름이 없게 된다. 즉, 검류계 Ⓖ를 통해 흐르는 전류는 0 A가 된다. A점을 전위 측정의 기준으로 하면 검류계 Ⓖ에 흐르는 전류가 0 A인 경우, A에서 D까지의 전위차와 A에서 B까지의 전위차가 같으므로 다음과 같은 관계식이 성립한다.

$$I_1R_1 = I_xR_x \quad \text{(식 2.14)}$$

마찬가지로 B, C와 C, D간의 전위차도 동일하므로 다음과 같은 관계식이 성립한다.

$$I_2R_2 = I_3R_3 \quad \text{(식 2.15)}$$

B와 D간의 전류흐름이 없는 경우 다음과 같은 관계식이 성립한다.

$$I_1 = I_2\ ,\ I_3 = I_x \qquad \text{(식 2.16)}$$

식 2.14, 2.15, 2.16의 관계식을 풀면 다음과 같은 관계식이 성립한다.

$$R_1 R_3 = R_2 R_x \qquad \text{(식 2.17)}$$

따라서 휘트스톤 브릿지를 이용하여, $R_1\, R_2$, R_3의 세 개의 저항 값을 통해 미지의 저항 값 즉, 스트레인 게이지의 저항 값인 Rx를 측정할 수 있다.

■ 스트레인 게이지(Strain gage)의 측정

실제로 스트레인 측정은 수 밀리 스트레인($e \times 10^{-3}$)이상의 양에는 사용되지 않는다. 따라서, 스트레인 측정은 저항의 매우 작은 변화를 정확하게 측정해야 한다. 이렇듯 저항의 작은 변화를 측정하기 위해서 스트레인 게이지는 대부분 전압 공급 소스가 있는 브리지 구성과 함께 사용된다.

일반적인 휘트스톤 브릿지는 전압 출력이 0이 되며, 이 조건하에 브릿지는 균형을 맞추게 된다. 브릿지의 모든 저항에 변화가 있으면 그 결과로 출력 전압은 0이 아닌 값이 나오게 된다. R_x를 스트레인 게이지로 대체하면 스트레인 게이지 저항에 가해진 변화는 브릿지의 불균형을 야기하며, 따라서 출력 전압이 0이 아닌 값이 발생한다. 이 출력 전압값이 스트레인 게이지의 측정값이 된다.

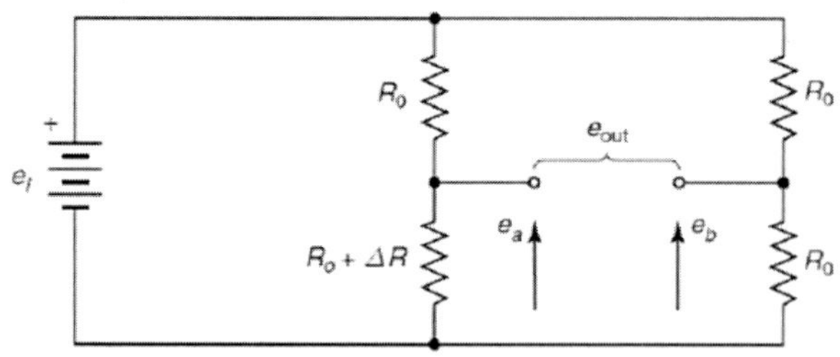

그림 8 스트레인게이지 측정; 휘트스톤 브릿지

$$e_0 + \Delta e = e_i\left[\frac{(R_2+\Delta R_2)R_3 - R_4R_1}{(R_1+R_2+\Delta R_2)(R_3+R_4)}\right] = \left[\frac{1+(\Delta R_2/R_2)-(R_4R_1/R_2R_3)}{\{(1+(R_1/R_2)+(\Delta R_2/R_2)\}\{1+(R_4/R_3)\}}\right]$$

$$\frac{\Delta e_o}{e_i} = \frac{\Delta R_2/R_2}{4+2(\Delta R_2/R_2)} = \frac{\Delta R_2}{4R_2} \qquad \left(\frac{\Delta R}{R} = F\varepsilon\right) \qquad \text{(식 2.18)}$$

식 2.18과 같이 휘트스톤 브릿지를 이용하면 출력 전압이 매우 작아 측정이 어려운 문제점을 해결할 수 있다.

3 실험 장치

본 실습에서는 반도체 방식의 가속도 센서를 이용하여 가속도를 측정하는 실험을 진행한다. 외팔보는 금속재질의 것으로 고정단과 자유단을 가진 간단한 기계구조물이다. 가속도 센서는 MEMS 기술을 이용하여 제작된 것으로 제작사는 미국 모토로라社이며 모델번호는 MMA1270D이다. DC 모터는 가장 간단한 편심 질량이 달린 진동소형모터로서 제작사는 Motorbank이고 모델 번호는 MB2431-0676V 이다.

3.1 외팔보

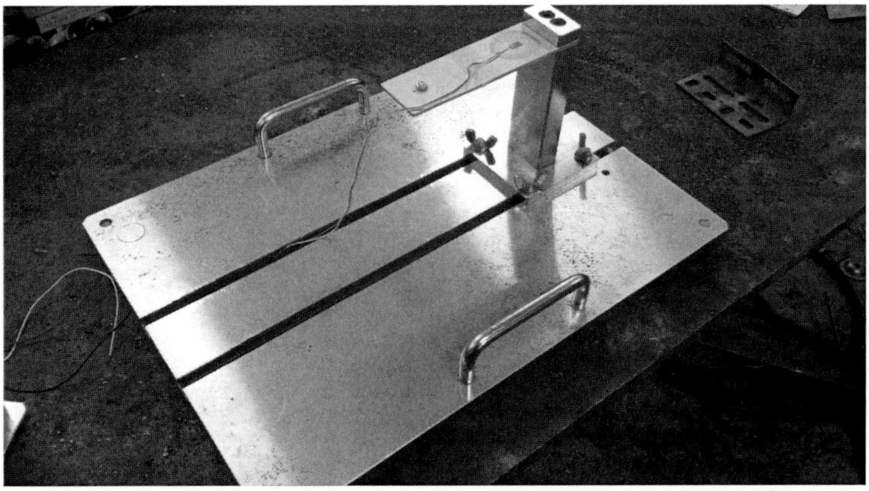

그림 9 기본 실험장치: 외팔보

일자형 보와 고정부로 구성되어 있는 외팔보를 이용한다. 외팔보의 고정된 끝은 고정단, 고정되지 않은 끝을 자유단이라고 한다. 외팔보의 자유단에 하중을 걸면 변형을 일으키는데, 집중하중을 받으면서 단면적에 비해서 길이가 긴 외팔보는 순수 굽힘 모멘트가 발생한다. 우리가 아는 하중 혹은 무게가 외팔보의 자유단에 걸릴 때, 윗면의 변형률에서 응력을 측정하면 외팔보의 굽힘이론을 실험할 수 있다. 또한, 자유단의 처짐량에서 우리가 아는 외팔보의 스프링상수를 이론과 비교해 볼 수 있다.

실험에 사용되는 외팔보의 제원은 아래와 같다.

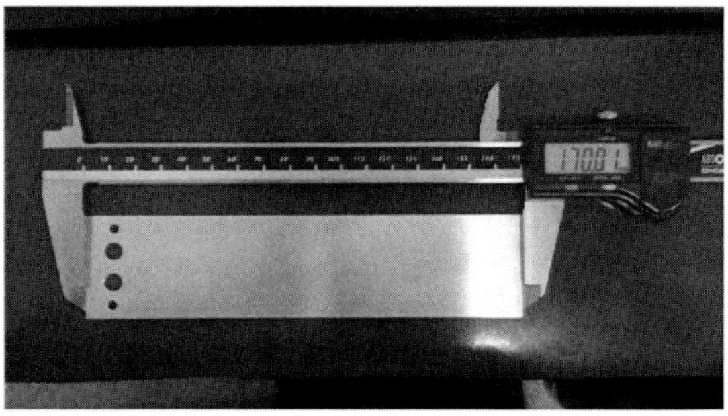

재질	Al6061
길이×폭×두께	220×40×1 mm^3
단면관성모멘트	$3.33\times10^{-12}m^4$
탄성계수	68.9 GPa
단면적	$4\times10^{-6}m^2$
밀도	2700 kg/m^3
하중 질량	30 g, 50 g, 70 g, 100 g, 120 g, 150 g

그림 10 기본 실험장치: 외팔보와 하중

외팔보의 끝에는 작은 구멍이 있어서 여기에 역학용 무게추를 달수 있게 되어 있다. 추의 질량은 m_1, m_2, m_3이다. 실제 질량은 30 g, 50 g, 70 g, 100 g, 120 g, 150 g이다.

다음 장의 실험에서 반토체형 가속도 센서를 외팔보의 자유단에, 편심질량을 이용해 진동을 만들어내는 DC 모터를 역시 자유단에 설치하였다. 스트레인 게이지는 응력이 큰 고정단에 가깝게 붙이는 것이 좋다.

3.2 스트레인 게이지(Strain Gauge)

스트레인 게이지는 금속 저항선 Linear 스트레인 게이지이며 CAS社에서 제작하였으며, 모델번호는 AP-11-S50N-120-EL이다. 제원은 다음과 같다.

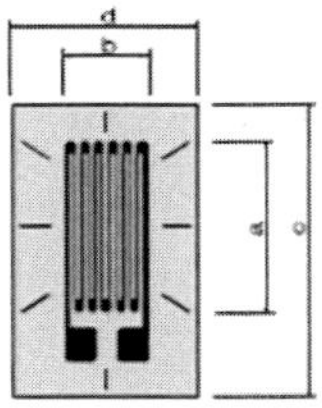

Dimension(mm)			
a (Grid length)	b (Grid width)	c	d
5.0	2.1	11.0	5.0

Grid material	Constantan	Grid length	3mm
Backing material	Polyimide film	Grid width	Narrow
S-T-C No.	Steel	Gage resistance	120 Ω
Grid pattern	Single linear		

그림 11 실험에 사용된 스트레인게이지의 제원

3.3 휘트스톤 브리지(Wheatstone Bridge)

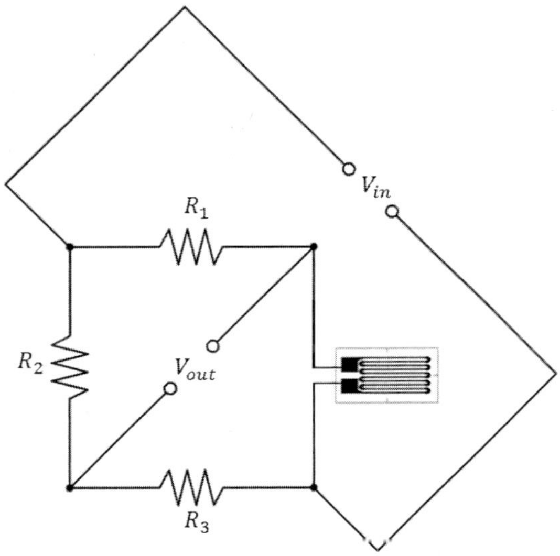

그림 12 휘트스톤 브릿지 구성

휘트스톤 브릿지는 브래드 보드에 구성을 하며, R_1과 R_3는 120 Ω의 저항을 사용한다. R_2는 가변저항을 배치하며, 가변저항을 배치하는 이유는 저항마다 오차가 존재하므로 인해 식 2.17과 같은 관계식에 부합하는 검류계의 전류값을 가질 수 있도록 미세조정을 하기 위하여 가변저항을 사용한다. 각 저항과 가변저항의 제원은 다음과 같다.

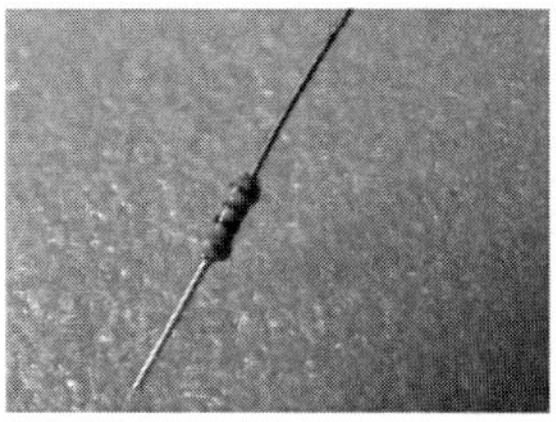

갈	적	흑	금
1	2	0	±5%

120Ω ±5%

그림 13 저항 제원

▷ 3266W-1-501

저항	500Ω	온도계수	$\pm 100ppm/°C$
전력	1/4W	회전 수	12
허용오차	±10%	저항소재	Cermet

그림 14 가변저항 제원

3.4 스트레인 게이지용 신호 증폭기

증폭기는 스트레인 게이지와 휘트스톤 브리지에서 얻은 미약한 신호를 증폭하고 노이즈를 제거하기 위하여 사용된다. 실험에 사용되는 신호 증폭기의 제원 및 사용법은 아래와 같다.

- ST-AM100

Specification

브릿지 전압	정전압 DC 5V, 10V
적용 브릿지저항	100Ω ~ 1kΩ
정격 출력	전압 ±10V (부하저항 200Ω이상) 전류 4~ 20mA (부하저항 300Ω이하)
영점 조정 범위	10%, 10회전
감도 조정 범위	1500 Multiplier
S/N비	51dB
응답주파수	DC ~ 20kHz (-3dB)
Low pas filter	10Hz, 100Hz, 1kHz, Pass
비직선성	0.02% F.S
사용온도 범위	-10℃ ~ 60℃
습도	80% RH 이하 (결로 현상이 없을 것)
사용 전원	AC 220V 50/60Hz (AC 110V, DC24V :주문자 요청사항)

그림 15 스트레인 게이지 증폭기의 외관과 제원

- 온도에 의한 출력변화 자동 보상(R-CAL회로 사용)
- 다단 Filter 내장 및 Filter-Enable, Disable 기능
- 영점 조정은 Volume 조절 방식
- Dip Switch로 기능 조절

■ 제품 사양

① 측정 점수 : 1CH / EA

② 측정 방식 : 편위법

③ 사용 Gauge : 350W(Bridge voltage 10 V), 120W(Bridge voltage 5 V)

④ Gauge factor : 2.00

⑤ Bridge전압 : 정전압 DC 5 V, 10 V (Dip switch로 선택)

⑥ 측정범위 : 5V ⇒ 0 ~ 2000 mstrain
10V ⇒ 0 ~ 4000 mstrain

⑦ 0점 조정 범위 : ±10 % F.S

⑧ 감도 조정 범위 : ±10 %

⑨ 감도 : 10 mstrain4 (조정 범위 1500 Multiplier)

⑩ 출력 : DC 0 ~ ±10 V or 4~20 mA

⑪ 비직선성 : 0.02% F.S

⑫ S/N비 (Signal/Noise 비) : 51dB

⑬ 응답주파수 특성 : DC ~ 20kHz (-3dB)

⑭ Low Pass Filter : 10Hz, 100Hz, 1kHz, PASS

⑮ 사용온도 범위 : -10 ~ +60℃

⑯ 온도 Drift : 영점이동 ⇒ ±1 mstrain/℃ 이내
감도변화 ⇒ ±0.05% F.S/℃ 이내

⑰ 전원 : AC 110V/220V ±10% 60Hz

■ Option

DC 4 ~ 20mA Current OUT

■ 사용법

① Filter 조절 (ON = 1, OFF = 0): Low Pass Filter (Dip switch를 조절, 이용해 주어진 주파수보다 낮은 주파수 대역은 통과시키고, 이보다 높은 주파수 대역은 감쇠시킨다.)

DIP SWITCH	10Hz	100Hz	1kHz	PASS
SW1	1	0	0	0
SW2	0	1	0	0
SW3	0	0	1	0

② Bridge Voltage 조절 (ON = 1, OFF = 0)

DIP SWITCH	10V	5V
SW4	0	1

③ Gain 조절 (ON = 1, OFF = 0)

DIP SWITCH	X1	X100	X200	X300	X400	X500	X600	X700
SW5(X100)	0	1	0	1	0	1	0	1
SW6(X200)	0	0	1	1	0	0	1	1
SW7(X400)	0	0	0	0	1	1	1	1
SW8(X800)	0	0	0	0	0	0	0	0

DIP SWITCH	X800	X900	X1000	X1100	X1200	X1300	X1400	X1500
SW5(X100)	0	1	0	1	0	1	0	1
SW6(X200)	0	0	1	1	0	0	1	1
SW7(X400)	0	0	0	0	1	1	1	1
SW8(X800)	1	1	1	1	1	1	1	1

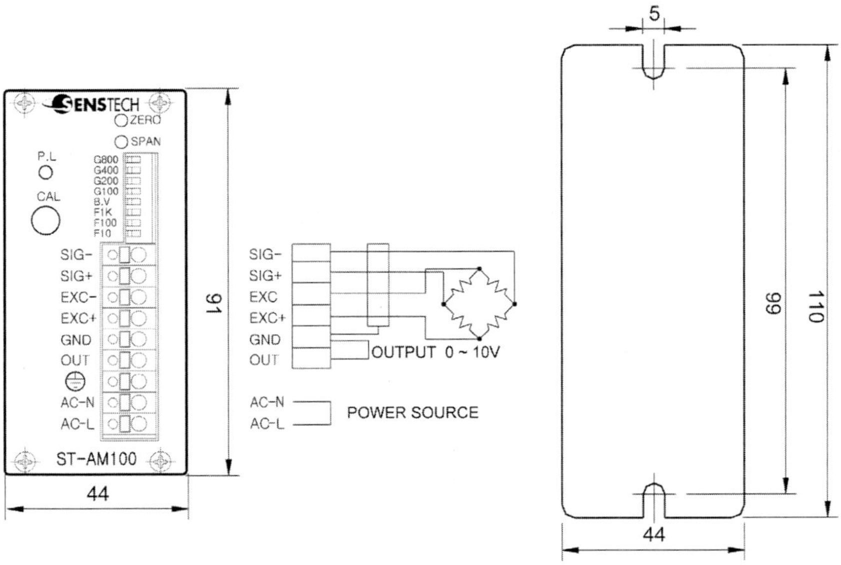

그림 16 스트레인 게이지 증폭기의 외관과 치수

3.5 DC 모터와 편심 질량

모터 및 모터 제어장치는 편심질량을 부착하여 외팔보에 규칙적인 진동을 만들어주는 역할을 한다. 실험에 사용된 모터의 제원은 다음과 같다.

Voltage	Operating range : 3~9	
	Nominal : 6V constant	
No load	Speed : 7600rpm	
	Current : 0.56A	
At maximum efficiency	Speed : 6080rpm	
	Current : 0.65A	
	Torque : 4.41mN.m	
	Output : 2.80W	
Eccentric mass	Mass : 8g	

그림 17 DC 모터의 외관과 제원

3.6 가속도계

그림 18 가속도계의 외관

Characteristic	Value	
Supply Voltage	2.2 ~ 3.6V	
Supply Current	400 ~ 600uA	3~10uA @ sleep mode
Measuring range	±4g, ±12g	Selectable
Sensitivity	86.3mV/g	@2.8V source
Measuring Axis	x, y, z	
Noise	350ug/ $\sqrt{\text{Hz}}$	@4g mode
Output scale	Vdd-0.1V ~ Vss+0.1V	
Linearity	1%	

그림 19 가속도계의 제원

이 실험에서는 반도체형 가속도 센서를 외팔보의 끝 부분 하단에 설치한다. 필요한 공급 전원과 신호선은 외팔보의 진동에 방해되지 않도록 길게 하여 데이터 취득 장비와 연결한다. 가속도계의 공급전원은 직류전원기로부터 공급되는 5 V 전원을 사용한다.

4 실험 내용

4.1 외팔보의 변형률 측정과 토론

(1) 스트레인 게이지 연결

① 빔에 스트레인 게이지를 부착 할 위치를 확인한다.

② 스트레인 게이지를 부착하기 전 빔의 표면을 샌드 페이퍼를 이용하여 매끄럽게 다듬어준다.

③ 스트레인 게이지 부착 위치를 펜을 이용해 표시한 뒤 표면을 깨끗하게 닦아준다.

③ 스트레인 게이지 부착면에 전용 에폭시를 소량 묻힌 뒤 다듬어진 빔의 표면에 접착시킨 후 투명 테이프를 붙여 스트레인 게이지를 보호한다.

④ 스트레인 게이지의 신호선, 전압선 등으로 브레드보드 위에 휘트스톤 브리지를 구성한다.

■ 휘트스톤 브리지 구성

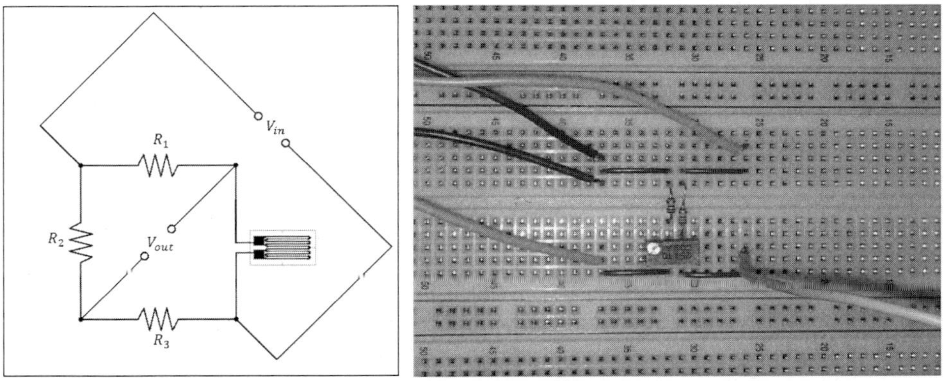

Wheatstone Bridge

그림 20 휘트스톤 브릿지 회로 만들기의 예

■ 증폭기 연결

① SIG-를 B에 연결
② SIG+를 D에 연결
③ EXC-를 A에 연결
④ EXC+를 c에 연결
⑤ GND와 sig-를 연결
⑥ 교류전원 연결
⑦ 5V input을 주기위해 B.V를 ON (오른쪽)

그림 21 스트레인 게이지 증폭기의 결선의 예

■ 스트레인게이지와 휘트스톤 브리지의 연결

4개의 저항 중 R_x자리에 스트레인게이지를 연결한다. 이때, 스트레인 게이지와 연결된 전선이 팽팽하지 않아서 보의 변위 방해하지 않게 주의한다.

■ DAQ와 증폭기와의 연결

① AI1에 OUT연결

② AI5에 GND에 연결

(2) 변형률 측정

■ 휘트스톤 브리지 기본회로 실험

① **고정저항과 가변**

저항을 이용해 휘트스톤 브리지 회로를 구성한다.

② 회로에 전원을 연결하고 멀티미터를 사용해서 BD간 전압이 0 V인지 확인한다.

③ 고정저항 4개를 이용하여 휘트스톤 브리지 회로를 구성한 후 위 2번의 과정을 반복한 뒤, 고정저항 R_2의 온도를 변화시켜 BD간 전압변화를 확인한다.

■ 휘트스톤 브리지 회로의 밸런스 실험

① 위의 그림과 같은 휘트스톤 브리지 회로를 구성한 후 120Ω저항을 R_1, R_2, R_3에 연결하고, 500 Ω의 가변저항을 120 Ω으로 맞춘 후 R_2의 위치에 연결한다.

② 회로에 전원장치를 연결하고 BD간 전압이 0 V인지 확인한다.

③ 가변저항 R_x의 저항 값을 임의로 조절하여 BD간의 전압을 측정한 후 기록한다.

■ 외팔보의 응력 변형률 측정

① 외팔보의 자유단에 m_1, m_2, m_3의 추를 달아서 무게가 하중으로 추가된 상황을 만든다.

② 이때의 변형률 ϵ_1, ϵ_2, ϵ_3를 스트레인 게이지를 이용하여 측정한다.

③ 변형률에 관한 이론 (그림 2.1, 식 2.5, 식 2.6 등)을 이용하여 이론적인 ϵ_1, ϵ_2, ϵ_3를 계산하고 실험치와 비교하여 토론한다.

4.2 외팔보의 스프링상수 측정과 토론

(1) 자를 이용한 변위 측정

① 외팔보의 자유단에 추를 매달지 않았을 때의 높이를 자를 수직으로 세워서 측정한다.

② 일정한 무게의 추를 매달았을 때의 높이를 자를 수직으로 세워서 측정한다.

③ 상기 과정을 m_1, m_2, m_3의 추를 이용하여 반복한다.

(2) 스프링상수의 계산

① 상기 과정에서 구한 처짐량과 무게의 비에서 스프링 상수를 각각 구한다.

② 주어진 외팔보의 제원과 재질, 식 2.4의 이론을 이용하여 이론적인 스프링 상수를 구하라.

③ 실험치와 이론을 비교하여 토론하라.

4.3 모터의 특성 측정과 토론

(1) 모터와 가속도계의 장착

① 모터를 브래킷을 볼트와 너트를 이용하여 결합한다.

② 결합된 브래킷과 모터를 볼트와 너트를 이용하여 외팔보의 자유단에 설치한다.

③ 외팔보의 자유단에 설치한 브래킷의 다른 면에 가속도계를 장착한다. 가속도 게이지는 지면을 향하도록 장착한다.

④ 볼트와 너트 결합 시 꼭 와셔를 함께 결합해준다.

(2) 모터와 가속도계의 연결

① 모터의 전원선을 전압 직류전원기 (Power supply)에 연결하되, 외팔보의 진동을 방해하지 않도록 팽팽하지 않게 한다. 이 때, 직류전원기의 전원은 차단된 상태로 연결한다.

② 가속도계의 주어진 출력을 DAQ에 연결하되, 가속도계에 연결된 전선은 외팔보의 중간에 한번 테이프로 붙이고 나서 DAQ로 연결되게 한다. 이는 외팔보의 진동을 방해하지 않게 하려는 것이다.

③ 가속도 센서와 DAQ 연결 방법

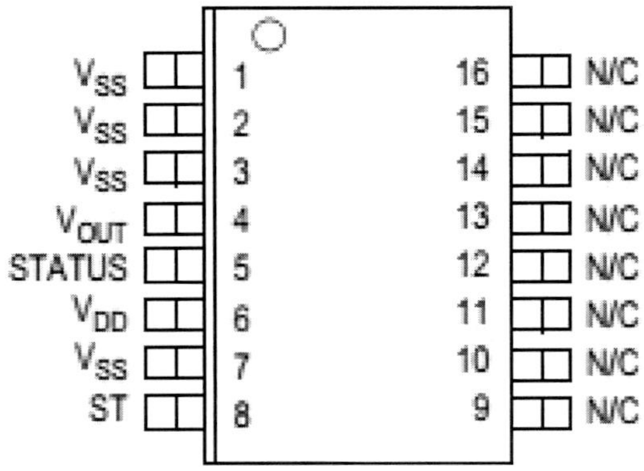

그림 22 가속도 센서

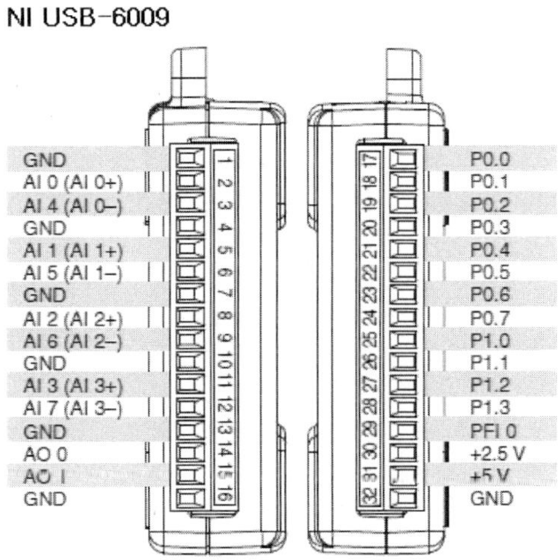

그림 23 DAQ

가속도센서	DAQ
4번 Vout	2번 AI0
6번 Vdd	31번 +5 V
8번 GND	1번 GND
-	GND와 3번 AI4연결

그림 25 가속도 센서와 DAQ 연결방법

(3) 모터의 전압-회전수 특성 측정

① 직류전원기로 DC 모터에 입력전압을 1.0 V정도 가한다.

② 가속도계의 가속도 신호를 LabView의 그래프로 그려본다. 이 그래프의 초당 산(Peak)의 수 혹은 골(Valley)의 수를 세면 주파수(f)를 알 수 있다. 이를 이용하여 분당 회전수(N)를 구할 수 있다.

③ DC 모터의 입력 전압 상한 값 이하의 다양한 입력전압을 5가지 이상 주고, 분당 회전수를 각각 구한다.

④ 입력전압에 대한 모터의 회전수를 그래프로 그려라.

5 과제 내용

5.1 예비보고서

① 식 2.2를 고체역학에서 배운 이론을 이용하여 유도하시오.

② 스트레인게이지의 원리를 저항의 길이 및 단면적의 변화의 관점에서 설명하라.

③ DC 모터의 구동원리를 플레밍의 왼손법칙을 이용하여 설명하라.

5.2 결과보고서

측정한 결과에 대해 실험에서 요구된 내용으로 자료 정리를 한 후 양식에 따라 정리한다. 각종 측정값의 통계처리 결과를 바탕으로 측정오차의 원인에 대해 논하고, 실험 오차에 대해 그 발생원인에 대해 조사하여 보고서를 작상 제출한다.

① 실습 과정에서 요구한 각각의 계산 과정을 정리하시오.

② 계산된 결과와 측정된 결과를 비교 토론하시오.

③ 실습한 내용을 체계적으로 정리하시오.

6 기타 및 참고문헌

[1] http://rjwsciencestm.com/Physics_Notes/U4_Motor.html, 2015. 02. 21.

[2] http://electrical4u.com/fleming-left-hand-rule-and-fleming-right-hand-rule/, 2015. 02. 21.

[3] http://www.solarheatengines.com/2011/01/28/generating-power-with-a-stepper-motor/, 2015. 03. 06.

외팔보의 고유진동수, 등가 강성 및 질량 도출 실험

CHAPTER 15

1 실험 개요

평형위치를 중심으로 물체가 반복적으로 흔들리는 현상을 진동(vibration)이라 한다. 질량요소(m)와 강성 요소(k) 그리고 감쇠 요소(c)로 구성된 단순한 기계시스템에서의 진동 해석은 질량요소에 가해지는 힘에 대한 운동방정식을 계산함으로써 구할 수 있으나 실제 접하게 되는 연속체(continuum) 또는 연속 시스템(continuous system)의 경우, 이러한 해석 방법이 어렵다. 따라서 연속체 기계시스템에 대해 등가 시스템을 도출하여 진동 해석을 수행하면 원하는 방향으로 진동 현상을 개선할 수 있으며 이것을 위해 시스템의 진동 특성을 가지고 있는 주파수 응답함수(frequency response function)의 측정을 필요로 한다. 주파수 응답함수가 가지고 있는 진동 특성은 고유주파수(natural frequency)와 감쇠비(damping ratio)가 있으며 이것은 시스템의 물성치에 대한 함수이다.

본 실험에서는 연속체인 외팔보에 대한 주파수 측정 실험과 9장 외팔보 변형 실험 데이터를 종합하여 등가 시스템을 도출하는 것을 목적으로 하며 주파수 응답 함수에서 고유진동수를 추출하여 감쇠 요소가 없는 등가 시스템의 도출을 최종 목적으로 한다. 또한 전공과목인 고체역학과 진동학을 연계하여 기계적인 응용 분야에 대한 적응력을 기르는 것을 목표로 한다.

2 진동학의 기초

(1) 주파수 응답함수(Frequency response function)

그림 1과 같이 질량(m)과 스프링(k)로 구성된 1 자유도 진동계에 진폭이 F_o인 사인 함수로 나타낼 수 있는 가진력이 작용할 경우에 식 (1)과 같은 운동 방정식을 얻을 수 있다. 이 방정식으로부터 얻을 수 있는 응답(x(t))는 제차해($x_h(t)$: homogeneous solution)와 특별해($x_p(t)$: particular solution)로 구성된다. 가진 주파수가 이 진동계의 고유 주파수와 일치하지 않을 경우에는 특별해($x_p(t)$)를 식(2)와 같이 나타낼 수 있고, 가진 주파수가 고유 주파수와 일치하는 경우에는 식(3)과 같이 나타낼 수 있다. 식(2)와 식(3)을 잘

살펴보면, 식(2)에서 $x_p(t)$의 진폭은 단지 주파수의 함수이지만, 식(3)에서는 진폭이 시간에 따라 선형적으로 증가하는 것을 알 수 있다. 즉, 식(3)은 공진(resonance)이 발생하는 것을 수학적으로 잘 표현하고 있다.

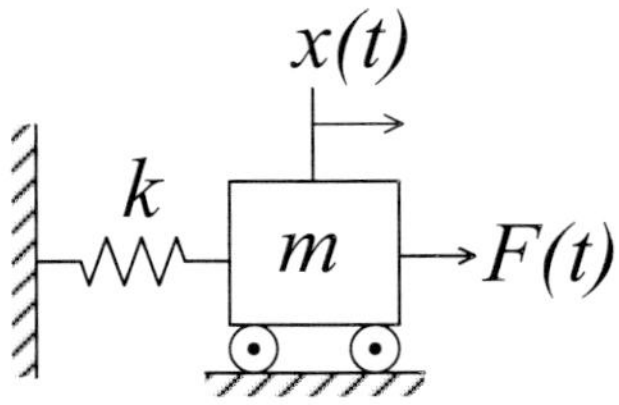

그림 1 자유도 질량-스프링 진동계

$$m \cdot \ddot{x}(t) + k \cdot x(t) = F(t),\ F(t) = F_o \sin(\omega t) \tag{1}$$

$$x_p(t) = \frac{F_o}{k - m \cdot \omega^2} \sin(\omega t) \tag{2}$$

$$x_p(t) = \frac{\omega_n}{2} \cdot \frac{F_o}{k} \cdot t \cdot \cos(\omega_n t),\ \omega_n = \sqrt{\frac{k}{m}} \tag{3}$$

위와 같은 결과는 다음과 같이 얻어지는 주파수 응답함수로 두 경우를 함께 설명할 수 있다. 가진 주파수와 고유 주파수의 일치 여부에 관계 없이 응답을 식(4)와 같이 나타낼 경우에, 식(4)를 식(1)에 대입하면 응답과 가진력의 진폭비는 식(5)와 같이 얻어진다. 이를 비감쇠 진동계(undamped vibrating system)의 주파수 응답함수(frequency response function)라고 한다. 세로축을 주파수 응답함수의 절대값, 가로축을 주파수로 하여 그래프를 그리면 그림 2와 같은 그래프를 얻는다. 식(6)에 알 수 있듯이, 가진력의 진폭이 일정할 때, 기계 시스템의 응답의 크기는 주파수 응답함수의 특성에 의해 결정된다. 그리고, 주파수 응답함수의 특성은 해당 기계 시스템의 질량과 강성에 의해 결정되므로, 주파수 응답함수는 기계 시스템의 진동특성을 잘 나타낸다고 할 수 있다.

$$x_p(t) = X \cdot \sin(\omega t) \tag{4}$$

$$H(\omega) = \frac{X}{F_o} = \frac{1}{k - m \cdot \omega^2}, \tag{5}$$

$$X = F_o \cdot H(\omega), \tag{6}$$

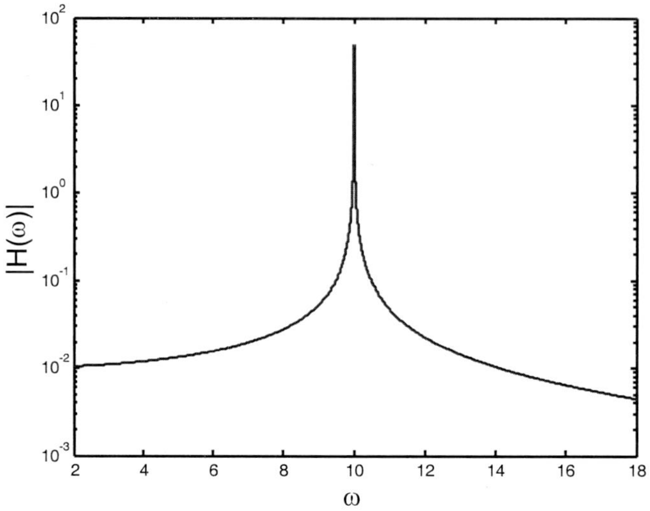

그림 2 비감쇠 1 자유도 진동계의 주파수 응답함수

(2) 등가 진동 시스템(Equivalent vibration system)

일반적인 기계 시스템은 굉장히 복잡한 구조를 갖고 있고, 그림 1과 달리 질량과 강성이 차지 하는 공간이 분리되지 않는다. 이렇게 질량과 강성이 시스템 전체에 분포된 진동 시스템을 연속 시스템(continuous system) 또는 분포 시스템(distributed system)이라고 하고, 그림 1과 같은 시스템을 이산 시스템(discrete system) 또는 집중 질량 시스템(lumped parameter system)이라고 한다. 이런 연속 시스템의 진동 해석에도 앞서 구한 주파수 응답함수는 기계 시스템의 중요한 정보를 제공한다. 다만, 연속 시스템의 운동 방정식을 유도하고 그로부터 주파수 응답함수를 구하는 과정은 수학적으로 어려운 경우가 많다. 따라서, 연속 시스템의 진동 특성을 잘 나타내는 이산 시스템을 잘 구성할 수 있다면, 많은 노력과 시간을 줄이면서 진동 해석을 수행할 수 있다. 이렇게 구성된 이산 시스템을 원래 연속 시스템의 등가 진동 시스템이라고 하고, 진동 해석의 정확도는 등가 진동 시스템을 구성하는 등가 질량(Equivalent mass)와 등가 강성(Equivalent stiffness)의 정확도에 달려 있다.

그림 3(a)와 같이 외팔보의 자유단(free end) 끝에 달려 있는 질량 요소(m)의 상하 방향

진동을 나타내는 등가 진동계(그림 3(b) 참조)를 고려해 보자. 진동이 발생하지 않는 평형 위치(equilibrium position)에 있는 질량 요소에 아래 방향으로 외력을 가하면, 질량 요소는 같은 방향으로 움직인다. 이 때 외력을 제거하면, 복원력(restoring force)에 의해 평형 위치로 되돌아 온다. 가해진 외력에 의한 외팔보 끝단의 정적 변형(static deformation)은 식 (7)과 같이 나타낼 수 있다. 이런 시스템의 탄성 변형(elastic deformation)성질은 식(8)과 같은 강성 계수(보통 스프링 상수(spring constant)를 사용함)로 나타낼 수 있다. 한편, 평형 위치를 중심으로 발생한 진동 변위(vibration displacement)가 원래 상태로 되돌아 오게 하는 복원력도 시스템의 탄성 변형 성질에 나타내는 것이므로, 정적 변형에서 구한 스프링 상수값을 구성될 등가 진동계(그림 3(b)참조)의 등가 스프링 상수값으로 사용할 수 있다.

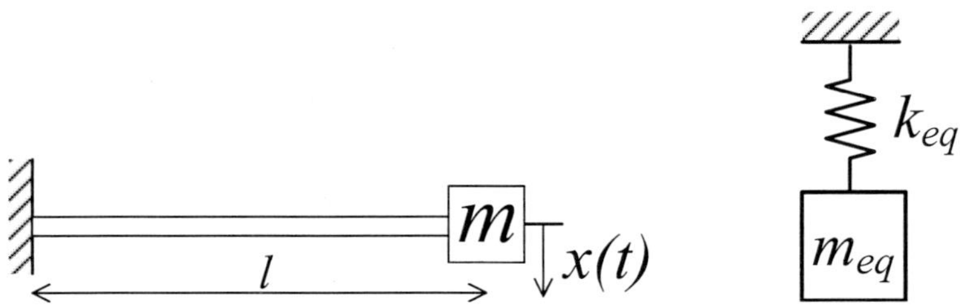

(a) 연속체　　(b) 등가 진동계

그림 3 자유단 끝에 질량 요소를 가진 외팔보

$$\delta_{st} = \frac{Pl^3}{3EI} \tag{7}$$

$$k_{eq} = \frac{P}{\delta_{st}} = \frac{3EI}{l^3} \tag{8}$$

이산 진동계(discrete vibrating system)의 고유 주파수(ω_n)는 식(9)와 같이 질량과 스프링 상수의 함수이다. 만약, 고유 주파수와 스프링 상수를 알고 있다면, 식(10)으로부터 질량을 계산할 수 있다. 그림 2에서 보았듯이, 고유 주파수에서 주파수 응답함수의 절대값이 가장 크다는 사실을 고려하면, 그림 4와 같이 측정된 주파수 응답함수로부터 해당 시스템의 고유 주파수를 역으로 유추할 수 있다. 또한, 식 (5)를 고려하면, 동일한 크기의 가진력에 의해 발생하는 응답 신호의 절대값 그래프상에서의 피크 주파수(peak frequency)는 해당 시스템의 고유 주파수와 거의 같음을 알 수 있다.

$$\omega_n = \sqrt{\frac{k_{eq}}{m_{eq}}} \tag{9}$$

$$m_{eq} = \frac{k_{eq}}{\omega_n^2} \tag{10}$$

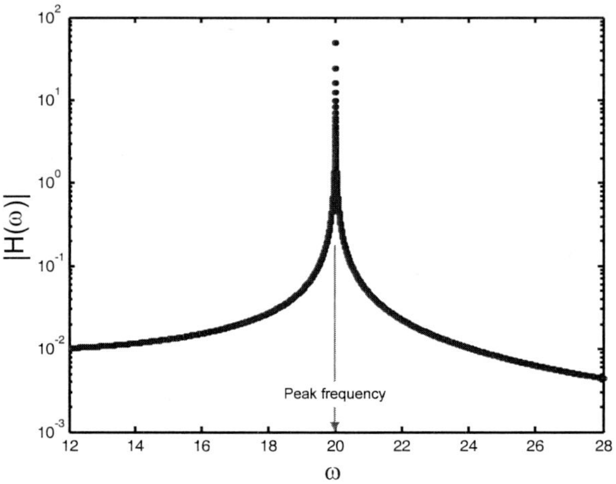

그림 4 측정된 주파수 응답함수

3 진동 실험 1

(1) 주파수 응답함수 측정

그림 5는 본 실험에서 사용되는 외팔보(cantilever)와 지지대(support)를 나타내고 있다. 외팔보의 왼쪽 끝에는 지지대에 장착할 수 있도록 구멍이 나 있고, 오른쪽 끝에는 외팔보에 가진력을 발생시키는 모터와 외팔보의 진동을 측정하는 가속도계가 장착되어 있다. 실험에 사용되는 외팔보는 두 종류-주 외팔보(primary cantilever)와 보조 외팔보(secondary cantilever)-로 나누어진다. 주 외팔보와 보조 외팔보는 표 1과 같이 형상 정보도 다르며 주 외팔보의 오른쪽 끝에는 보조 외팔보가 연결될 수 있는 구멍이 있고 보조 외팔보에는 추가로 장착될 질량 요소를 위한 구멍이 존재한다. 주 외팔보는 그림 6(a)

와 같은 등가 시스템으로 변환되며, 보조 외팔보는 그림 6(b)에서 흡진기 역할을 하게 된다(외팔보의 동흡진기 설계 실험 시 사용).

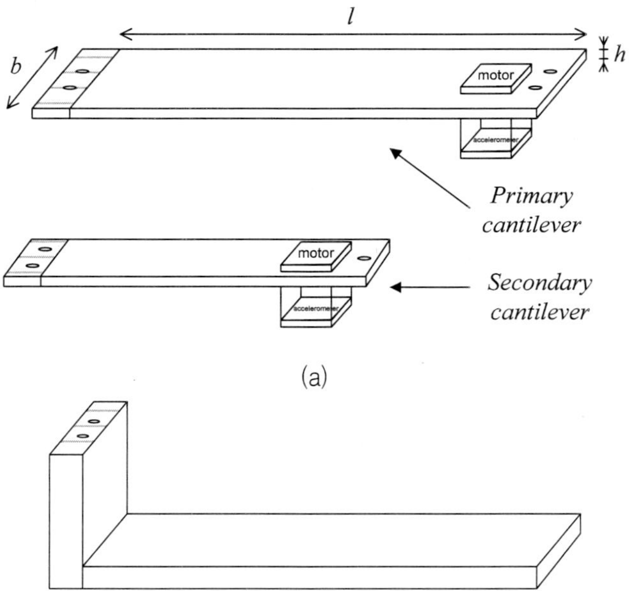

(b)

그림 5 외팔보와 지지대: (a) 주 외팔보와 보조 외팔보; (b)지지대

표 1 외팔보의 형상 정보 (단위: mm)

		Length(l)	Width(b)	Thickness(h)
Primary cantilever	A			
	B			
	C			
	D			
	E			

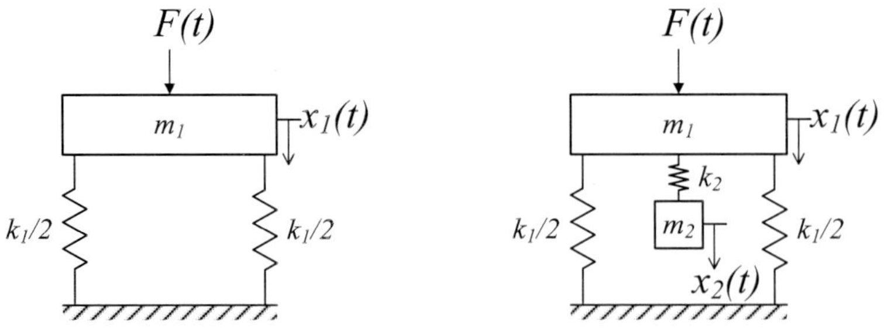

(a) 기존 진동계　　　　　(b) 흡진기가 장착된 진동계

그림 6 비감쇠 동흡진기

각 외팔보의 등가 진동계를 먼저 구성해 보자. 이를 위해서는 등가 진동계의 등가 스프링 상수와 등가 질량을 정확히 계산되어야 한다. 등가 스프링 상수는 외팔보 끝에 작용된 힘과 그에 따른 변위로부터 계산되고 본 실험에서는 편의상 식 (8)을 이용한다. 등가 질량은 식(10)을 이용하여 구할 수 있는데, 이를 위해서는 각 외팔보의 고유주파수를 정확히 알아야 한다. 이를 위해 실험으로 그림 4를 구하면 된다. 각 외팔보에 장착된 모터의 회전수는 입력되는 전압 신호에 선형적으로 비례하는 것으로 알려져 있다. 모터에 편심 질량(unbalanced mass: m_u)이 장착되어 있기 때문에, 모터가 등속 회전할 때, 편심 질량에 의해 외팔보에 수직방향의 가진력이 발생한다. 이 수직 가진력은 식 (11)과 같이 나타낼 수 있다. 식 (11)에서 e는 모터의 회전 중심에서 편심 질량까지의 거리를 나타낸다. 그리고 외팔보 끝에 장착된 가속도계에서 측정되는 가속도 신호($a(t)$)와 변위 신호($d(t)$) 사이에는 식 (12)의 관계가 성립한다. 식 (11)과 (12)에서 알 수 있듯이, 가진력과 가속도의 진폭은 회전 속도의 제곱에 비례하므로, 동일한 가진력의 진폭에 대한 응답의 크기를 비교하려면 식 (13)과 같이 변위 대신 가속도 신호를 분자로 사용하여 주파수 응답함수를 구하여야 한다. 그러나 본 실험에서는 응답 신호만으로 주파수에 따른 응답 신호의 상대적인 크기를 도시하여 고유 주파수를 얻고자 한다. 따라서, 측정한 가속도 신호에 회전 속도를 제곱하여 나눈 값을 사용하여 실험 주파수 응답함수를 구한다.

$$F_u(t) = F_o \cdot \sin(\omega t), \quad F_o = m_n \cdot e \cdot \omega^2 \tag{11}$$

$$a(t) = -\omega^2 \cdot d(t), \quad a(t) = A_o \cdot \sin(\omega t), \quad d(t) = D_o \cdot \sin(\omega t) \tag{12}$$

$$H(\omega) = \frac{A_o}{F_o} = \frac{-\omega^2 \cdot D_o}{m_u \cdot e \cdot \omega^2} = -\frac{D_o}{m_u \cdot e} \tag{13}$$

그림 7은 모터 회전에 의해 발생하는 외팔보 상하 방향의 진동을 측정한 가속도 신호이다. 시간에 따라 신호는 증가 감소를 반복하는데, 이웃한 두 피크 점 사이의 시간이 주기(T)를 계산하면, 식 (14)를 사용하여 현재 회전하는 모터의 회전수를 알 수 있다. 또한, 식 (15)를 이용하면 최고점과 최저점의 가속도 신호값(A_{max}, A_{min})으로부터 가속도 신호 진폭을 계산할 수 있다. 또한. 식 (16)을 이용하여 변위 진폭을 계산할 수 있다. 이렇게 각 회전 속도에 따른 변위 값을 측정하면 그림 8과 같은 결과를 얻을 수 있다. 이렇게 측정된 주파수 응답함수에서 각 외팔보의 고유 주파수(ω_n)를 알면 등가 질량을 계산할 수 있다.

$$\omega = 2\pi / T \tag{14}$$

$$A_o = (A_{\max} - A_{\min}) / 2 \tag{15}$$

$$D_o = -A_o / \omega^2 \tag{16}$$

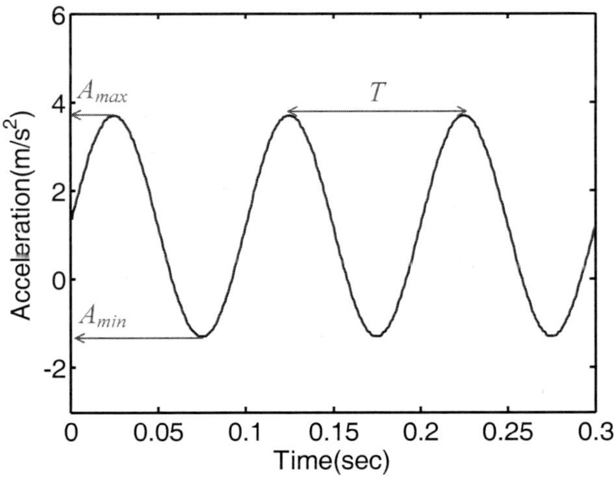

그림 7 측정된 진동 신호(가속도 신호)

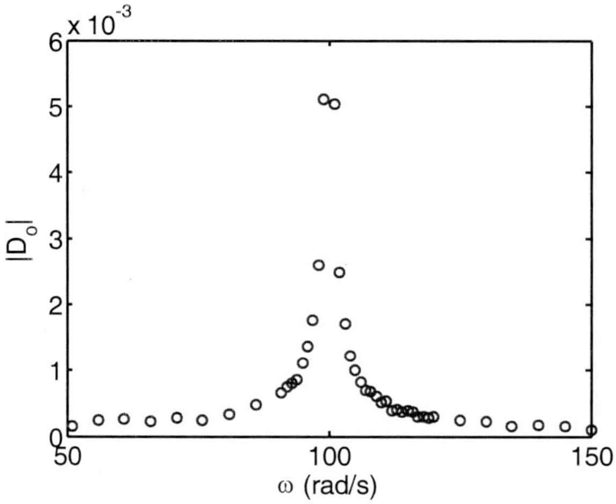

그림 8 측정된 외팔보의 주파수 응답함수

과제 1-1 : 각 조별로 제공된 외팔보의 주파수 응답함수를 측정하고 그래프로 그리시오.

과제 1-2 : 각 조별로 제공된 외팔보의 등가 진동계를 구성하여 표 2를 완성하시오.

표 2 등가 진동계의 등가 상수들

		k_{eq}(N/m)	ω_n	m_{eq}(kg)
Primary cantilever	A			
	B			
	C			
	D			
	E			

4 실험 예비 보고서

가. 진동 실험 1

A. 진동 이론 정리(실험 내용과 연관하여)

B. 그림 1의 1 자유도 진동계에 대한 다음 질문에 대해 상세히 답하시오.

i 가진력 $F(t)$가 다음과 같이 주어질 때, a)가진력의 주파수가 진동계의 고유 주파수와 일치하지 않을 때와, b)일치 할 때의 응답을 구하시오(수식 유도 자세히 기술).

$F(t) = F_o \cdot \cot(\omega t)$

ii i)에서 구한 응답을 시간영역에서 도시하시오.

C. 그림 3에서 외팔보 오른쪽 끝단에 외력 W가 작용한다. 다음 질문에 대해 상세히 답하시오.

i 외팔보의 단면에 대한 관성 모멘트를 구하시오.

ii 정적 처짐을 구하시오.

iii 등가 강성을 구하시오.

iv 고유 주파수가 ω_n 일 때, 이 외팔보의 등가 진동계의 등가 질량을 구하시오.

5 실험 결과 보고서

가. 진동 실험 1

A. 외팔보의 주파수 응답함수를 측정하고 그래프로 나타내기

B. 등가 진동계를 구성하여 표2의 빈 칸 채우기

C. 실험 고찰 및 본 실험에서 개선하고 싶은 점

D. 참고 문헌(정확히 기술할 것)

6 참고문헌

[1] Mechanical Vibrations, S. S. Rao, Pearson/Prentice Hall, 2004

CHAPTER 16 동 흡진기 실험

1 실험 개요

기계시스템에서 발생하는 진동(vibration)은 분류 기준에 따라 다양하게 나누어 질 수 있는데, 일반적으로 외력(external force)의 존재 유무에 따라 자유 진동(free vibration)과 강제 진동(forced vibration)으로 분류된다. 강제 진동을 일으키는 가진력(excitation force)이 사인 함수(since function)나 코사인 함수(cosine function)와 같은 조화 함수(harmonic function)인 경우에는, 기계 시스템의 응답(response)의 크기(magnitude)와 위상(phase)은 가진 주파수(excitation frequency)에 따라 달라진다. 특히, 가진 주파수가 기계 시스템의 고유 주파수(natural frequency)와 일치할 경우에는 응답의 크기가 아주 크게 되고 심할 경우에는 기계 시스템은 파손될 수 있다. 이런 현상을 공진(resonance)라고 한다. 많은 경우 공진은 피해야 할 진동 현상이지만, 잘 이용하면 작은 힘으로 큰 응답을 발생시키는 기계부품의 설계에 사용될 수 있다.

본 실험에서는 공진이 발생하는 경우에 이를 저감시키는 동흡진기(dynamic absorber)를 알맞게 설계하여 진동을 저감 시킨 방법을 잘 이해하고 실험으로 구현하는 것을 실험목표로 설정한다. 이전 실험에서 구한 1자유도 등가계의 고유 주파수(ω_n)와 일치하는 가진 주파수로 가진하는 조화력(harmonic force)에 의한 공진 현상을 막기 위한 동흡진기(dynamic absorber)를 설계하여 동흡진기의 진동 저감 성능을 확인한다.

2 동 흡진기

(1) 동 흡진기 이론

기계시스템이 가지는 고유 주파수(ω_n)와 같은 주파수의 가진력을 가할 경우 발생하는 공진(resonance) 현상은 기계 시스템에 큰 진동을 발생시키며 이런 공진 현상을 막는 제일 손쉬운 방법은 가진 주파수를 변경하거나 시스템의 고유 주파수를 변경하면 된다. 본 실험에서는 가진 주파수는 변경할 수 없다는 가정하에서 시스템의 고유 주파수를 변경하여, 가진력이 작용하는 지점의 진동이 거의 발생하지 않도록 하고자 한다. 이를 위해 동흡진기를 적절히 설계하여 기존 시스템에 장착하고자 한다. 동 흡진기는 질량과 스프링으로 구성된 1 자유도 진동계이며, 이를 그림 5과 같이 기존의 1 자유도 질량-스프링 진동계에 연결한다. 연결된 시스템은 2 자유도 진동계가 되고, 이 시스템의 운동 방정식은 식 (1)과 같이 표현된다. 공업 수학 지식을 사용하여, 기존 시스템과 흡진기의 응답을 구하면 식 (2)와 같다. 식 (2)에서 흡진기의 고유 주파수$(\omega_n)_2$가 가진 주파수와 일치하면, X_1은 '0'이 되고, X_2는 식 (3)과 같이 변위가 발생한다. 즉, 외력에 의해 시스템에 전달되는 에너지는 X_2가 모두 흡수하여 진동하는 것을 알 수 있다. 이런 변화는 그림 2과 같은 주파수 응답함수 상의 변화로부터 다시 확인 할 수 있다. 기존 시스템의 고유 주파수는 가진 주파수와 일치하였지만, 흡진기를 장착하고 나서는 발생한 새로운 2개의 고유 주파수는 가진 주파수와 더 이상 일치하지 않는다. 특히, 가진 주파수에서 응답을 살펴보면, 기존 시스템의 응답은 '0'이고, 흡진기의 응답은 비교적 크다는 것을 알 수 있다.

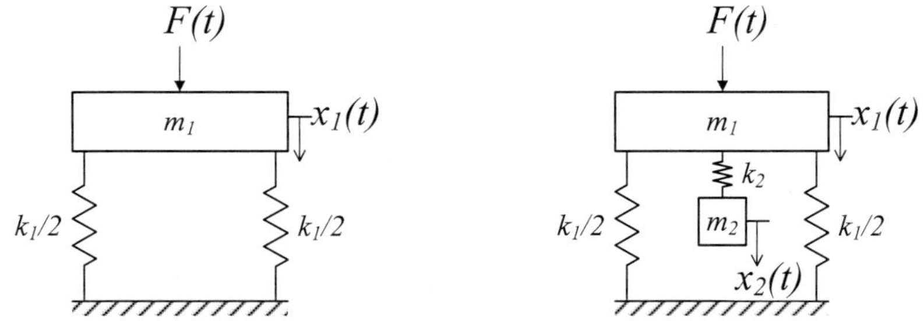

(a) 기존 진동계 (b) 흡진기가 장착된 진동계

그림 1 비감쇠 동흡진기

$$m_1 \cdot \ddot{x}_1(t) + (k_1 + k_2) \cdot x_1(t) - k_2 \cdot x_2(t) = F(t),\ F(t) = F_o \sin(\omega t) \tag{1a}$$

$$m_2 \cdot \ddot{x}_2(t) - k_2 \cdot x_1(t) + k_2 \cdot x_2(t) = 0 \tag{1b}$$

$$X_1 = \frac{(k_2 - m_2\omega^2)F_0}{(k_1 + k_2 - m_1\omega^2)(k_2 - m_2\omega^2) - k_2^2} \tag{2a}$$

$$X_2 = \frac{k_2 F_0}{(k_1 + k_2 - m_1\omega^2)(k_2 - m_2\omega^2) - k_2^2} \tag{2b}$$

$$X_2 = -\frac{F_0}{k_2} \tag{3}$$

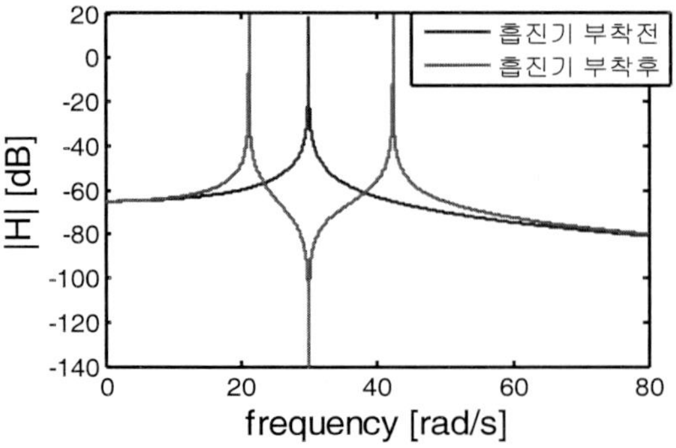

(a) 흡진기 장착 전/후 m_1

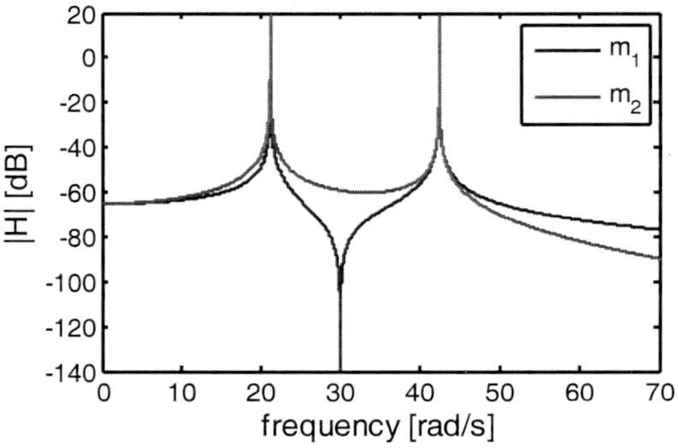

(b) 흡진기 장착 후 m_1, m_2

그림 2 흡진기 장착에 의한 주파수 응답함수의 변화

(2) 동 흡진기 설계

선택된 주 외팔보의 공진 현상을 막기 위한 흡진기를 설계하고자 한다. 흡진기로 사용될 보조 외팔보가 선택된 주 외팔보의 흡진기로 작용하려면 식 (2a)로부터 보조 외팔보의 고유 진동수($(\omega_2)_2$: 식 (4) 참조)가 식 (5)과 같이 주 외팔보의 고유진동수($(\omega_n)_1$)와 일치하여야 한다. 앞서 계산된 보조 외팔보의 등가 강성을 고려하여, 알맞은 등가 유효 질량(m_{eff}: 식 (4) 참조)을 계산하고 이를 이용하여 앞서 계산된 보조 외팔보의 등가 질량을 고려할 때, 추가 되거나 감소되어야 할 질량(Δm_2: 식 (6) 참조)을 계산할 수 있다.

$$(\omega_n)_2 = \sqrt{\frac{(k_{eq})_2}{(m_{eff})_2}} \tag{4}$$

$$(\omega_n)_1 = (\omega_n)_2 \tag{5}$$

$$\Delta m_2 = (m_{eff})_2 - (m_{eq})_2 \tag{6}$$

표 1 동 흡진기 설계를 위한 부가질량(Δm_2) 계산

흡진기 \ 주 외팔보	A	B	C	D	E
A					
B					
C					
D					
E					

3 진동 실험 2

표 1의 결과를 이용하여, 그림 3과 같이 선택된 주 외팔보에 선택된 보조 외팔보를 연결한 뒤, 보조 외팔보 끝에는 추가 질량(볼트, 너트, 와셔, 추 등)을 장착한다. 선택된 주 외팔보의 고유진동수에 해당하는 회전 주파수로 모터를 회전시킬 때, 주 외팔보의 진동이 급격히 줄어들고, 대신 보조 외팔보의 변위가 크게 발생하는 것을 확인한다. 이 때 주 외팔보의 변위와 보조 외팔보의 변위를 그림 4(a)에서 비교한다. 이런 변화는 주파수 응답함수 변화로부터 그 원인을 파악할 수 있다. 그림 4(b)는 진동 실험 1에서 주파수 응답함수를 측정한 방법과 동일한 방법으로 얻은 주파수 응답함수를 나타낸다.

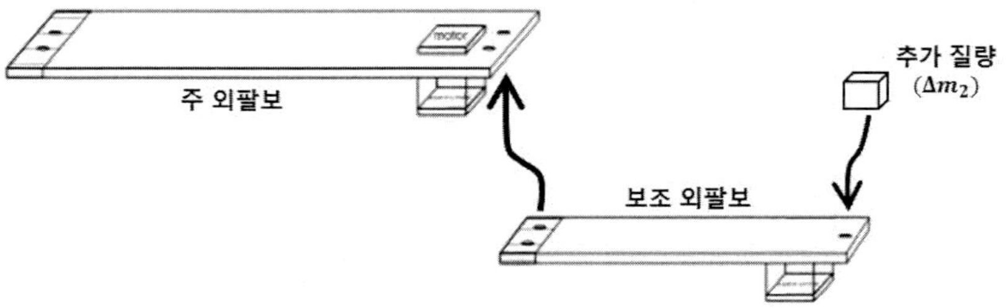

그림 3 외팔보와 동흡진기 연결

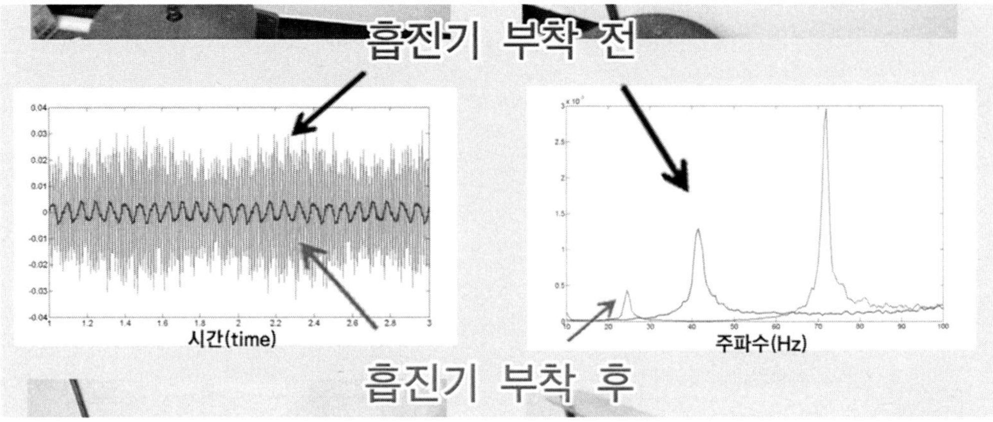

(a) 흡진기 부착 전/후 변위 비교 (b) 흡진기 부착 전/후 주파수 응답함수 비교

그림 4 동 흡진기에 의한 진동 저감 확인

4 실험 예비 보고서 (과제)

(1) 동흡진기 이론에 대한 기초이론 공부

A. 1자유도 mk 진동계(그림 1(a))에 대하여 운동 방정식을 세우고 조화 가진력 F의 가진 주파수가 $\omega = \sqrt{\frac{k}{m}}$ 일 때의 변위 $x_1(t)$를 구한 후 그 의미를 설명 하시오.(계산과정 상세히)

B. 흡진기가 장착된 진동계(그림 1(b)에 대하여 운동 방정식(식 1b)을 유도 하고 조화 가진력 F가 m_1에 가해질 때 m_1, m_2의 변위를 각 각 주파수 영역에 대한 식(식 2a 2b)을 구하시오(계산과정 상세히)

C. 그림 1(b)의 물성치가 $\sqrt{\frac{k_1}{m_1}} = \sqrt{\frac{k_w}{m_2}}$ 일 때에 주파수 응답함수(그림 2(a),2(b))를 그리고 그 의미를 서술하시오.
(물성치 m_1, m_2, k_1, k_2는 개인이 임의로 결정 후 보고서에 첨부하시오)
(그래프는 dB 단위로 그리시오)

(2) 진동 실험2 준비

표 1 채우기

5 실험 결과 보고서

(1) 진동실험 2

A. 주 외팔보의 고유 진동수로 회전하는 모터에 의해 발생하는 주 외팔보와 보조 외팔조의 변위를 비교하는 그래프를 그리시오

B. 주 외팔보와 보조 외팔보의 주파수 응답함수 그래프 비교 및 분석하시오

C. A, B 에 대한 결과가 올바른지 검토하고 오차가 있다면 그 원인을 분석하시오.

D. 분석된 오차 원인을 기반으로 설계된 흡진기 혹은 본 실험에서 개선해야 할 사항을 서술하시오.

6 참고문헌

[1] Mechanical Vibrations, S. S. Rao, Pearson/Prentice Hall, 2004

외팔보의 진동 – 열전달 실험

CHAPTER 17

1. 실험개요 및 목표
2. 배경이론 및 지식
3. 실험장치
4. 실험내용
5. 과제내용
6. 기타 및 참고문헌

1 실험개요 및 목표

열은 온도가 높은 곳에서 낮은 곳으로 이동하며 열이 전달되는 방법으로, 크게 전도, 대류, 복사로 구분할 수 있다. 열을 전달하는 매질이 이동하지 않으면서 매질을 통하여 열이 이동하는 것을 전도(conduction)라 한다. 또한 열을 전달하는 매질이 움직이면서 열을 이송하는 것을 대류(convection)라고 한다. 마지막으로 열을 전달하는 매질이 없이 전자기파의 형태로 열이 전달되는 것을 복사(radiation)라고 한다.

본 과제는 바닥(Base)으로부터 외팔보를 통해 열이 전달, 방출되는 현상을 실험적으로 측정하고, 나아가 외팔보의 진동이 열전달에 어떤 영향이 주는지 알아봄으로써, 열전달 과목의 이해를 돕고자 하는데 목적이 있다.

2 배경이론 및 지식

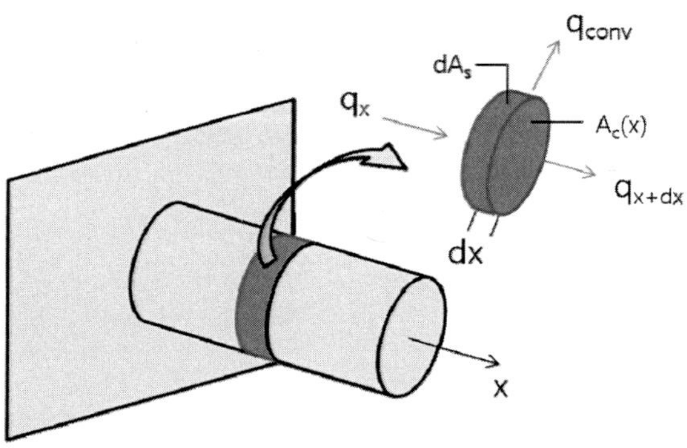

그림

위의 그림은 바닥에서 발생한 열을 전달, 방출하는 외팔보를 도식적으로 나타낸 것이다. 이 외팔보상의 미소 요소에 대해 에너지 보존 법칙을 적용시키면 다음과 같다.

$$q_x = q_{x+dx} + dq_{conv} \tag{1}$$

위의 식에서

$$q_{x+dx} = q_x + \frac{dq_x}{dx}dx \tag{2}$$

이다. x 방향으로는 열전도에 의해 열이 전달되며 이는 다름과 같은 푸리에의 법칙으로 기술된다.

$$q_x = kA_c\frac{dT}{dx} \tag{3}$$

q_x : 열전달율(heat transfer rate)
k : 열전도율(thermal conductivity, W/m)
A_c : 횡단면적()

반경 방향으로는 대류에 의해 열이 전달되며 이는 다음과 같이 나타낼 수 있다.

$$dq_{conv} = hdA_s(T - T_\infty) \tag{4}$$

여기서 dA_s는 미소 요소의 표면적이다. 이 때 대류 열전달 계수는, 대류가 팬, 펌프, 진동 등의 외부 요인에 의해 일어나는 강제 대류 일때의 값과 가열에 의한 부력으로 인해 유체가 자발적으로 움직여서 발생하는 자연 대류 일 때의 값이 다르다. 따라서 핀이 진동할 때와 진동하지 않을 때의 대류 열전달 계수의 값이 다르다. 일반적으로 유체가 공기일 때에는 자연 대류의 열전달 계수의 값은 2-25 정도 이며 강제 대류의 열전달 계수의 값이 100-20000 정도로 알려져 있다.

이상의 식들을 조합하면 다음의 식을 얻을 수 있다.

$$\frac{d^2T}{dx^2}dx - \frac{hdA_s}{kA_c}(T - T_\infty) = 0 \tag{5}$$

위의 식을 간단하게 하기 위하여 초과온도 θ를 다음과 같이 정의 한다.

초과온도를 위의 에너지 평형식에 대입하면 아래의 미분 방정식을 얻을 수 있다.

$$\theta(x) \equiv T(x) - T_\infty \tag{6}$$

여기서

$$m^2 \equiv m^2\theta = 0 \tag{7}$$

이다. 위의 미분 방정식의 경계 조건은 다음과 같다.

$$\theta(0) - T_b - T_\infty \equiv \theta_b \tag{9}$$

$$h\theta(L) =- k\frac{d\theta}{dx}\bigg|_{x+L} \tag{10}$$

위의 경계 조건에서 외팔보의 바닥온도는 T_b로 가정하였고, 외팔보의 끝단(아래 그림의 점선 부분)에서의 에너지 보존을 고려하였다.

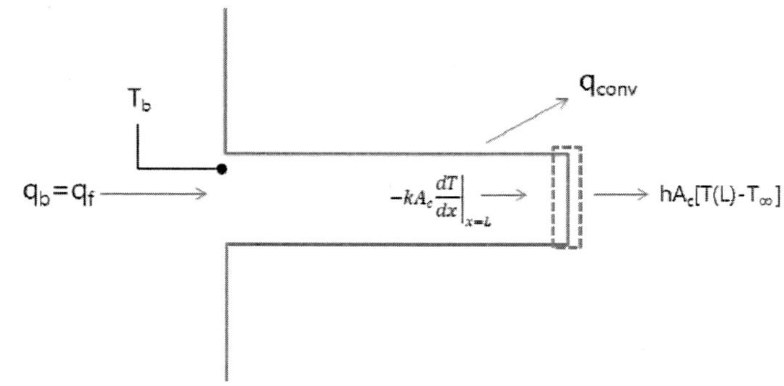

그림

경계조건을 대입하여 미분방정식을 풀면 다음과 같이 온도 분포를 구할 수 있다.

$$\frac{\theta}{\theta_b}= \frac{\cosh m(L-x)+\left(\frac{h}{mk}\right)\sinh m(L-x)}{\cosh mL+\left(\frac{h}{mk}\right)\sinh ML} \tag{11}$$

마지막으로 외팔보의 바탕에 푸리에의 법칙을 적용하면 외팔보를 통해 방출되는 열량을 계산할 수 있다.

$$q_f = q_b = -kA_c \frac{d\theta}{dx}\bigg|_{x=0} = \sqrt{hPkA_c\theta_b}\,\frac{\sinh mL\left(\dfrac{h}{mk}\right)\cosh mL}{\cosh mL + \left(\dfrac{h}{mk}\right)\sinh mL} \tag{12}$$

또한 휜 효율은 다음과 같이 정의한다.

$$\eta_f \equiv \frac{q_f}{q_{\max}} = \frac{q_f}{hA_f\theta_b} \tag{13}$$

3 실험장치

(1) 열전대(Thermocouple)

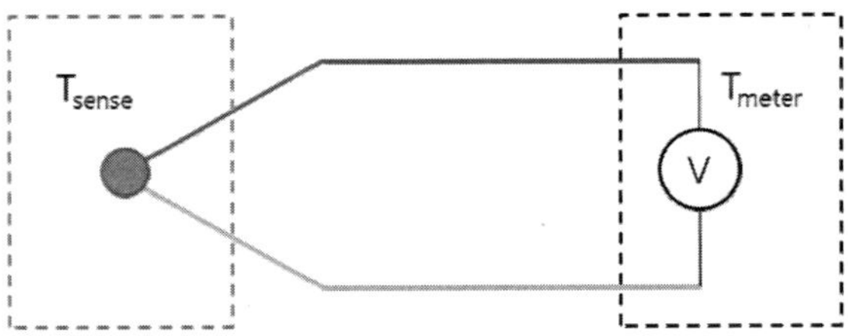

그림

열전대란 온도 측정을 위해 사용되는 장치로 두 개의 서로 다른 금속을 접합시킨 선이다. 두 금속의 접합점을 온도를 측정하고자 하는 곳에 두었을 때, 접합점과 외부간의 온도차가 있을 경우 기전력이 발생하여 전류가 흐르게 된다. 이런 현상을 Seebeck 효과라고 하며 이때 발생한 기전력의 양이 온도차가 클수록 증가하기 때문에 기전력을 측정하여 온도를 측정하게 된다.

공업적으로 널리 사용되고 있는 것은 다음의 4가지 종류가 있다.

① **백금라듐-백금 열전대 (Type R)**

라듐13%, 백금87 합금과 백금의 조합으로 가장 신뢰도가 높고 온도 측정범위도 넓지만 기전력이 작고 매우 고가이다.

② **크로멜-알루멜 열전대 (Type K)**

가장 널리 쓰이는 열전대로 약 41 μV/°C 의 민감도를 가지고 있다. 가격이 저렴하고 측정 가능한 온도범위가 매우 넓다(-200 ℃ ~ +1350 ℃). 하지만 일산화 탄소와 유황에 부식되기 쉽다.

③ **철-콘스탄탄 열전대 (Type J)**

Type K 열전대보다 제한된 범위에서 사용된다(-40 ℃ ~ +750 ℃). 하지만 50 μV/°C 의 더 높은 민감도를 가지고 있다.

④ **동-콘스탄탄 열전대 (Type T)**

-200 ℃ ~ +350 ℃ 의 온도범위에서 사용된다. 약 43 μV/°C 의 민감도를 가지고 있고 사용 가능한 최고 온도는 낮으나 온도 변화에 따라 기전력이 급격히 달라지는 구간이 없어 신뢰도가 높다.

(2) 히터 (Heater)

전기 저항을 사용해 열을 발생시키는 장치이다. 히터의 열발생율은 다음과 같다.

$$q = I^2 R = VI \tag{14}$$

4 실험내용

(1) 외팔보의 열전달

① 외팔보와 플래이트 히터를 단열제 사이에 끼워넣고 실험장치에 고정시킨다.

② 외팔보의 끝에 모터와 가속도센서를 고정시키고 모터는 Power Supply에, 가속도센서는 DAQ보드에 각각 연결한다.

③ 외팔보의 고정단(base)에 열전대를 붙이고 온도측정용 DAQ 보드에 연결한다.

④ 히터에 전력을 공급하기 전 초기온도를 기록한다(초기온도를 로 가정한다.).

⑤ Power Supply를 사용하여 플레이트 히터에 전력을 공급하면서 ΔT가 40℃ 정도 되도록 한다.

⑥ 온도가 어느 정도 안정되면 안정된 온도와 플레이트 히터에 공급되는 전력을 기록한다.

(2) 외팔보의 진동과 열전달

① 온도가 안정된 상태에서 모터에 전력을 공급하여 외팔보를 가진시킨다(1차 진동).

② 온도가 어느 정도 안정되면 외팔보의 진폭과 모터의 진동수, 그리고 Base 온도를 기록한다.

5 과제내용

(1) 예비보고서

A. 일상생활에서 나타나는 열전달 현상을 관찰하고 전도, 대류, 복사 열전달의 예를 1가지씩 설명하시오.

B. 휜을 사용할 경우 그렇지 않을 경우보다 대류열전달계수가 높아지는 이유를 설명하시오.

C. 실험에 사용할 열전대의 종류를 선택하고 그 이유를 설명하시오.

(2) 결과보고서

A. 대류열전달계수의 물리적 의미를 간단히 설명하시오.

B. 외팔보의 열전달 실험에서 외팔보의 대류 열전달 계수와 휜저항을 구하시오.

C. 외팔보의 진동과 열전달 실험에서 측정한 온도, 진동수와 진폭 그래프를 각각 첨부하시오.

D. 외팔보의 진동과 열전달 실험에서 외팔보를 가진시켰을 때 대류열전달계수와 휜저항을 구하고 가진시키기 전의 값과 비교하시오.

6 기타 및 참고문헌

[1] 이병옥. 최신 기계공학실험. 인터비젼. 2005.

[2] Incropera, Frank P. Fundamentals of heat and mass transfer. John Wiley & Sons, 2011.

[3] 아주대학교 공과대학 기계공학과. 기계공학실험.

[4] 최윤대, 김윤규, 이진호, 이주현, 이정협. 신편기계공학실험. 양서각. 2007

[5] 본 Chapter는 김태위 학생의 도움으로 작성되었음